材料成型检测技术

张昌松 编著

化学工业出版社
·北京·

内 容 简 介

“材料成型检测技术”是材料成型与控制工程专业工程教育专业认证的必修课程模块。《材料成型检测技术》针对该门专业课程的培养目标和教学要求编写，内容包括：检测技术基础（检测技术概述、测量标准、测量单位、检测误差、检测系统组成）；传感器性能指标和温度、声光、位移、压力、红外、磁场、气体、电磁等传感器的应用；无损检测（涡流、磁粉、渗透、射线、超声波）原理及应用；常用材料测试分析方法（热分析、X射线检测、扫描电子显微镜）。

本书可供高等学校材料成型与控制工程专业教学使用，也可供从事材料成型检测工作的技术人员参考。

图书在版编目（CIP）数据

材料成型检测技术/张昌松编著．—北京：化学工业出版社，2021.2（2025.5重印）
ISBN 978-7-122-37780-7

Ⅰ.①材… Ⅱ.①张… Ⅲ.①工程材料-成型-检测 Ⅳ.①TB302

中国版本图书馆CIP数据核字（2020）第180621号

责任编辑：李玉晖　　文字编辑：张启蒙
责任校对：李雨晴　　装帧设计：李子姮

出版发行：化学工业出版社（北京市东城区青年湖南街13号　邮政编码100011）
印　　装：涿州市般润文化传播有限公司
787mm×1092mm　1/16　印张14¼　字数302千字　2025年5月北京第1版第5次印刷

购书咨询：010-64518888　　售后服务：010-64518899
网　　址：http://www.cip.com.cn
凡购买本书，如有缺损质量问题，本社销售中心负责调换。

定　　价：48.00元

前言

随着我国工程教育专业认证工作的推进，隶属于机械类的材料成型及控制工程专业认证补充标准，在专业基础类课程中明确提出要包含检测技术的知识领域。 而此知识领域的支撑应该有别于传统的测试技术或者检测技术课程，为此作者所在学校的材料成型及控制工程专业开设了材料成型检测技术这门课程。 该课程对材料成型过程中涉及的检测与测试等环节进行了整合，期望实现对相关毕业要求指标点的有效支撑。

本书围绕材料成型工业过程中用到的检测手段与方法，精选传感器原理、无损检测技术、材料测试分析方法等几方面内容。 全书共 5 章。 第 1 章主要介绍检测技术的应用及其发展，测量的本质、标准及其单位等。 第 2 章主要介绍误差及其分类，检测系统的组成等。 第 3 章首先介绍了传感器的概述及性能指标，然后分别介绍温度检测、声光检测、位移检测、压力检测、红外信号检测、磁场检测、气体检测等所用传感器的种类及其工作原理。 第 4 章讲述了无损检测的内容、特点及其发展，系统地介绍了涡流检测、磁粉检测、渗透检测、射线检测和超声波检测等常用无损检测方法。 第 5 章主要介绍常用的热分析、X 射线衍射和扫描电子显微镜等材料分析测试方法。

本书由陕西科技大学张昌松编写。 研究生赵珂迪、王楚、魏立柱、王世元、王鹏为本书的编写提供了帮助，在此表示感谢。

本书可以作为材料成型及控制工程的专业教材，也可以作为其他同类院校相关专业的参考书。

由于编者水平有限，书中难免有不足之处，恳请广大读者批评指正。

编著者

2020 年 8 月

目录

第 5 章 材料测试分析 / 176

参考文献 / 219

第1章 概述

1.1 检测技术的重要性

当今时代是信息化时代。拨通手机，可以听到大洋彼岸朋友的问候；打开电脑，能够浏览国家图书馆最古老的书籍，甚至轻松搜索出某个偏僻的典故，而这在以往任何时代都是不可能做到的。毋庸置疑，这受益于有线或无线的网络传输技术、计算机处理技术，以及不可或缺的检测技术。正是检测技术，将语音拾取起来转变成能够在网络上传送的电信号，将书籍上的图文扫描成图像信号供人们共享。检测技术、计算机处理技术、通信技术、控制技术，构成了从物质世界到信息世界，又从信息世界反馈于物质世界的大闭环。

检测技术将物质世界中人们感兴趣的信息转变成易于处理的信号，然后经过与单位量的比较实现信号的量化。检测技术具有三个特点：

首先，物质世界本身包含着丰富的信息，例如，你朋友的语音、图像、体温、体重，这些都是变化的、未知的，但是限于条件，在手机里你只关注他的语音，这就是检测技术信息转换的针对性。

其次，检测过程会涉及一系列的信号转换，例如，声波转换为驻极体麦克风的薄膜振动，再以电容的形式转换成电压信号。应该看到，这种信号转换是有目的、有倾向性的，即总是将不容易处理、不容易比较的信号转化成容易处理、容易比较的信号。前面举的例子中就是把声信号转换成电信号，而不是像扬声器那样的反向转换。

最后，要对这种易于处理的信号进行量化，得出大小量值，或者是量化成二进制量（0、1），从而在媒介中传递。

在工业上，检测技术应用的例子更是常见。在一台燃烧的加热炉中会有温度、火焰光度、炉膛成分、炉膛压力等多个参数在变化，需要采用检测技术，选择测量某个部位的温度，并把它转换成温度计指针的偏转角度，或者转换成在液晶显示器上显示的数码，甚至是适合于远传的光纤信号。

检测在生产中起着至关重要的作用，是材料成型生产的重要环节。检测技术包括测量和实验两方面内容，主要研究内容为各种物理量的测量原理和测量方法，它是实验科学的重要组成部分，同时也是进行科学实验和生产过程参量测量与控制必不可少的手段。人们对客观事物的认识和改变离不开检测技术，特别是在科学技术迅速发展的今天，在日常生活、机械工程、交通运输、电子通信、军事技术以及航空航天等领域均离不开检测技术。通过测试可以揭示事物的内在联系和变化规律，从而帮助人们认识和利用它，推动科学技术的不断进步。

科学研究中的问题十分复杂，很多问题尚无法进行准确的理论分析和计算，因此需要依靠实验方法来解决。从科学技术发展的过程来看，很多新的发明和发现都与测试技术分不开，同时科学技术的发展又大大促进了测试技术的发展，为测试技术提供更新的方法和设备。

测试技术是自动化系统的基础。随着自动控制生产系统的广泛应用，为了保证系统高效率地运行，必须对生产流程中的有关参数进行测试采集，以准确地对系统实现自动控制。此外，对产品质量的评估也要通过测试才能实现。

对于工业生产而言，采用先进的检测技术对生产过程进行检查、监测，对确保安全生产、保证产品质量、提高合格率、降低能源消耗、提高企业的劳动生产率和经济效益有着重要的意义。

1.2 检测技术的应用

随着科学技术的发展，检测技术应用的领域在不断扩大，目前广泛地应用于生产、实验和科学研究的各个领域。

(1) 在工业检测中的应用

在工业生产中，为了保证产品质量，需要对产品的参数（温度、压力、转速、流量等）进行实时的检测和优化控制，以便保证生产工艺的运行。例如超声波探伤（图 1-1），陶瓷隧道窑温度、压力监测控制系统（图 1-2）。

图 1-1　超声波探伤

图 1-2　陶瓷隧道窑温度、压力监测控制系统

(2) 在遥感技术、航空航天中的应用

在遥感技术、航空航天方面需要利用传感器对飞机、火箭等飞行器的速度、方向等参数进行检测，利用光电传感器、微波传感器探测气象、地质等，如图 1-3 和图 1-4 所示。

图 1-3　火箭

图 1-4　导弹

（3）在医学领域中的应用

人们看病，需要相应的设备进行诊断和治疗。为了提高诊断水平，现代医学领域广泛采用先进检测设备，对人体血压、器官、心脑电波进行精确的检测，大大提高了诊断的速度和准确性，增加了病人痊愈的机会。常用的医学检测设备如图 1-5 所示。

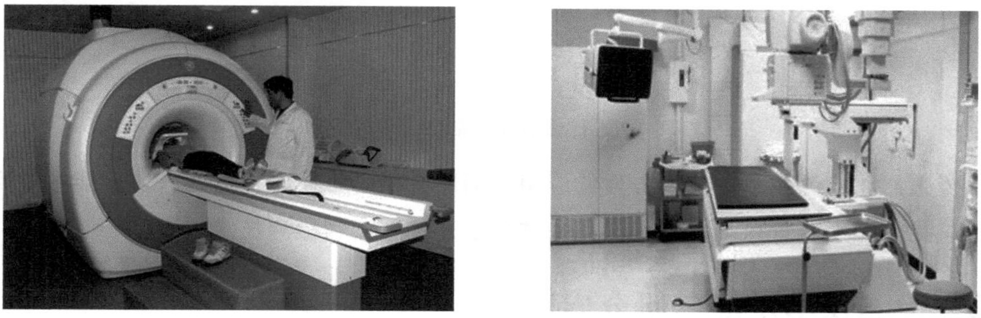

(a)　　(b)

图 1-5　医学检测设备

（4）在农业生产中的应用

在现代化农业生产中，需要对种子质量和土壤湿度、酸碱度等指标进行监控，还需要对产品质量进行分析化验，例如图 1-6。

（5）在环境保护中的应用

在人们的生存环境中，为了不受或少受污染，需要对水质、空气质量、噪声、光等进行监测和控制，例如图 1-7。

图 1-6　检测土壤湿度

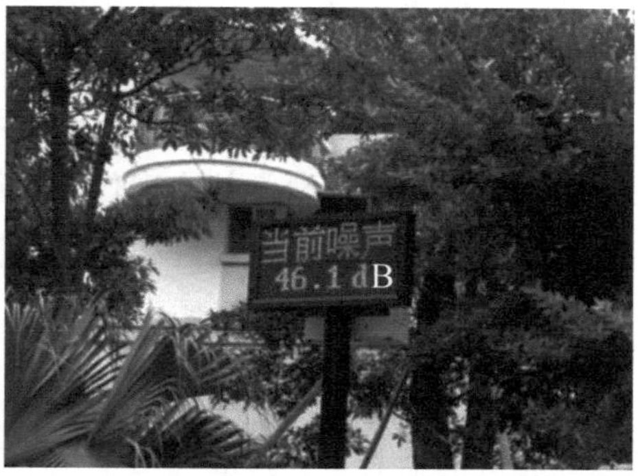

图 1-7　检测噪声

（6）在日常生活中的应用

现代家居中，冰箱、空调、洗衣机、电磁炉、电饭煲等都离不开检测技术。例如利用传感器实现对水温、空气湿度、食物温度的控制，以及通过对手的感应实现水龙头的出水控制，如图 1-8 所示。

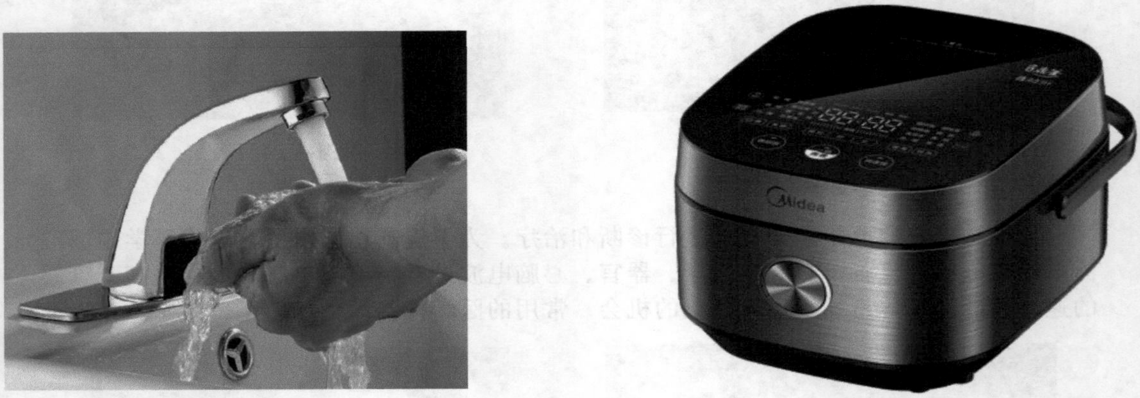

(a) 感应水龙头　　(b) 电饭煲

图 1-8　传感器在日常生活中的应用

传感器和检测技术在其他方面的应用实例还有很多，通过上面几个实例能感觉到传感器与我们的生活息息相关，我们越来越离不开传感器和检测技术。

1.3　检测技术发展与研究内容

测量学科的产生和发展与人类社会发展息息相关。在远古时代，人类为进行生产活动，本能地进行一些原始性的测量，比如为了确定季节而进行的天文观测。随着人类社会的形成和发展，在生产、贸易以及战争中出现了测量活动、测量工具及简单的测量仪器，如土地丈量、漏壶计时、计里数车、指南车，以及逐步统一的度量衡器，一些初步的测量理论随之出现。随着人类文明时代的到来，科学研究和生产活动的大规模开展及一系列重大突破的实现催生并发展了实验科学。实验科学的研究工作离不开较精密的测量。同时，测量工具、技术和理论的发展又反过来促进了生产和科技的发展，因此从一定意义上来说，没有测量就没有科学。

近代科学和工业的发展，使检测技术及应用面临极其错综复杂的需求。可以说，采用先进的检测技术是科学技术现代化的重要标志之一，也是科学技术现代化必不可少的条件。由于科学技术的发展，检测技术目前已经达到了一个新的水平。

（1）检测技术的历史及发展趋势

检测技术具有悠久的历史。可以说，自有人类活动，就出现了最原始最初级的检测行为和相应的器具，其发展经历了一个漫长的历史演变过程。为满足工业发展的需要，围绕着检测仪器、仪表的研制，检测技术的理论研究也不断得到重视和发展，从而逐渐形成了一门独立的学科。

人们为了研究电现象，开展了对电气测量仪器仪表的研究。早在1600年，英国物理学家威廉•吉尔伯特（William Gilbert）就研制出世界上第一台静电验电器。此后，1836年可动线圈式检流计，1837年可动磁针式检流计，1841年电位差计，1843年惠斯通测量电桥，1861年第一台直流电位差计，1895年第一台感应式电能表，纵观这一阶段的电气测量仪器仪表发展历史，可以发现，不断发展的电工学理论，如库仑定律、安培定律、毕奥-萨伐尔-拉普拉斯定律、法拉第电磁感应定律以及麦克斯韦电磁场理论等，为古典式电气测量仪器仪表的发展提供了坚实的理论基础，体现了理论对检测技术及仪器仪表研制的指导意义。同时，新材料的出现也会引起检测仪表突破性的进展，如高性能的铝镍合金磁性材料的出现使得电磁系、电动系和磁电系仪表的检测精度达到0.1级。

20世纪40年代后期，电子技术、计算机技术的发展为检测仪器仪表的发展提供了新的理论和途径。在经历真空电子管、半导体晶体管以及大规模、超大规模集成电路时代后，检测仪表在性能指标、多功能集成以及可用性方面取得了极大的进展。期间，数字式检测仪表的出现，使得检测仪表发展到一个新的阶段。此后，直到20世纪70年代的几十年间，各种新型的电子式检测仪表应运而生，有力地促进了科学研究和工业各个领域的发展。在这一阶段，检测仪器仪表的特点是具有较优良的性能指标、一定的自动化程度及操作较为方便等。由于检测仪表是由模拟电路和数字电路等硬件电路实现的，因此，仪器结构复杂，故障率较高。

自20世纪70年代以来，随着微电子技术、传感器技术、微处理器、计算机技术以及通信技术的飞速发展，检测仪表在自动化、智能化方面有了突破性的发展。由于采用了微处理器，智能化检测仪器仪表在检测过程中，可以模仿人类的检测行为，实现自动校零、非线性校正、温度补偿、自动测试、自动切换量程等功能，大大提高了检测的精度、可靠性以及灵活性。此外，智能化检测仪器仪表还可以进行数据处理和计算分析，按所编制的程序实现对被测对象的自动调节、控制以及实现更多的功能。

随着电子技术、微处理器技术、信息处理技术、DSP技术、通信技术、计算机科学技术与材料技术的飞速发展和不断变革，检测技术呈现以下几种发展态势。

① 在线实时检测是主攻方向。

检测的目的是实时、准确地获取信息。随着过程自动化的普及，大量的实时在线检测问题需要解决，以提供过程控制的依据和中间产品的相关质量参数。需要解决的主要问题将是实时采样。

② 向宏观、微观两极发展。

人们为了认识和了解世界，除了加深对生产和生活中具体事物和现象的认识外，同时还向宏观的领域（如地球、太空）和微观的领域发展。适用于宏观领域的技术有遥感技术、空间探测技术等。适用于微观领域的技术有与纳米技术相关的尺寸检测和理化性能检测等。

③ **环境检测是重要领域。**

保护环境是个世界性的课题。环境污染主要指大气、水、噪声和光的污染。为了保护环境和治理污染，首先要对环境状况做出评价，这就需要对环境的各项指标参数进行检测。通过检测得到具体的实时数据作为环境质量评价的依据。目前治理环境污染的重点是空气污染和水质污染。空气污染又有大气污染和室内空气污染之分，国家分别制定了相应的空气质量标准。检测环境污染的仪器设备，目前在品种、质量上还不能满足要求，特别是小量程仪器更显得不足，在品种和稳定性上需要大力发展。

④ **新技术、新原理、新材料的应用，促进了检测技术的发展。**

检测技术的发展是建立在新技术、新原理、新材料基础之上的。它们的出现，大大地促进了检测技术的发展和进步。随着微电子技术的发展和应用，出现了智能仪表、虚拟仪表和软测量技术；功能材料的出现，为新型传感器的开发提供了可能性；半导体集成技术的发展，引导出了集成式传感器，如此等等。新技术、新原理和新材料不断地出现，随之就会应用到检测技术上，使检测技术产生同步的发展和进步。

⑤ **高度集成化。**

传感器与测量电路互相分开，传输过程中电缆时常会受到干扰信号的影响，因此人们希望能把传感器与测量电路合并在一起。随着半导体技术的发展，硅压阻传感器已开始实现这一要求。近年来正在研究的一种物性型传感器，就是在半导体技术基础上进一步实现“材料、器件、电路、系统一体化”的新型仪表。物性型传感器利用某些固体材料的物性（机械特性、电特性、磁特性、热特性、光特性、化学特性）变化来实现信息的直接变换，也就是说，利用不同材料的物理、化学、生物效应做成器件，直接测量被测对象的信息。物性型传感器与电路制成一体，与一般传感器相比，具有构造简单、体积小、无可动部件、反应快、灵敏度高、稳定性好等优点。

⑥ **非接触化。**

在检测过程中，把传感器置于被测对象上，就相当于在被测对象上加了负载，这样会影响测量的精度。此外，在进行某些检测时，例如测量高速旋转轴的振动、转矩等，很难在被测对象上安装传感器。因此，非接触式测试技术的研究受到重视，光电式传感器、电涡流式传感器、超声波仪表及同位素仪表都是在这个要求下发展起来的。微波技术原来是用于通信的，现在也被用来作为非接触式检测技术的一种手段。基于其他原理与方法的非接触式测量技术目前还在不断探索中。

⑦ **多参数融合化。**

随着检测技术的发展，人们不再满足于检测系统对单一参数的测量，而是希望能实现对被测系统中的多个参数进行融合测量。即利用先进的测量技术，对被测系统中的多个参数进行单次测量，然后通过一定的算法对数据进行处理，分别得到各个参数。多传感器信息融合技术就因其立体化的多参数测量性能而得到广泛应用。

(2) 检测技术研究内容

对某一特定物理量的检测涉及测量原理、测量方法和测试系统等。

所谓测量原理是指实现测量所依据的物理、化学、生物等现象与有关定律的总体，例如热电偶测温时所依据的热电效应；压电晶体测力时所依据的压电效应；激光测速时所依据的多普勒效应等等。一般来说，对应于任何一个信息，总可以找到多个与其对应的信号。反之，一个信号中也往往包含着许多信息。这种信息、信号表现形式的多样化给测试技术的发展提供了广阔的天地。一种物理量的测量可通过若干种不同的测量原理来实现。发现与应用新的测量原理，从事相应传感器的开发研究是检测工程技术人员最富有创造性的工作。选择合适的测量原理也是测试人员最为日常的工作。要选择好的测量原理，必须充分了解被测量的物理化学特性、变化范围、性能要求和外界环境条件等。这些都要求测试技术人员的知识面广，具有扎实的基础理论和专业知识。

测量原理确定后，根据对测量任务的具体要求采用不同的方法：电测法或非电测法；模拟量测量法或数字量测量法；单次或多次测量；等精度或不等精度测量；直接测量或间接测量；偏差测量法或零位测量法等等。确定了测量原理和测量方法，便可着手设计或选用各类装置组成测量系统。

物理学和化学、材料学，尤其是半导体物理学、微电子学等方面的新成就，使传感器向着精度、灵敏度高，测量范围大而体积小的方向发展，已经研制成功很多可以检测力、热、光、磁等物理量和气体化学成分的传感器。光纤维不仅可以用于信号的传输，而且可用作传感器。微电子技术的发展使得把某些电路乃至微处理器功能融入传感器中成为可能，可以说传感器的小型化与智能化已经成为当代科学技术发展的标志，也是检测技术发展的明显趋势。

计算机的发展使检测技术发生了根本变化。利用电子技术可以使信号分析的理论和方法不断发展，日趋完善，在很多情况下还可以利用计算机做后续处理工作，直接显示出所需要的结果。计算机技术在检测技术中的应用突出地表现在：整个测试工作可在计算机控制下自动按照给定的测试实验程序进行，直接给出测试结果，构成自动测试系统。其他诸如微波存储、数据采集、非线性校正和系统误差的排除、数字滤波、参数估计等方面也都是计算机技术在测试领域中应用的重要成果。

检测技术已经成为自动控制中一个重要的组成部分。自动控制技术无所不在，宇宙空间站的建立、航天飞机的发射和返回、人造地球卫星的发射和返回，都体现了自动控制技术的重要成果。生产过程自动化已经成为当今工业生产实现高精度、高效率的重要手段，而一切自动控制过程都离不开自动检测技术。利用测试得到的信息，自动调整整个运行状态，使生产、控制过程在预定的理想状态下进行，实现以信息流控制物质和能量流的自动控制。

1.4 测量的本质和前提

(1) 测量的本质

每一个物理对象都包含有一些能表征其特征的定量信息，这些定量信息往往可用一些物理量的量值来表示。测量就是借助专门的技术和设备，通过实验的方法和手段，把被测量与单位标准量进行比较，以确定被测量是标准量多少倍的过程，所得的倍数就是测量值。测量结果可用一定的数值表示，也可以用一条曲线或某种图形表示。测量的本质是将被测量与同种性质的标准单位量进行比较的过程。其数学表达式为：

$$x = A_x A_e \tag{1-1}$$

式中，x 为被测量；A_e 为测量单位的名称；A_x 为被测量的数据。

式（1-1）称为测量的基本方程式。它说明被测量值的大小与测量单位有关，单位越小数值越大。因此，一个完整的测量结果应该包含测量值 A_x 和所选测量单位 A_e 两部分内容。

由测量的定义可知，测量过程中必不可少的环节是比较，在大多数情况下，被测量和测量单位不便于直接比较，这时需把被测量和测量单位都变换成某个便于比较的中间量，然后再进行比较。测量过程三要素为测量单位、测量方法和测量装置。

通过测量可以得到被测量的测量值，但在有些情况下测量的目标还没有全部达到。为了准确地获取表征对象特性的定量信息，在某些情况下还要对测量数据进行数据处理和误差分析、估计测量结果的可靠程度等等。

（2）测量的前提

测量的前提主要有两个：

① 被测的量必须有明确的定义；

② 测量标准必须事先通过协议确定。

有些事物没有明确定义，像气候的“舒适度”或“人的智力”等量，根据上述的前提就是不可测的。

1.5 测量的方法

在选择测量方法时，要综合考虑下列主要因素：

① 从被测量本身的特点来考虑。被测量的性质不同，采用的测量仪器和测量方法当然不同，因此，对被测对象的情况要了解清楚。例如，被测参数是否为线性、数量级如何、对波形和频率有何要求、对测量过程的稳定性有无要求、有无抗干扰要求以及其他要求等。

② 从测量的精确度和灵敏度来考虑。工程测量和精密测量对这两者的要求有所不同，要注意选择仪器、仪表的准确度等级，还要选择满足测量误差要求的测量技术。如果属于精密测量，则还要按照误差理论的要求进行比较严格的数据处理。

③ 考虑测量环境是否符合测量设备和测量技术的要求，尽量减少仪器、仪表对被测电路状态的影响。

④ 测量方法简单可靠，测量原理科学，尽量减少原理性误差。

总之，在测量之前必须先综合考虑以上诸方面的情况。恰当选择测量仪器、仪表及设备，采用合适的测量方法和测量技术，才能较好地完成测量任务。主要的测量方法如下。

（1）直接测量

在使用仪表进行测量时，对仪表读数不需要经过任何运算，就能直接表示测量的结果，这种测量方法称为直接测量。直接测量过程简单、迅速，缺点在于测量准确度往往不高。例如，使用米尺测长度、用玻璃管水位计测水位等为直接测量。

（2）间接测量

某些被测量的量值不能通过直接测量获取。在对这类被测量进行测量时，首先应对与被测量有确定函数关系的几个量进行直接测量，然后将测量结果代入函数关系式，经过计算得到所需要的结果，这种测量方法称为间接测量。对与未知待测变量 y 有确切函数关系的其他变量 x（或 n 个变量）进行直接测量，然后再通过确定的函数关系式 $y=f(x_1, x_2, \cdots, x_n)$，计算出待测量 y。间接测量的缺点在于测量过程比较烦琐，所需的时间比较长，且由于需要测量的量较多，引起误差的因素也较多。通过测量导线电阻、长度及直径求电阻率即为间接测量的典型例子。

（3）接触式测量

在测量过程中，检测仪表的敏感元件或传感器与被测介质直接接触，感受被测介质的作用，这种测量方法称为接触式测量。典型例子为使用热电偶测量物体温度。接触式测量比较直观、可靠，但传感器会对被测介质引起干扰，造成测量误差，且当被测介质具有腐蚀性等特殊性质时，对传感器的性能会有特殊要求。

（4）非接触式测量

在测量过程中，检测仪表的敏感元件或传感器不直接与被测介质接触，而是采用间接方式来感受被测量的作用，这种测量方法称为非接触式测量。典型例子为使用红外测温仪测量物体的温度。非接触式测量在测量时不干扰被测介质，适于对运动对象、腐蚀性介质及在危险场合下的参数测量。

（5）偏差法测量

以检测仪表指针相对于刻度起始线（零线）的偏移量（即偏差）的大小来确定被测量值的大小。

在应用这种测量方法时，标准量具没有安装在检测仪表的内部，但是事先已经用标准量具对检测仪表的刻度进行了校准。输入被测量以后，按照检测仪表在刻度标尺上的示值来确定被测量值的大小。偏差法测量过程简单迅速，但是当偏移量较大时，测量误差也会增大。如图 1-9 所示的使用压力表测量压力就是这类偏差法测量的例子。由于被测介质压力的作用，弹簧变形，产生一个弹性反作用力。被测介质压力越大，弹簧反作用力越大，弹簧变形位移越大。当被测介质压力产生的作用力与弹簧变形产生的反作用力相平衡时，活塞达到平衡，这时指针位移在标尺上对应的刻度值，就表示被测介质的压力值。

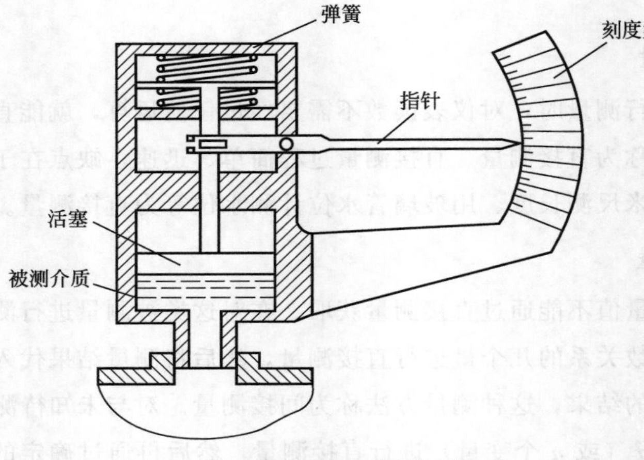

图 1-9　压力表测量原理

(6) 零位法测量

被测量和已知标准量都作用在测量装置的平衡机构上，根据指零机构示值为零来确定测量装置达到平衡，此时被测量的量值就等于已知标准量的量值。在测量过程中，用指零仪表的零位指示来检测测量装置的平衡状态。在应用这种测量方法时，标准量具一般安装在检测装置内部，以便于调整。零位法测量精度较高，但在测量过程中需要调整标准量以达到平衡，耗时较多。零位法在工程参数测量和实验室测量中应用很普遍，如天平称重、电位差计和平衡电桥测毫伏信号或电阻值、零位式活塞压力计测压等。

如图 1-10 所示为电位差计的简化等效电路。图中 E_1 为被测电势，滑线电位器 W 与稳压电源 E 组成一闭合回路，因此流过 W 的电流 I 是恒定的，这样就可以将 W 的标尺刻成电压数值。测量时，调整 W 的触点 C 的位置，使检流计 G 的指针指向零位（即 $U_{CB}=E_1$），此时 C 所指向的位置即为被测电压 E_1 的大小。

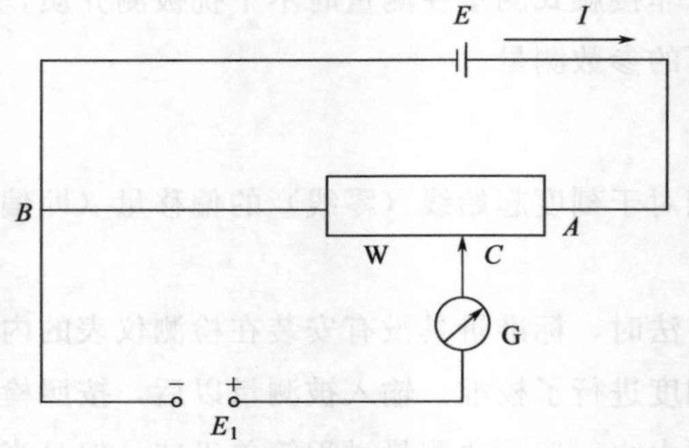

图 1-10　电位差计测量原理

(7) 微差法测量

微差法测量是偏差法测量和零位法测量的组合，用已知标准量的作用去抵消被测量的大部分作用，再用偏差法来测量被测量与已知标准量的差值。微差法测量综合了偏差法测量和零位法测量的优点，由于被测量与已知的标准量之间的差值是比较微小的，因此微差法测量的测量精度高，反应也比较快，比较适合于在线控制参数的检测。

如图 1-11 所示的用不平衡电桥测量电阻就是用微差法测量的例子。图中，R_x 为待测电阻，$R_2=R_3=R_4=R$ 为平衡电阻，则当 R_x 与 R 很接近时，有 $R_x=R+4U_0R/U$。

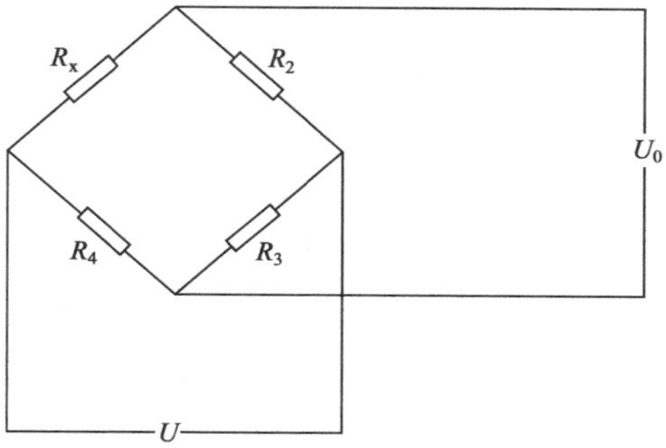

图 1-11　不平衡电桥测电阻原理

（8）主动式测量

测量过程中，需从外部辅助能源向被测对象施加能量，这种测量方法称为主动式测量。主动式测量相当于用被测量对一个能量系统的参数进行调制，故又称为调制式测量。主动式测量不破坏被测对象的物理状态，往往可以取得较强的信号，但测量装置的结构一般比较复杂。

（9）被动式测量

测量过程中，无需从外部向被测对象施加能量，这种测量方法称为被动式测量。被动式测量所需能量由被测对象提供，被测对象的部分能量转换为测量信号，故又称为转换式测量。被动式测量的测量装置一般比较简单，但对被测对象的物理状态有一定的影响，所取得的信号较弱。

1.6　测量标准和测量单位

（1）测量标准

各国在商业及其他涉及公众利益的范围内都制定有法定计量学的规定条例，这些条例涉及法定计量学的三大范畴：

① 确定单位和单位制；

② 确定国家施加影响的范围（测量仪表的校准任务，官方监督职能和校准职能）；

③ 实施校准和官方监督。

（2）测量单位

数值为 1 的某量，称为该量的测量单位或计量单位。测量单位是人为定义的，有必要对其进行统一。我国早在秦朝就有了“统一度量衡”的创举。1984 年 2 月 27 日国务院发布了《关于在我国统一实行法定计量单位的命令》，并同时颁布了《中华人民共和国法定计量单位》，它以国际单位为基础并保留了一些暂时并用单位。

国际（SI）单位制是在 1960 年第十一届国际计量大会上通过的，它包括 SI 单位、SI 词头和 SI 单位的十进制倍数单位。其中 SI 单位包括基本单位、辅助单位和导出单位。

基本单位有 7 个：长度、质量、时间、电流、热力学温度、物质的量和发光强度。它们都经过严格的定义，是 SI 单位制的基础。辅助单位有 2 个，即平面角和立体角，是指尚未规定属于基本单位还是导出单位，可以用来构成导出单位的单位。导出单位是由基本单位通过定义、定律或一定的关系推导出来的单位，此外，还有具有专门名称的单位（如牛顿）和用专门名称导出的单位。常见物理量的 SI 单位可查阅相关手册。单位的符号用拉丁字母表示，一般用小写，具有专门名称的单位符号用大写，符号后面都不加标点。

基本量的单位尽可能基于特定的基本物理性质来定义，以方便在不同实验室内复现。但限于目前物理科学发展的水平，仍有部分单位以人为的“原型”给出。基本量和基本单位见表 1-1。

表 1-1　国际单位制的基本量和基本单位

基本量	基本量纲	SI 单位	
		单位名称	单位符号
长度	L	米	m
质量	M	千克	kg
时间	T	秒	s
电流	I	安[培]	A
热力学	O	开[尔文]	K
物质的量	N	摩[尔]	mol
发光强度	J	坎[德拉]	cd

① 长度单位：1m＝真空中 1s 光程/299792458。

② 质量单位：1kg＝铂铱合金原型 IPK（international prototype kilogram）的质量。

③ 时间单位：1s＝^{133}Cs 原子基态的两个超细能阶间跃迁所对应辐射的 9192631770 个周期的持续时间。

④ 电流单位：1A＝真空中两根相距 1m、长度无限、截面积可忽略的平行圆导体，通入恒定电流后在每米长度上产生 2×10^{-7}N 力所需要的电流，这仅是一个理论上的定义。

⑤ 温度单位：1K＝水的三相点热力学温度的 1/273.16。

⑥ 物质的量：1mol＝0.012kg 同位素^{12}C 所含的原子数目（大约为 6.022×10^{23}）。

⑦ 发光强度：1cd＝频率为 540.0154×10^{12} Hz 的单色辐射光源在某给定方向上的发光强度的$\frac{1}{683}$W/sr（sr 是立体角单位）。

1.7 材料成型中经常检测的物理量

材料成型生产中，经常需要检测的物理量和有关参量如下。

① 温度：温度是铸造、焊接和锻压生产中的重要工艺参数，金属材料成型过程基本上都是在高温状态下进行的，因此只有准确地测量温度变化，才能正确控制材料加工工艺，从而获得高质量的产品。

② 与流体运动有关的参量：主要有气体与液体的速度、流量、液面高度等。

③ 应力与应变：在研究构件的强度与变形、焊接结构、铸造应力及锻压塑性变形时，都涉及应力、应变的测量。

④ 工件缺陷检测：检测工件中的气孔、缩孔、裂纹、夹渣等。

⑤ 材料的成分与结构测定：如化学成分、晶体结构、晶体缺陷、晶粒形貌、断口等。

⑥ 力学性能：如抗拉强度、屈服极限、伸长率、断面收缩率、冲击韧性、显微硬度、布氏硬度等。

⑦ 机械量：静态的长度、直径、角度和动态的位移、速度、加速度。

⑧ 声学量：响度、噪声功率。

⑨ 电学量：电流、电压、功率、功率因数、场强等变量，以及电阻、电容、电感、特征阻抗、电容率等性质常量。

⑩ 生物量：酶含量、细胞浓度等。

⑪ 其他：材料的熔点、相变温度，材料的耐磨、耐蚀、耐热等性能的检测。

上述物理量或参量的检测方法很多，按照测量原理可分为机械测量法、电测法和光测法等。机械测量法是用机械器具对测量参数进行直接测量，比如用杠杆应变计测量应变、用机械式测振仪测振动参量。电测法是将被测参量转化为电信号，通过电测仪表进行测量，如利用电阻应变仪测量应力-应变，用电动势测振仪测量振动参量。电测法是目前应用最广泛的一种测试方法。光测法是利用光学原理对被测参量进行测量的方法，如应力/应变的光测法有光弹性实验法、密栅云纹法等。

第 2 章 检测技术基础

2.1 检测技术基础

随着科技的不断发展，人类已经进入信息时代，人们在日常生产、生活中，越来越离不开各种信息的获取、传输和处理等。检测技术以检测系统中的信息提取、信息转换以及信息处理的理论与技术为主要研究内容。在现代工业生产中，检测技术是实现生产设备自动控制、自动调节的首要技术保证。国内外已将检测技术列为优先发展的科学技术之一。

本章通过对检测技术基本知识的阐述，引出检测技术应用过程中的基本方法和测量误差及其处理技术，重点介绍了检测的任务和地位，检测系统的组成、性能评价和检测技术发展趋势，检测技术中常用的测量方法和测量方法的选择，以及误差及其处理方法和误差在检测系统中的分配。

通过本章的学习，读者可以了解检测在现代工业中的作用和重要地位，熟悉检测系统的基本组成和性能评价指标；了解检测技术中常用的测量方法；掌握误差的基本知识，会根据现象来判别误差，熟悉各种误差的处理方法。

2.2 检测误差及分类

2.2.1 误差的定义

测量是一个变换、放大、比较、显示、读数等环节的综合过程。检测系统（仪表）不可能绝对精确、测量原理的局限、测量方法的不尽完善、环境因素和外界干扰的存在以及测量过程可能会影响被测对象原有状态等因素，使得测量结果不能准确地反映被测量的真值而存在一定的偏差，这个偏差就是测量误差。简而言之，测量误差就是测量结果与被测量真值之间的差，可用下式表示，即

$$\delta = x - \mu \tag{2-1}$$

式中 δ——测量误差；

x——测量结果（由测量所得到的被测量值）；

μ——被测量的真值。

2.2.2 误差的分类

误差的分类方法很多，下面分别从误差的来源、误差出现的规律、误差的使用条

件、被测量随时间变化的速度、误差与被测量的关系、误差的表示方法等方面来介绍测量误差的分类方法。

（1）按误差的来源分类

① 测量装置误差　测量装置误差是指测量仪表本身及附件所引入的误差。如装置本身的电气或机械性能、制造工艺不完善，仪表中所用材料的物理性能不稳定，仪表的零位偏移、刻度不准、灵敏度不足以及非线性，电桥中的标准量具、天平的砝码、示波器的探极性能等。

② 环境误差　环境误差是指由于各种环境因素与要求条件不一致所造成的误差。如环境温度、电源电压、电磁场影响等引起的误差。

③ 方法误差　方法误差是指由于测量方法不合理所造成的误差。在选择测量方法时，应首先研究被测量本身的性能、所需要的精度等级、具有的测量设备等因素，综合考虑后，再确定采用哪种测量方法。正确的测量方法，可以得到精确的测量结果，否则会损坏仪器设备和元器件等。

④ 理论误差　理论误差是指由于测量原理是近似的，用近似公式或近似值计算测量结果时所产生的误差。

⑤ 人身误差　人身误差是指由于测量者的分辨能力、视觉疲劳、不良习惯或疏忽大意等因素引起的误差。如操作不当、读错数等。

总之，在测量工作中，对于误差的来源必须认真分析，采取相应的措施，以减小误差对测量结果的影响。

（2）按误差出现的规律分类

① 系统误差　系统误差是在一定的测量条件下，测量值中含有固定不变或按一定规律变化的误差。它主要由以下几个方面的因素引起：材料、零部件及工艺缺陷；环境温度、湿度、压力的变化以及其他外界干扰等。其变化规律服从某种已知的函数，它表明了一个测量结果偏离真值或实际值的程度，系统误差越小，测量就越准确。所以经常用正确度来表征系统误差的大小。

系统误差根据其变化规律又可分为恒定系统误差和变值系统误差，而变值系统误差又可分为线性系统误差、周期性系统误差和复杂规律系统误差，如图 2-1 所示。图中，ε 表示系统误差，t 表示时间。

恒定系统误差是指在整个测量过程中，误差的大小和符号固定不变。例如，仪器仪表的固有（基本）温差；工业仪表校验时，标准表的误差会引起被校表的恒定系统误差；仪表零点的偏高或偏低、观察者读数据的角度不正确（对模拟式仪表而言）等引起的误差均属此类。

线性系统误差是指在测量过程中，随着时间的增长，误差逐渐呈线性地增大或减小的系统误差。其往往是由元件的老化、磨损，以及工作电池的电压或电流随使用时间的加长而缓慢降低这些因素引起的。例如，电位差计中，滑线电阻的磨损、工作电池电压

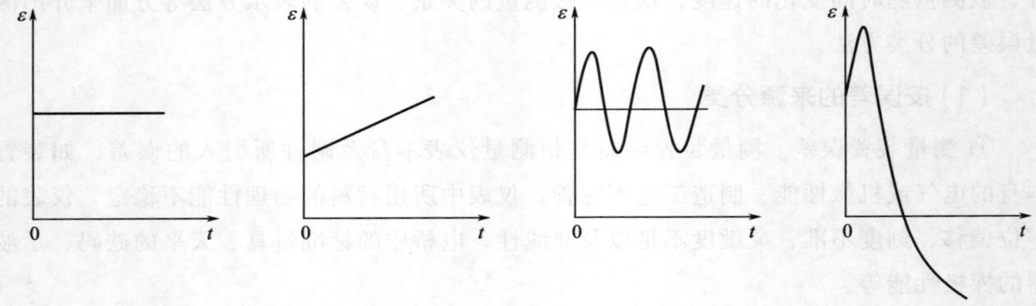

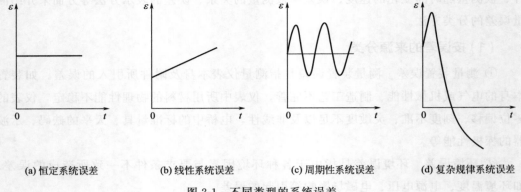

(a) 恒定系统误差　(b) 线性系统误差　(c) 周期性系统误差　(d) 复杂规律系统误差

图 2-1　不同类型的系统误差

随放电时间的加长而降低等，对于后者使用中要注意经常标定工作电池。

周期性系统误差是指测量过程中误差大小和符号均按一定周期变化的系统误差。例如，晶体管的β值随环境温度周期性变化；冷端为室温的热电偶温度计会因室温的周期性变化而产生周期性系统误差。

复杂变化规律的系统误差是指在整个测量过程中，误差的变化规律很复杂。例如微安表的指针偏转角与偏转力矩不能严格保持线性关系，而表盘仍采用均匀刻度所产生的误差等。

② 随机误差　随机误差也称为偶然误差，是指在同一条件下对同一被测量进行多次重复测量时所产生的绝对值和符号变化没有规律、时大时小、时正时负的误差。随机误差是由很多复杂因素的微小变化的总和引起的。其变化规律未知，因此分析起来比较困难。但是随机误差具有随机变量的一切特点，在一定条件下服从统计规律，因此经过多次测量后，对其总和可以用统计规律来描述，可以从理论上估计它对测量结果的影响。

③ 粗大误差　粗大误差简称粗差，是指在一定条件下测量结果显著地偏离其实际值所对应的误差，也称为疏忽误差或过失误差。产生的原因是测试人员的粗心大意、过度疲劳、操作不当、疏忽失误或偶然的外界干扰等。粗大误差无规律可循，纯属偶然，在测量及数据处理中，当发现某次测量结果所对应的误差特别大或特别小时，应认真判断误差是否属于粗大误差，如果属于粗大误差，则该值应舍去不用。

④ 缓变误差　缓变误差是指数值上随时间缓慢变化的误差。一般缓变误差是由零部件老化过程引起的，如电子元件三极管的老化引起其放大倍数的缓慢变化、机械零件内应力变化引起的变形、记录纸收缩等。缓变误差的特点是单调缓慢变化，可在某瞬时引入校正值加以消除，经过一段时间又需要重新校正，消除新的缓变误差。与系统误差不同的是，系统误差一般只需校正一次，而缓变误差需要不断校正。

在测量中，系统误差、随机误差、粗差三者同时存在，但它们对测量过程及结果的影响不同。对这三类误差的定义是科学而严谨的，不能混淆。但在测量实践中，对测量误差的划分是人为的、有条件的。不同测量场合，不同测量条件，误差之间可相互转化。例如指示仪表的刻度误差，对制造厂同型号的一批仪表来说具有随机性，故属随机误差；而对用户的特定的一块仪表来说，该误差是固定不变的，故属系统误差。

（3）按误差的使用条件不同分类

① 基本误差　基本误差是指测量系统在规定的标准条件下使用时所产生的误差。所谓标准条件，一般是测量系统在实验室标定刻度时所保持的工作条件，如电源电压（220±11）V、温度（20±5）℃、湿度小于80%、电源频率50Hz等。测量系统的精确度是由基本误差决定的。

② 附加误差　当使用条件偏离规定的标准条件时，除基本误差外还会产生附加误差。例如，温度超过标准引起的温度附加误差以及使用电压超出标准范围而引起的电源附加误差等，使用时这些附加误差会叠加到基本误差上。

（4）按被测量随时间变化的速度分类

① 静态误差　静态误差是指在被测量随时间变化很慢的过程中，被测量随时间变化很缓慢或基本不变时的测量误差。

② 动态误差　动态误差是指在被测量随时间变化很快的过程中，测量所产生的附加误差。动态误差是惯性、纯滞后的存在使得输入信号的所有成分未能全部通过，或者输入信号中不同频率成分通过时受到不同程度的衰减而引起的。

（5）按误差与被测量的关系分类

① 定值误差　定值误差是指误差对被测量来说是一个定值，不随被测量变化。这类误差可以是系统误差，如直流测量回路中存在热点电势等；也可以是随机误差，如测试系统中执行电机的启动引起的电压误差等。

② 累积误差　累积误差是指整个测量范围内误差 Δx_0 随被测量 x 成比例地变化的误差，即

$$\Delta x_0 = k_0 x \tag{2-2}$$

式中，k_0 为比例系数。

由式（2-2）可见，当被测量 x 为零时，误差 Δx_0 也等于零，随着 x 的增加，Δx_0 也逐渐积累。如标准量变化造成的误差为累积误差，假定设计高温毫伏表的刻度盘时，令表盘上的1小格为1mm，它代表标准1℃；假若由于制造刻度盘时不精确，实际中1小格宽只有0.95mm，这样每小格会造成0.05℃的误差。如果用这种仪表测量温度时，其读数为100格，就产生100×0.05℃＝5℃的正误差。读数的格数越多，误差也将越大。

定值误差和累积误差在分析仪表性能时很有用。

（6）按误差的表示方法分类

① 绝对误差 δ　式（2-1）表示的误差也称为绝对误差。绝对误差可以为正值，也可以为负值，且是一个有单位的物理量。由于被测量的真值 μ 往往无法得到，实际应

用中常用实际值 A（高一级以上的测量仪器或计量器具测量所得之值）来代替真值，即可用式（2-3）代替式（2-1）。

$$\delta = x - A \tag{2-3}$$

② 相对误差 γ　相对误差定义为绝对误差与真值之比，即

$$\gamma = \frac{\delta}{\mu} \times 100\% \tag{2-4}$$

因测得值与真值接近，故也可近似用绝对误差与测得值之比作为相对误差，一般用百分比表示，即

$$\gamma_A = \frac{\delta}{x} \times 100\% \tag{2-5}$$

通常称其为示值相对误差。

由于绝对误差可能为正值或负值，因此，相对误差也可能为正值或负值。相对误差通常用于衡量测量的准确度。

③ 引用误差 γ_m　引用误差是一种简化和实用方便的相对误差，常在多挡和连续刻度的仪器仪表中应用。这类仪器仪表可测范围不是一个点，而是一个量程，这时若按式（2-4）计算，由于分母是变量，随被测量的变化而变化，因此计算很烦琐。为了计算和划分准确度等级的方便，通常采用引用误差，它是从相对误差演变过来的，定义为绝对误差 δ 与测量装置的量程 B 之比，用百分数表示，即

$$\gamma_m = \frac{\delta}{B} \times 100\% \tag{2-6}$$

其中　$$B = x_{max} - x_{min}$$

式中　B——测量装置的量程；

x_{max}——测量上限；

x_{min}——测量下限。

最大引用误差可表示为：

$$R_m = \left| \frac{\delta_{max}}{B} \right| \times 100\% \tag{2-7}$$

式中　δ_{max}——最大绝对误差。

所有测量装置都应保证在规定的使用条件下，其引用误差限不超过某个规定值，这个规定值称为仪表的允许误差。

2.2.3　误差的处理

从工程测量实践可知，误差是不可避免的，测量数据中含有系统误差和随机误差，有时还会含有粗大误差。它们的性质不同，对测量结果的影响及处理方法也不同，但要想办法尽量消除或减小测量误差。在测量中，对测量数据进行处理时，首先判断测量数

据中是否含有粗大误差，如果有，则必须加以剔除。再看数据中是否存在系统误差，对系统误差可设法消除或加以修正。对排除了系统误差和粗大误差的测量数据，则利用随机误差性质进行处理，总之，对于不同情况的测量数据，首先要加以分析研究，判断情况，分别处理，再经综合整理以得出科学的结果。

下面将分别从系统误差、随机误差及粗大误差三方面来考虑如何消除或减小误差。

（1）系统误差的分析与处理

由于系统误差的特殊性，在处理方法上与随机误差完全不同。减小或消除系统误差的关键是查找误差根源，这就需要对测量设备、测量对象和测量系统做全面分析，明确其中有无产生明显系统误差的因素，并采取相应措施予以修正或消除。由于具体条件不同，在分析查找误差根源时并无一成不变的方法，这与测量者的经验、水平以及测量技术的发展密切相关。但我们可以从以下几个方面进行分析考虑。

① 所用传感器、测量仪表或组成元件是否准确可靠。比如传感器或仪表灵敏度不足，仪表刻度不准确，变换器、放大器等性能不太优良，由这些引起的误差是常见的误差。

② 测量方法是否完善。如用电压表测量电压，电压表的内阻对测量结果有影响。

③ 传感器或仪表安装、调整或放置是否正确合理。例如没有调好仪表水平位置，安装时仪表指针偏心等都会引起误差。

④ 传感器或仪表工作场所的环境条件是否符合规定条件。例如环境、温度、湿度、气压等的变化也会引起误差。

⑤ 测量者的操作是否正确。例如读数时的视差、视力疲劳等都会引起系统误差。

发现系统误差一般比较困难，下面只介绍几种发现系统误差的一般方法：

① 实验对比法　这种方法是通过改变产生系统误差的条件从而进行不同条件的测量，以发现系统误差。这种方法适用于发现固定的系统误差。例如，一台测量仪表本身存在固定的系统误差，即使进行多次测量也不能发现，只有用精度更高一级的测量仪表测量，才能发现这台测量仪表的系统误差。

② 残余误差观察法　这种方法是根据测量值的残余误差的大小和符号的变化规律，直接由误差数据或误差曲线图形判断有无变化的系统误差。

③ 准则检查法　有多种准则供人们检验测量数据中是否含有系统误差。不过这些准则各有一定的适用范围。如马利科夫判据是将残余误差前后各半分两组，若“$\sum V_i$ 前”与“$\sum V_i$ 后”之差明显不为零，则可能含有线性系统误差。

（2）系统误差的消除

① 在测量结果中进行修正。对于已知的系统误差，可以用修正值对测量结果进行修正；对于变值系统误差，设法找出误差的变化规律，用修正公式或修正曲线对测量结果进行修正；对未知系统误差，则按随机误差进行处理。

② 消除系统误差的根源。在测量之前，应仔细检查仪表，正确调整和安装；防止

外界干扰影响；选好观测位置，消除视差；选择环境条件比较稳定时进行读数等。

③ 在测量系统中采用补偿措施找出系统误差的规律，在测量过程中自动消除系统误差。如用热电偶测量温度时，热电偶参考端温度变化会引起系统误差，消除此误差的办法之一是在热电偶回路中加一个冷端补偿器，从而进行自动补偿。

④ 实时反馈修正。由于自动化测量技术及微机的应用，可用实时反馈修正的办法来消除复杂的变化系统误差。当查明某种误差因素的变化对测量结果有明显的复杂影响时，应尽可能找出其影响测量结果的函数关系或近似的函数关系。在测量过程中，用传感器将这些误差因素的变化转换成某种物理量形式（一般为电量），及时按照其函数关系，通过计算机算出影响测量结果的误差值，对测量结果做实时的自动修正。

(3) 随机误差的分析与处理

在测量中，当系统误差已设法消除或减小到可以忽略的程度时，如果测量数据仍有不稳定的现象，说明存在随机误差。在等精度测量情况下，得 n 个测量值 x_i，$x_2\cdots$，x_n，设只含有随机误差 δ_1，δ_2，…，δ_n。这组测量值或随机误差都是随机事件，可以用概率数理统计的方法来研究。随机误差的处理任务是从随机数据中求出最接近真值的值（或称真值的最佳估计值），对数据精密度的高低（或称可信赖的程度）进行评定并给出测量结果。

具有正态分布的随机误差如图 2-2 所示，它具有以下四个特征：

① 对称性。绝对值相等的正、负误差出现的机会大致相等。

② 单峰性。绝对值越小的误差在测量中出现的概率越大。

③ 有界性。在一定的测量条件下，随机误差的绝对值不会超过一定的界限。

④ 抵偿性。在相同的测量条件下，当测量次数增加时，随机误差的算术平均值趋向于零。

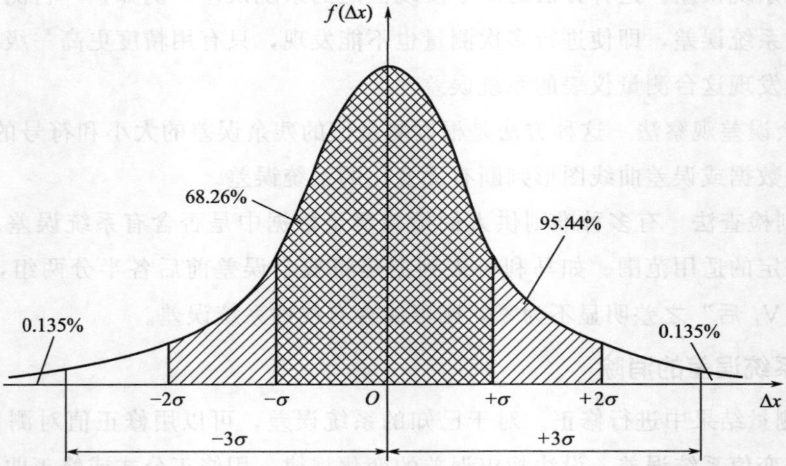

图 2-2　随机误差的正态分布曲线

在实际测量时，真值 A_0 不可能得到。但如果随机误差服从正态分布，则算术平均值处随机误差的概率密度最大。对被测量进行等精度的 n 次测量，得 n 个测量值 x_i，x_2，…，x_n，它们的算术平均值为：

$$\bar{x}=\frac{1}{n}(x_1+x_2+\cdots+x_n)=\frac{1}{n}\sum_{i=1}^{n}x_i \tag{2-8}$$

算术平均值是诸测量值中最可信赖的，它可以作为等精度多次测量的结果。

上述的算术平均值反映随机误差的分布中心，而方均根偏差 σ 则反映随机误差的分布范围。方均根偏差越大，测量数据的分散范围也越大，所以方均根偏差 σ 可以描述测量数据和测量结果的精度。

方均根误差 σ 可由下式求取：

$$\sigma=\sqrt{\frac{\sum_{i=1}^{n}(x_i-A_0)^2}{n}}=\sqrt{\frac{\sum_{i=1}^{n}\delta_i^2}{n}} \tag{2-9}$$

由于得不到真值 A_0，可用 n 次测量值的算术平均值 $\bar{x}$ 替代，则方均根误差为：

$$\sigma_x=\sqrt{\frac{\sum_{i=1}^{n}(x_i-\bar{x})^2}{n-1}} \tag{2-10}$$

算术平均值的方均根误差（标准误差）$\bar{\sigma}$ 为：

$$\bar{\sigma}=\frac{\sigma}{\sqrt{n}} \tag{2-11}$$

测量结果通常表示为：

$$x=\bar{x}\pm3\bar{\sigma}(P=99.73\%) \tag{2-12}$$

式中，3 为置信系数；P 为置信概率。测量结果的置信区间一般表示为 $[-k\sigma, k\sigma]$，其中 k 为置信系数。根据正态分布的概率积分可知，对于不同的置信概率，见表 2-1。由表可以看出，对一组既无系统误差又无粗大误差的等精度测量，当置信区间取 $\pm2\sigma$ 或 $\pm3\sigma$ 时，误差值落在该区间外的概率仅有 5% 或 3%。因此，人们常把 $\pm2\sigma$ 或 $\pm3\sigma$ 值称为极限误差，又称随机不确定度，记为 $\Delta=2\sigma$ 或 3σ，它随置信概率取值不同而不同。

表 2-1　置信系数与置信度的关系

k	1	1.96	2	2.58	3
P	0.6827(68%)	0.95(95%)	0.9545(95%)	0.99(99%)	0.9973(99.7%)

（4）粗大误差的分析与处理

如前所述，在对重复测量得的一组测量值进行数据处理之前，首先应将具有粗大误差的可疑数据找出来加以剔除。人们绝对不能凭主观意愿对数据进行取舍，而是要有一定的根据。原则就是要看这个可疑值的误差是否仍处于随机误差的范围之内，是则留，不是则弃。因此要对测量数据进行必要的检验。

为了获得比较准确的测量结果，通常要对一个量的多次测量数据进行分析处理。其处理步骤如下：

① 列出测量数据 x_1，x_2，x_3，…，x_n。

② 求算术平均值（测量值）$\overline{x}$。

③ 求剩余误差（残差）$p_i = x_i - \overline{x}_0$。

④ 用贝塞尔公式计算标准偏差估计值 σ。

⑤ 利用莱特准则判别是否存在粗差。若 $|p_i| > 3\sigma$，则该次测量值 x_i 为坏值，剔除 x_i 后再按上述步骤重新计算，直到不存在坏值后的测量次数不少于 10 次为止，如果不满 10 次应重新测量。

例 1-1　用温度传感器对某温度进行 12 次等精度测量，测量数据（单位：℃）如下：

20.46	20.52	20.50	20.52	20.48	20.47
20.50	20.49	20.47	20.49	20.51	20.51

要求对该组数据进行分析整理，并写出最后结果。

解：数据处理步骤如下：

① 记录填表。

② 将测量数据 x_i（$i=1$，2，3，…，12）按测量序号依次列在表格中。

③ 计算。

序号	x_i	p_i	p_i^2
1	20.46	−0.033	0.001089
2	20.52	+0.027	0.000729
3	20.50	+0.007	0.000049
4	20.52	+0.027	0.000729
5	20.48	−0.013	0.000169
6	20.47	−0.023	0.000529
7	20.50	+0.007	0.000049
8	20.49	−0.003	0.000009
9	20.47	−0.023	0.000529
10	20.49	−0.003	0.000009
11	20.51	+0.017	0.000289
12	20.51	+0.017	0.000289
	$\overline{x}=20.493$	$\sum_{i=1}^{12} p_i = 0.004$	$\sum_{i=1}^{12} p_i^2 = 44.68 \times 10^{-4}$

a. 求出测量数据列的算术平均值。

$$\overline{x} = \frac{1}{n}\sum_{i=1}^{n} x_i = \frac{1}{12}\sum_{i=1}^{12} x_i = \frac{1}{12} \times 245.92 \approx 20.493(℃)$$

b. 计算各测量值的残余误差。

$$p_i = x_i - \overline{x}$$

当计算无误时，理论上有 $\sum_{i=1}^{n} p_i = 0$，但实际上，由于计算过程中四舍五入引入的误差，此关系式往往不能满足。本例中 $\sum_{i=1}^{12} p_i = 0.004 \approx 0$。

c. 计算标准误差。

由于 $\sum p_i^2 = 44.68 \times 10^{-4}$ ，于是

$$\sigma = \sqrt{\frac{\sum_{i=1}^{12} p_i^2}{n-1}} = \sqrt{\frac{44.68 \times 10^{-4}}{11}} \approx 0.02$$

d. 判别坏值。

e. 本例采用拉依达准则，因为 $3\sigma = 0.06$，而所有测量值的剩余误差均满足 $|p_i| < 3\sigma$，显然数据中无坏值。

f. 写出测量结果。

$$\bar{\sigma} = \frac{\sigma}{\sqrt{n}} = \frac{0.02}{\sqrt{12}} = 0.006$$

所以，测量结果可以表示为：

$$x = \bar{x} \pm 3\bar{\sigma} = 20.49 \pm 0.018\ (℃)\ (P = 99.73\%)$$

2.3 检测系统组成

检测过程需要完成的工作是从被测对象中获得代表其特征的信号；对已获得的信号进行转换和放大，对已获得的足够大的信号按箭头进行变换，使其成为所需要的表现形式并与标准进行比较；把检测结果以数字或刻度的形式显示、记录或输出。要完成这些工作，一般用简单的敏感转换元件是不够的，需要用多个环节或部件构成一个检测系统来实现。检测系统主要由敏感元（部）件、信号的转换与处理电路、显示电路、显示器和信号输出电路组成，如图 2-3 所示。

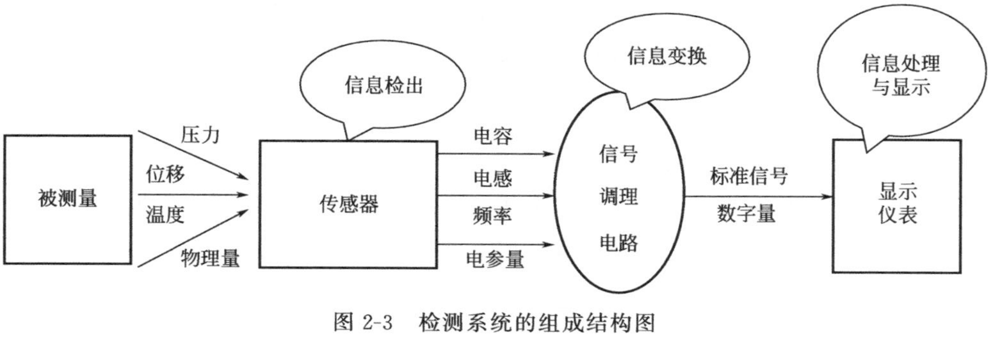

图 2-3　检测系统的组成结构图

2.3.1　传感器

(1) 定义

传感器是检测系统与被测对象直接发生联系的器件或装置。它的作用是将被测物理量（如压力、温度、流量等非电量）检出并转换为一个相应的便于传递的输出信号（通常为电参量），变送器将这些电参量转换成标准信号/数字量后送到显示仪表中进行分析

（提取特征参数频谱分析、相关分析等）、处理和显示等。例如，半导体应变片式传感器能感受到被测对象受力后的微小变形，通过一定的桥路转换成相应的电压信号输出。

传感器是一种检测装置，能感受到被测量的信息，并能将检测感受到的信息，按一定规律变换成为电信号或其他所需形式的信息输出，以满足信息的传输、处理、存储、显示、记录和控制等要求。它是实现自动检测和自动控制的首要环节。

人们为了从外界获取信息，必须借助于感觉器官，而单靠人们自身的感觉器官，在研究自然现象和规律以及生产活动时它们的功能就远远不够了。为适应这种情况，就需要传感器。因此，传感器是人类五官的延长，又称为“电五官”。传感器的功能是将被测对象的信息转化为便于处理的信号。传感器的被测量包括电量和非电量，在此偏重于非电量。传感器的输出为可用信号。所谓可用信号，是指便于显示、记录、处理、控制和可远距离传输的信号，往往是一些电信号（如电压、电流、频率等）。

（2）特点

① 知识密集度高、边缘学科色彩极浓。传感技术是以材料的电、磁、光、声、热、力等功能效应和形态变换原理为基础，并综合了物理学、化学生物学、微电子学、材料科学、机械原理、误差理论等多方面的基础理论和技术而形成的一门学科。在传感技术中多种学科交错应用，知识密集程度高，与许多基础学科和应用学科都有着密切的关系，因此，它是一门边缘学科色彩极浓的技术学科。

② 内容广泛，知识点分散。传感器是基于各种物理化学生物的原理、规律或效应将被测量转换为信号的，这些原理、效应和规律不仅为数众多，而且它们往往彼此独立，甚至完全不相关。因此，传感器涉及的内容极为广泛，而且知识点分散。

③ 技术复杂、工艺要求高。传感器的开发、设计与制造涉及了许多高新技术，如集成电路技术、薄膜技术、超导技术、微机械加工等。在应用过程中，要求传感器具有良好的选择性和抗干扰能力，这就对传感器的材料及材料处理、制造及加工等方面都提出了较高的要求。因此，传感器的技术复杂，制造工艺难度大、要求高。

（3）组成

传感器的基本功能是检测信号和信号转换。传感器总是处于测试系统的最前端，用来获取检测信息，其性能将直接影响整个测试系统，对测量精确度起着决定性作用。传感器一般由敏感元件、转换元件和基本转换电路 3 部分组成，如图 2-4 所示。

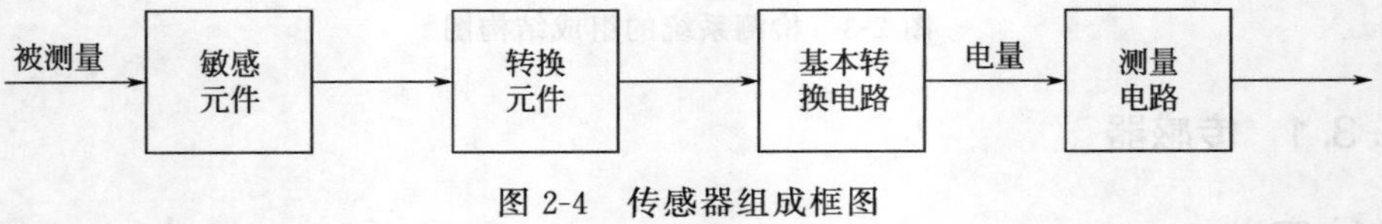

图 2-4　传感器组成框图

① 敏感元件：敏感元件又称为检测元件，其作用为直接感受被测量，并以确定关系输出某一物理量。如弹性敏感元件将力转换为位移或应变输出。

② 转换元件：将敏感元件输出的非电物理量（如位移、应变、光强等）转换成电

路参数（如电阻、电感等）或电量。

③ 基本转换电路：将电路参数转换成便于测量的电量，如电压、电流、频率等。

（4）分类

传感器有多种分类方法，可按测量原理、被测量、信号转换机理、构成原理、能量传递方式、输出信号形式等来分类。

① 按测量原理分类　传感器是基于物理、化学生物等学科的某种原理、规律或效应将被测量转换为信号，通常可按其测量原理分为应变式、压电式、电感式、电容式及光电式等。

② 按被测量分类　按被测量分为位移传感器、力传感器、加速度传感器、温度传感器等。这种分类方法阐明了传感器的用途，这对传感器的选用来说是很方便的，但是将不同测量原理的传感器归为一类，这对掌握传感器的基本原理是不利的。

③ 按信号转换机理分类　传感器可分为物理型传感器、化学型传感器、生物型传感器。物理型传感器的信号转换机理是基于某些物理效应和物理定律。化学型传感器的信号转换机理是基于某些化学反应和化学定律。生物型传感器的信号转换机理是基于某些生物活性物质的特性。

④ 按能源分类　传感器分为有源传感器（如热电式传感器和压电式传感器）和无源传感器（如电阻式传感器、电感式传感器等）。

⑤ 按输出信号形式分类　传感器可分为模拟式传感器和数字式传感器。模拟式传感器的输出信号为电压、电流、电阻、电容、电感等模拟量。数字式传感器的输出信号为数字量或频率量。

⑥ 按能量传递方式分类　传感器可分为能量转换型传感器和能量控制型传感器。能量转换型传感器又称为有源传感器，它无需外加能源，从被测对象获取信息能量，并将信息能量直接转换为输出信号。能量控制型传感器又称为无源传感器，它需外部辅助能源（电源）供给能量，从被测对象获取的信息能量用来控制或调制辅助能源，将辅助能源的部分能量加载信息而形成输出信号。

（5）结构形式

① 简单结构　简单结构的传感器仅由敏感元件（检测元件）构成。在这种结构中，检测元件有易于传输的并足够强的信号输出。此类传感器的典型例子如热电偶，只有检测元件，直接感受被测温度并输出电动势。此外，有些简单结构传感器由敏感元件和转换元件组成，无需基本转换电路，如压电式加速度传感器，通过质量弹簧惯性系统将加速度转换成力，作用在压电元件上产生电荷。

② 电参量结构　电参量结构传感器由检测元件、转换元件和转换电路构成。检测元件和转换元件将被测量转换成电阻、电容、电感等电参量，再通过转换电路将电参量转换为易于传输的电压、电流信号输出。典型的如电容式位移传感器。

③ 多级转换结构　有些传感器，转换元件不止一个，要经过若干次转换才能输出

电量。多级转换结构的传感器由检测元件、转换元件和转换电路构成，如图 2-5 所示。检测元件的输出通过转换元件转换成中间参量，再通过转换电路将中间参量转换为易于传输的信号输出。

图 2-5　多级转换结构框图

④ 差动结构　差动结构的传感器如图 2-6 所示，与补偿结构所不同的是，它将被测量 x 的变化量 Δx 取反后输入到检测元件 B。差动结构的特点是不仅能够减少干扰量 Δu 的影响，还能提高测量灵敏度和减小非线性度。

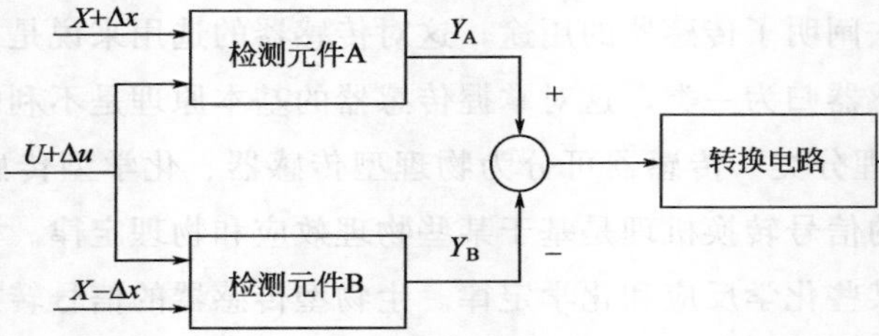

图 2-6　差动结构的传感器

当被测量的变化为 Δx，干扰量的变化量为 Δu 时，传感器的输出为：

$$Y=Y_A-Y_B=2\frac{\partial f}{\partial x}\Delta x+2\frac{\partial^2 f}{\partial x\partial u}(\Delta x,\Delta u) \qquad (2\text{-}13)$$

差动结构不仅可以大大减小环境干扰量的影响，而且还可以提高传感器的灵敏度和线性度。

2.3.2　信号处理电路

信号处理电路所完成的功能是将敏感元件（部件）获取的代表被测量特征的信号变换成能进行显示或输出的信号，主要有以下几方面的转换：

(1) 信号形态的变换

敏感元件（部件）不一定能将被测对象直接转换成电流或电压的形态，如电感式位移传感器，敏感部分是位移通过可移动铁芯转换为电感量 L 的变化，半导体压力传感器是将被测的压力先转换成电阻的变化。信号处理电路的功能，首先是将电感 L、电阻 R 等不易变换、处理、传输的信号形态变换成易于传输和处理的电流、电压形态。

(2) 放大或阻抗变换

敏感元件或传感器将被测对象一次转换得到的信号，虽然是电压或电流信号，但是其很微弱或较弱（如 mV 级、μV 级）并兼有高内阻（如 $10^7\,\Omega$）。这时需要对这种微弱信号进行放大或阻抗变换（变换成具有一定电平输出、内阻又小的形式）。信号处理电路将承担信号放大或阻抗变换的功能。如热电偶测温，其输出为 mV 级，需要信号处理电路将其放大到 V 级的量值；压电式传感器压电片的输出信号为电荷量且输出阻抗很高（在 $10^8 \sim 10^9 \Omega$），信号处理电路的任务是将电荷量转换成电流或电压并使输出变为低阻抗输出。

信号形态变换、放大或阻抗变换的信号处理电路又被称为前置（放大）电路、接口电路、信号调理电路等。常见的电路有电桥、电荷放大器、测量放大器、隔离放大器和程控增益放大器等。

（3）功能性变换

经过放大处理的信号，按照检测的要求，还需进行一定的变换或处理，若被测信号为模拟信号，而输出或显示需要变为数字量时，信号处理电路则完成模拟到数字的信号转换（即 AD 变换）；若放大器输出与被测对象存在非线性关系，而又需要显示或输出与被测对象为线性关系，这就需要加入线性化电路。根据检测系统的功能，来确定相应的信号处理电路。

2.3.3 显示仪表

显示仪表是一种能接受检测元件或传感器、变送器送来的信号，以一定的形式显示测量结果的装置。显示仪表由信号调理环节和显示器构成，并在结构上构成一个整体。有一些显示仪表仅由显示器构成。

显示仪表按照其显示结果的形式，可分为模拟式显示仪表、数字式显示仪表和图像式显示仪表 3 种类型。

① 模拟式显示仪表又称为指针式。被测量的数值大小由指针在标尺上的相对位置来表示。指针式仪表有光指示器式、动圈式和动磁式等多种形式，具有价格低廉、显示直观等优点，但指针式仪表的读数精度和仪器的灵敏度等受标尺最小分度的限制，且读数结果受操作者的主观操作影响较大，通常应用在检测精度要求不高的场合。

② 数字式显示仪表将被测量以数字形式直接显示在 LED 或液晶屏上，能有效地克服读数的主观误差，并提高显示和读数的精度，还能方便地与计算机连接并进行数据传输。因此，现代检测系统主要采用数字式显示方式。

2.3.4 信号的传输

检测系统的输出，一是以数字的形式显示出来，二是为上位系统或自动控制系统提供数据。这时往往需要将信号（数据）传送一定距离，这就是信号传输问题。信号的传输，按信号的类型分为模拟型和数字型；按传输介质类型分为有线型和无线型。

（1）模拟信号与数字信号的传输

模拟信号传输可以是电压信号，也可以是电流信号；一般电流信号传输比电压信号传输更有利（如电流信号比电压信号的抗干扰能力强）。数字信号传输可以是脉冲序列，也可以是某种形式的编码信号。通常数字信号传输比模拟信号传输抗干扰能力强。

（2）信号的有线传输与无线传输

信号的有线传输是用导线传输信号。根据检测精确度的不同，传输信号选用的导线也不同。如果传输距离近且要求不高时，一般选用普通导线就可以了；如果传输距离较远且应有一定抗电磁干扰能力时，需选用双绞线；当信号频率高或信号较弱，抗干扰性能要求高时，需选用相应的屏蔽电缆或同轴电缆。

信号的无线传输是将高频信号作为载波，将被传输的信号作为调制信号，将调制后的信号以无线电波的形式进行信号传输的。这种信号传输方式用于信号传输的距离远或不宜使用导线的场合。

2.3.5 信号记录

检测系统常用的信号记录设备有以下几种。

(1)打印机

打印机型号繁多，体积和性能差异很大，通常根据需要选用定型的（作为产品批量生产的）打印机，作为检测系统的外部记录设备配合工作。检测系统安排有相应的硬件接口和软件驱动程序。

(2)磁带记录仪

用盒式录音机或磁带机作为检测系统外部记录设备，经转换的信息进入录音机或磁带机，存储在磁带上。

(3)绘图仪

绘图仪形式型号多样，有的需要模拟信号驱动，有的只能接收数字信号，有的模拟信号和数字信号可任选，选用时要仔细阅读说明书。

第3章 传感器的原理及应用

3.1 机器人是如何感知世界的

在人类社会的发展进程中，科学技术起着重要作用。在科技发展的带动下，机器人技术也在不断地发展，其应用领域越来越广，从传统的机器制造业中机器人主要用作上、下料的万能传送装置，扩展到能进行各种作业，诸如弧焊、点焊、喷漆、刷胶、清理铸件以及各种各样的简单装配工作，再到非制造领域的应用，诸如采掘、水下、空间、核工业、土木施工、救灾、作战、战地后勤及各种服务等，机器人的应用不仅改善了劳动者的工作环境，还渐渐地向完全取代人类劳动以及服务于人类的研究发展方向迈进。那么机器人是依靠什么来实现对世界的感知？它们有“眼睛”“鼻子”“耳朵”吗？

机器人能够像人一样感知周围的环境，这一切能得以实现，跟传感器技术、微电子技术、通信技术等有着密切的关系，而传感器技术在机器人技术中又是核心技术之一。基于仿生学的仿人机器人诞生，传感器技术在机器人上类似于人的五感：视觉、嗅觉、听觉、味觉、触觉。而作为机器人“五官”的传感器是机器人获取信息的主要部分。传感器是能够感受规定的被测量并按照一定规律变换成可用输出信号的器件或装置，如图3-1所示。通过传感器技术，机器人实现了对周围环境的感知并进行相应的指令操作。

3.1.1 视觉功能

传感器技术中，视觉传感器技术的发展以及研究相比之下较成熟，特别是在机器人的应用上，并且不断地推进着机器人的发展研究。视觉传感器技术是机器人不可或缺的重要部分，视觉传感器的性能在不同的应用中有不同的要求，性能的好坏会影响机器人的操作任务。为此，科研工作者们进行了一系列的研究，如一种由激光器、CCD和滤光片组成的视觉传感器系统，体积小巧、结构紧凑、性价比高、重量轻；由于机器视觉系统采集到的数据量庞大以及实时性的要求，可用多核DSP并行处理的架构方式解决大量图像数据；为了提高机器人视觉系统的图像处理速度，可以将光学小波变换应用于视觉系统，实现图像和信息的快速处理；针对高温、辐射及飞溅等恶劣环境对传感器的影响，可以采用带冷却系统的结构光视觉传感器。

视觉传感器在机器人上主要应用于方向定位、避障、目标跟踪等。中国科学院采用视觉系统（单目摄像机）测量得到水下机器人与被观察目标之间的三维位姿关系，通过路径规划、位置控制和姿态控制分解的动力定位方法实现机器人对被观察目标的自动跟

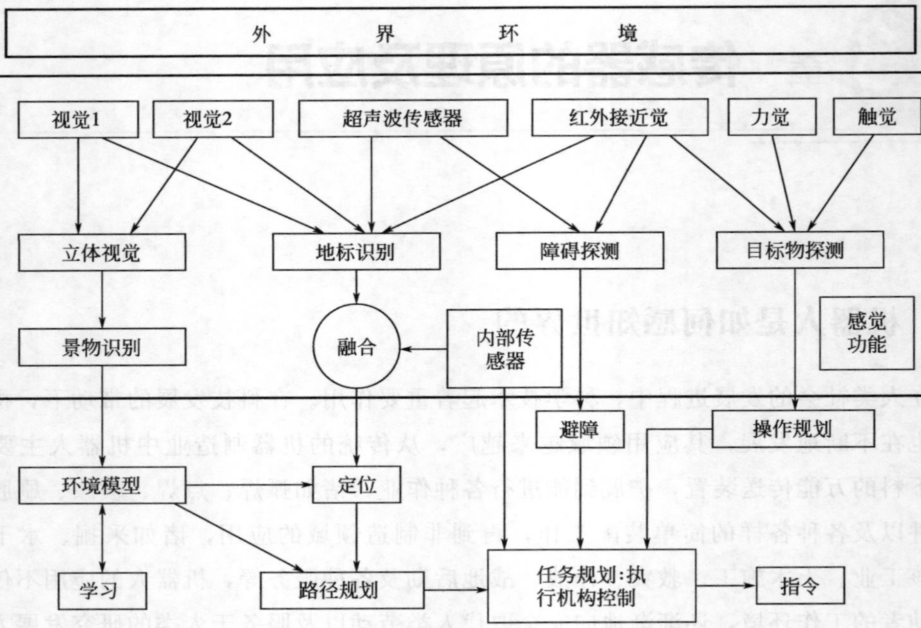

图 3-1　传感器在机器人系统中的应用

踪。浙江工业大学采用一种单目视觉结合红外线测距传感器共同避障的策略，对采集的图像序列信息使用光流法处理，获得移动机器人前方障碍物的信息。为了增强传感器的光自适应能力，以四川大学为主从双视觉传感器实现目标识别和定位任务，采用嵌入式结构技术集成相机和处理机的采摘视觉传感器实现了多传感器、多视角的协调采集和数据处理，与双目视觉传感器相比，三维视觉传感器在计算目标物的三维坐标时不需要复杂的立体匹配过程，其核心就是三角测量技术，定位算法简单。中国农业大学根据作物的反射光谱特性，选择敏感波长的激光源，构建三维视觉传感器。南京农业大学基于立体视觉系统，在图像空间利用 Hough 变换检测出果实目标，进而获得目标质心的空间位置坐标。中国科学院沈阳自动化研究所采用光学原理的全方位位置传感器系统，通过观测路标和视角定位的方法，确定出机器人在世界坐标系中的位置和方向。哈尔滨工程大学采用一个全景镜头和一个全景摄像机的全境图像全景视觉系统，利用 Step Forward 策略的模糊推理机制的运动决策，实现机器人在动态环境中快速、准确地找到一条无碰撞的路径，最终达到目标点。

科学研究的最终目的都是要应用到实际生活中，视觉传感器的研究在现代工业、农业以及服务业等方面都得到了体现。中国科学院采用叠加式构架的视觉传感器用于焊接机器人，实现了焊接机器人的自动焊接任务。天津师范工程学院采用全局视觉系统应用在全自主服务机器人上，能够准确地为服务机器人的专家决策系统实时提供位置信息，实现了在光照连续变化的部分结构化环境中进行颜色识别。哈尔滨工业大学研制了基于两个 CCD 摄像头组成双目系统的服务机器人，为老年人和残疾人提供各种复杂的辅助操作。上海交通大学研制出采用视觉传感器获得目标的图像并进行文字识别的读书机器人，以及一种医用机器人，通过人体肛门进入肠道进行检查，携带微型摄像头、压力传感器、温度传感器、pH 值传感器等，从而实现肠道生理参数的检测和治疗，携带微型操作手进行微型手术，携带药物喷洒装置进行疾病无创诊疗等。湖南大学采用多传感器结合微处理器技术与智能控制，研制出将智能安全报警及消防灭火、嵌入式语音识别、自主回归研制出充电、家庭娱乐及家务工作等多项功能集于一身的现代智能家居机器人。北京理工大学研制出利用安装在车体前方的摄像头，通过无线传输方式反馈视频和音频信号，根据反馈信息，利用航模遥控器控制前进、后退、变速及转弯等的侦察机器人。

3.1.2 嗅觉功能

目前具有嗅觉功能的拟人机器人尚不多见，主要原因是人们对于机器人嗅觉的研究仍处于初级阶段，技术尚未成熟，关于机器人嗅觉的研究更多集中在移动机器人的嗅觉定位领域。

机器人嗅觉问题的研究中，主要采用了三种方法来实现机器人嗅觉功能：

一是在机器人上安装单个或多个气体传感器，再配置相应处理电路来实现嗅觉功能。Ishidal 等人采用四个气体传感器和四个风速传感器制成了气味方向探测装置，充分利用气味信息和风向信息完成味源搜索。Pyk 研制了一个装有六阵列金属氧化物气体传感器和风向标式风向传感器的移动人工蛾，并利用它在风洞中模拟了飞蛾横越风向和逆风而上的跟踪信息素的运动方式。类似的研究是在移动机器人上安装一对气体传感器，比较两个传感器的输出，令机器人向着浓度高的方向移动。庄哲民等将半导体气体传感器阵列与神经网络结合，构建了一个用于临场感机器人的人工嗅觉系统，用于气体的定性识别。

二是自行研制的嗅觉装置。Kuwana 使用活的蚕蛾触角配上电极构造了两种能感知信息素的机器人嗅觉传感器，并在信息素导航移动机器人上进行了信息素烟羽的跟踪试验。德国蒂宾根大学的 Achim Lilientha 和瑞典厄勒布鲁大学的 Tom Duckett 合作研制了 MarkⅢ型立体式电子鼻，和一台 Koala 移动机器人构成了移动电子鼻。

三是采用电子鼻（亦称人工鼻）产品。Rozas 等将人工鼻装在一个移动机器人上，通过追踪测试环境中的气体浓度而找到气味源。

3.1.3 听觉功能

在某些环境中，要求机器人能够测知声音的音调、响度，区分左右声源，判断声源的大致方位，有时我们甚至要求机器与人进行语音交流，使其具备“人-机对话”功能。听觉传感器的存在，使得机器人能完成这些任务。

机器人的听觉功能通过听觉传感器采集声音信号，经声卡输入到机器人“大脑”。机器人拥有了听觉，就能够听懂人类语言，即实现语音的人工识别和理解。机器人听觉传感器可分为以下两类。

一是声检测型，主要用于测量距离等。由于超声波传感器处理信息简单、成本低、速度快，被广泛应用于机器人听觉传感器。南京信息工程大学利用超声波传感器信息进行栅格地图的创建，基于 Bayes 法则对多个超声波传感器信息进行融合，有效地解决了信息间的冲突问题，提高了地图创建的准确性。福州大学采用扩展卡尔曼滤波器对多个超声波传感器和光电编码器测量值进行融合，保证机器人的较高行走速度。北京科技大学将 16 个超声波传感器分别安装在机器人本体侧板的 16 个柱面上，等间隔角度为 22.5°，当陷入死角时能够凭借机器人本体后方的传感器来检测障碍，以实现继续运行。Huang 等利用 3 个麦克风组成平面三角阵列定位声源的全向轴向，也有利用搭载在移动机器人平台上的二维平面 4 通道十字形麦克风阵列定位说话人的轴向角和距离。Valind 等把 8 个麦克风阵列搭载在 Pioneer2 机器人上，用来进行声源轴向角和仰角定位。Tamai 等利用搭载在 Nomad 机器人上的平面圆形 32 通道麦克风阵列定位 1～4 个声源的水平方向和垂直方向。Rodemann 等利用仿人耳蜗和双麦克风进行声源的 3D 方向确定。

二是语音识别型，建立人和机器之间的对话。语音识别实质上是通过模式识别技术识别未知的输入声音，通常分为特定语音识别和非特定语音识别两种方式。特定语音识别是预先提取特定说话者发音的单词或音节的各种特征参数并记录在存储器中；非特定语音识别者为自然语音识别，目前处于研究阶段。从 20 世纪 50 年代 AT&T Bell 实验室开发出可识别 10 个英文数字的 Audrey 系统开始，许多发达国家如美国、日本、韩国以及著名公司如 IBM、Apple、NTT 等都为语音识别系统的实用化开发研究投以巨资。国内有关这一领域研究的大学和研究机构相对较少，大部分都是从信号处理的角度对声源定位技术进行研究，而将其应用于机器人上的相对较少。近年来，哈尔滨工业大学、河北工业大学和华北电力大学都在开展机器人听觉技术研究工作。北京航空航天大学机器人研究所也设计了一种可以按照声音的方向向左转或向右转的机器人，当声音太刺耳时，机器人会抬起脑袋，设法躲避它。由于听觉传感器可弥补其他传感器视场有限且不能穿过非透光障碍物的局限，将语音识别技术融合在移动机器人听觉系统中有很好的实用性，河北工业大学在开发救援机器人导航系统中就涉及了语音识别技术的应用。

3.1.4 触觉功能

机器人中的触觉传感器主要包括：接触觉、压力觉、滑觉和接近觉。初期的 Sprawlettes 机器人和后期的六足机器人可以依靠一只长而粗的触角进行墙的探测，以及近墙疾走，基于位置敏感探测器（PSD）的触须传感系统测量物体外形、物体表面纹理信息以及利用触须沿墙行走。类似地，北京航空航天大学利用二维 PSD 设计了一种新型的触须结构，可测量机器人本体与墙之间的夹角。

针对机器人角膜移植显微手术，北京航空航天大学选择微力传感器和微型电感式位移传感器集成在机器人末端环钻上，采用适合于 PC 和传感器数据采集卡的数字滤波算法排除干扰，从而使计算机获取实时采集钻切深度和力信息。刘伊威等人在《设计机器人灵巧手》一文中，叙述了该手指集传感器、机械本体、驱动及电路为一体，使用了霍尔传感器（位置感觉）、力/力矩感觉以及集成的温度传感器芯片（温度感觉）等，最大限度地实现了灵巧手的手指的集成化、模块化。而东南大学的研究人员在《灵巧手设计》一文中，叙述了类似的采用刚柔结合式结构的应用于 HIT/DLRII 五指仿人型机器人灵巧手的新式微型触觉传感器，采用了模糊控制的带有阵列式电触觉传感器和力传感器。

基于电容、PVDF（聚偏二氟乙烯）、光波导等技术的三维力触觉传感器的研究也得到了广泛的应用。例如南安普敦大学研发出的基于厚膜压电式传感器的仿真手是滑觉传感器较成功的体现，利用以 PVDF 薄膜制作的像皮肤一样粘贴在假手的手指表面的触滑觉传感器，可以安全地握取易碎或者比较柔软的物体。一种基于聚偏氟乙烯（PVDF）膜的三向力传感技术的触觉和基于光电原理的滑觉结合的新型触滑觉传感器，可实现机器人的物体抓取。哈尔滨工程大学基于光纤的光强内调制原理设计了一种用于水下机器人的滑觉传感器，采用特殊的调理电路和智能化的信息处理方法，适用于水下机器人进行作业。西安交通大学设计了采用基于单片机控制光电反射式接近觉传感器和光纤微弯力觉传感器的机器人。

3.1.5 味觉功能

整体味觉传感器在机器人上的应用相对于其他传感器很少。当口腔含有食物时，舌头表面的活性酶有选择地跟某些物质起反应，引起电位差改变，刺激神经组织而产生味觉，基于上述机理，人们研制了味觉传感器。人工味觉传感器主要由传感器阵列和模式识别系统组成，传感器阵列对液体试样做出响应并输出信号，信号经计算机系统进行数据处理和模式识别后，得到反映样品味觉特征的结果。目前运用广泛的生物模拟味觉和味觉传感系统，根据对接触味觉物质溶液的类脂/高聚物膜产生电势差的原理制成多通道味觉传感器。

生物的嗅觉是用来检测具有挥发性的气体分子的，而味觉传感器是用来检测液态中非挥发性的离子和分子的感受器官，味觉传感器的研究取得了一些发展，已经成功提取并量化了米饭、酱油、饮料和酒的味觉信号。南昌大学采用铂工作电极（PtE）为基底，传感器阵列由 8 个固态 PPP 味觉传感器与 217 型饱和双盐桥甘汞电极组成，采用主成分分析和聚类分析等模式识别工具识别与分析不同样品的味觉特征。尽管目前机器人味觉功能的研究还不成熟，但是国内外的研究机构都在努力地进行着实验研究。在未来家居机器人的构想下，已有相应的机构开发出了烹饪机器人等家居机器人，味觉传感器技术在家居机器人领域的发展空间很大。

应用在机器人上的传感器种类繁多，数量也比较大，但总体根据检测对象的不同可以分为内部传感器和外部传感器。

① 内部传感器：用来检测机器人本身状态（如手臂间角度）的传感器，多为检测位置和角度的传感器。

② 外部传感器：用来检测机器人所处环境（如是什么物体，离物体的距离有多远等）及状况（如抓取的物体是否滑落）的传感器。具体有物体识别传感器、物体探伤传感器、接近觉传感器、距离传感器、力觉传感器、听觉传感器等，具体如表 3-1 所示。

表 3-1 外部传感器

类别	检测内容	应用目的	传感器件
明暗觉	是否有光,亮度多少	判断有无对象,并得到定量结果	光敏管、光电断续器
色觉	对象的色彩及浓度	利用颜色识别对象的场合	彩色摄像机、滤波器、彩色 CCD
位置觉	物体的位置、角度、距离	判断物体空间位置、物体移动	光敏阵列、CCD 等
形状觉	物体的外形	提取物体轮廓及固有特征,识别物体	光敏阵列、CCD 等
接触觉	与对象是否接触,接触的位置	确定对象位置、识别对象形态、控制速度、安全保障、异常停止、寻径	光电传感器、微动开关、薄膜特点、压敏高分子材料
压觉	对物体的压力、握力、压力分布	控制握力、识别握持物、测量物体弹性	压电元件、导电橡胶、压敏高分子材料
力觉	机器人有关部件(如手指)所受外力及转矩	控制手腕移动、伺服控制、正确完成作业	应变片、导电橡胶
接近觉	对象物是否接近,接近距离,对象面的倾斜	控制位置、寻径、安全保障、异常停止	光传感器、气压传感器、超声波传感器、电涡流传感器、霍尔传感器
滑觉	垂直握持面方向物体的位移,重力引起的变形	修正握力、防止打滑、判断物体重量及表面状态	球形接点式传感器、光电旋转传感器、角编码器、振动检测器

3.2 传感器概述

传感器基本组成包括敏感元件、转换元件和转换电路,如图 3-2 所示。

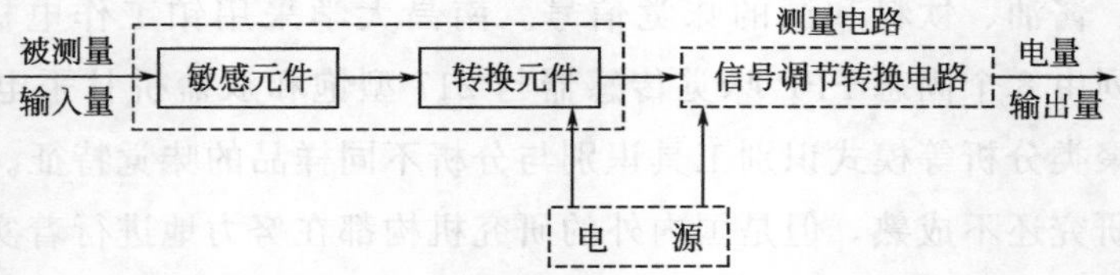

图 3-2 传感器基本组成及工作原理示意图

3.2.1 传感器的作用与地位

人类为了从外界获取信息,必须借助于感觉器官。人类依靠这些器官接受来自外界的刺激,再通过大脑分析判断,发出命令而动作。随着科学技术的发展和人类社会的进步,人类为了进一步认识自然和改造自然,只靠这些感觉器官就显得力不从心了。

随着新技术革命的到来,世界开始进入信息时代。在利用信息的过程中,首先要解决的就是要获取准确可靠的信息,而传感器是获取自然和生产领域中信息的主要途径与手段。若将信息社会与人体相比拟,电子计算机相当于人的大脑,人类的这种“感官”——接受刺激的元件就是传感器,常将传感器的功能与人类五大感觉器官相比拟:

光敏传感器——视觉，声敏传感器——听觉，气敏传感器——嗅觉，化学传感器——味觉，压敏、温敏、流体传感器——触觉，故称传感器为“电五官”。

传感器把各种非电量（物理量、化学量和状态变量等）转换为便于传输、处理、存储和控制的有用信号（一般为电量）。在现代工业生产尤其是自动化生产过程中，要用各种传感器来监视和控制生产过程中的各个参数，使设备工作在正常状态或最佳状态，并使产品达到最好的质量。因此可以说，没有众多的优良的传感器，现代化生产也就失去了基础。

在基础学科研究中，传感器更具有突出的地位。现代科学技术的发展，进入了许多新领域，例如在宏观上要观察无边无际的宇宙，微观上要观察微小的粒子世界，纵向上的观察则从长达数十万年的天体演化到1s的瞬间反应。此外，还出现了深化物质认识，开拓新能源、新材料等具有重要作用的各种极端技术研究，如超高温、超低温、超高压、超高真空、超强磁场、超弱磁场等。显然，要获取大量人类感官无法直接获取的信息，没有相适应的传感器是不可能的。许多基础科学研究的障碍，首先就在于对象信息的获取存在困难，而一些新机理和高灵敏度检测传感器的出现，往往会带来该领域内的突破。一些传感器的发展往往是一些边缘学科开发的先驱。如图3-3所示为生物传感器。

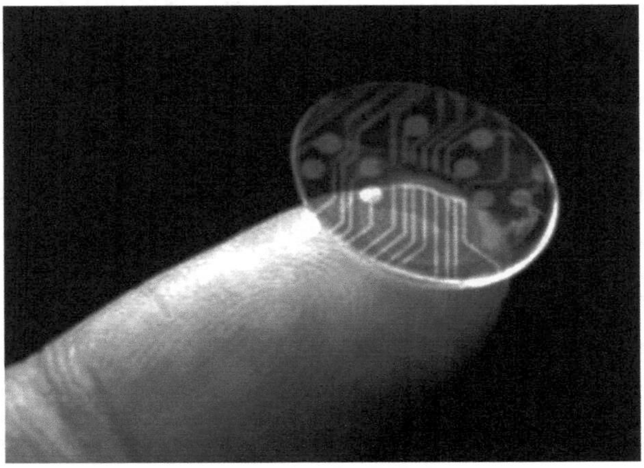

图 3-3　生物传感器

传感器早已渗透到诸如工业生产、宇宙开发、海洋探测、环境保护、资源调查、医学诊断、生物工程，甚至文物保护等极其广泛的领域。可以毫不夸张地说，从茫茫的太空，到浩瀚的海洋，以至于各种复杂的工程系统，几乎每一个现代化项目，都离不开各种各样的传感器。

由此可见，传感器技术在发展经济、推动社会进步方面的重要作用，是十分明显的，“没有传感器就没有现代科学技术”的观点已被全世界公认。以传感器为核心的检测系统就像神经和感官一样，源源不断地向人类提供宏观与微观世界的种种信息，成为人们认识自然、改造自然的有力工具。

3.2.2 传感技术的发展

传感器的历史可以追溯到远古时代——公元前 1000 年左右，中国的指南针、记里鼓车已开始使用。古埃及开始使用的天平，一直沿用到现在。利用液体膨胀进行温度测量在 16 世纪前后就已出现。19 世纪建立了电磁学的基础，当时建立的物理法则直到现在作为各种传感器的工作原理仍在应用着。

以电量作为输出的传感器，其发展历史最短，但是随着真空管和半导体等有源元件可靠性的提高，这种传感器得到飞速发展。目前只要提到传感器，一般就是指具有电输出的装置。由于集成电路技术和半导体应用技术的发展，人们研究开发了性能更好的传感器。随着电子设备水平不断提高以及功能不断加强，传感器也越来越显得重要。世界各国都将传感器技术列为重点发展的高新技术，传感器技术已成为高新技术竞争的核心技术之一，并且发展十分迅速。

传感器技术发展十分迅速的原因有如下几点：

① 电子工业和信息技术的进步促进了传感器产业的相应发展；

② 政府对传感器产业发展提供资助并大力扶持；

③ 国防、空间技术和民用产品有广阔的传感器市场；

④ 在许多高新技术领域可获得用于开发传感器的理论和工艺。

从市场角度来看，力、压力、加速度、物位、温度、湿度、水分等方面的传感器将保持较大的需求量。

展望未来，传感器将向着小型化、集成化、多功能化、智能化和系统化的方向发展，由微传感器、微执行器及信号和数据处理器总装集成的系统越来越引起人们的广泛关注。传感器市场将会迅速发展，并会加速新一代传感器的开发和产业化。

(1) 开发新型传感器

新型传感器研究方向包括采用新原理、填补传感器空白、研究仿生传感器等方面。它们之间是互相联系的。传感器的工作机理是基于各种效应和定律，由此启发人们进一步探索具有新效应的敏感功能材料，并以此研制出具有新原理的新型物性型传感器件，这是发展高性能、多功能、低成本和小型化传感器的重要途径。结构型传感器发展得较早，目前日趋成熟。一般的结构型传感器结构复杂，体积偏大，价格偏高。物性型传感器大致与之相反，具有不少诱人的优点，加之过去发展也不够，如今世界各国都在物性型传感器方面投入大量人力、物力加强研究，从而使它成为一个值得注意的发展方向。

(2) 开发新材料

传感器材料是传感器技术的重要基础，由于材料科学的进步，人们在制造时，可任意控制其成分，从而设计制造出用于各种传感器的功能材料。用复杂材料来制造性能更加良好的传感器是今后的发展方向之一。

可用于制造高性能传感器的材料有：半导体敏感材料、陶瓷材料、磁性材料和智能材料等。如半导体氧化物可以制造各种气体传感器；而陶瓷传感器的工作温度远高于半导体；光导纤维的应用是传感器材料的重大突破，用它研制的传感器与传统的传感器相比具有突出的特点。有机材料作为传感器材料的研究，引起国内外学者的极大兴趣。

（3）新工艺的采用

在发展新型传感器的过程中，离不开新工艺的采用。与发展新型传感器联系特别密切的是微细加工技术。该技术也称微机械加工技术，是近年来随着集成电路工艺发展起来的新技术，它是将离子束、电子束、分子束、激光束和化学刻蚀等用于微电子加工的技术，目前已越来越多地应用于传感器领域。例如，利用半导体技术制造出压阻式传感器，利用薄膜工艺制造出快速响应的气敏、湿敏传感器；日本横河公司利用各向异性腐蚀技术进行高精度三维加工，在硅片上构成孔、沟、棱锥、半球等各种开关，制作出全硅谐振式压力传感器。

（4）集成化、多功能化

为同时测量几种不同的被测参数，可将几种不同的传感器元件复合在一起，制成集成块。例如，一种温、气、湿三功能陶瓷传感器已经研制成功。把多个功能不同的传感器元件集成在一起，除了可以同时进行多种参数的测量外，还可对这些参数的测量结果进行综合处理和评价，可反映出被测系统的整体状态。

同一功能的多元件并列化，即将同一类型的单个传感元件用集成工艺在同一平面上排列起来，如 CCD 图像传感器。

多功能一体化，即将传感器与放大、运算以及温度补偿等环节一体化，组装成一个器件。

（5）智能化

对外界信息具有检测、数据处理、逻辑判断、自诊断和自适应能力的集成一体化多功能传感器具有与主机相互对话的功能，可以自行选择最佳方案，能将已获得的大量数据进行分割处理，实现远距离、高速度、高精度传输等。

智能传感器是传感器技术与大规模集成电路技术相结合的产物，它的实现取决于传感技术与半导体集成化工艺水平的提高与发展。这类传感器具有多功能、高性能、体积小、适宜大批量生产和使用方便等优点，是传感器重要的发展方向之一。

3.3 传感器的性能指标

传感器能否准确地完成预定的检测任务，主要取决于传感器的基本特性。传感器的特性主要是指输出与输入之间的关系特性，它与传感器的内部结构参数有关，是传感器内部结构参数作用关系的外部表现。传感器除了需要描述输出与输入关系的特性外，还需要描述使用条件、使用环境和使用要求等有关特性。传感器通常要变换各种信息量为电量，由于受内部储能元件的影响，它们对稳态信号与动态信号反应大不相同。对于稳态信号即输入为静态或变化极缓慢的信号时，研究传感器的静态特性，即不随时间变化的特性；对于动态信号，即输入量随时间变化较快时，研究传感器的动态特性，即随时间变化的特性。

传感器的标定就是利用精度高一级的标准器具对传感器的动态、静态特性进行实验检测的过程，从而确立传感器输出量输入量之间的对应关系。

3.3.1 传感器的静态特性

静态特性是指当输入量为常量或变化极其缓慢时传感器的输出-输入特性。

(1)传感器的静态数学模型

研究传感器的静态特性，首先要建立传感器的静态数学模型。传感器的静态数学模型是指当输入量为静态量时，传感器的输出量与输入量之间的数学模型。在不考虑传感器滞后和蠕变的情况下，传感器的静态数学模型可以用下列多项式表示：

$$y=a_0+a_1x+a_2x^2+\cdots+a_nx^n \tag{3-1}$$

式中，x 为输入量；y 为输出量；a_0 是输入量为零时的输出量，即零位输出量；a_1 为传感器线性灵敏度；a_2，a_3，…，a_n 为非线性项的待定常数。

式 (3-1) 中的各项系数决定传感器静态特性曲线的具体形式。但是在研究传感器线性特性时，可以不考虑零位输出量，也就是取 $a_0=0$，则式 (3-1) 由线性项和非线性项叠加而成。静态特性曲线过原点，一般分为三种情况，如图 3-4 所示。

① 理想线性特性　如图 3-4 (a) 所示为理想的线性特性，通常是所希望的传感器应具有的特性。在这种情况下，有

$$a_0=a_2=a_3=\cdots=a_n \tag{3-2}$$

因此得到：

$$y=a_1x \tag{3-3}$$

因为直线上任何点斜率都相等，所以传感器的灵敏度为：

$$S_n=\frac{y}{x}=a_1=\text{常数} \tag{3-4}$$

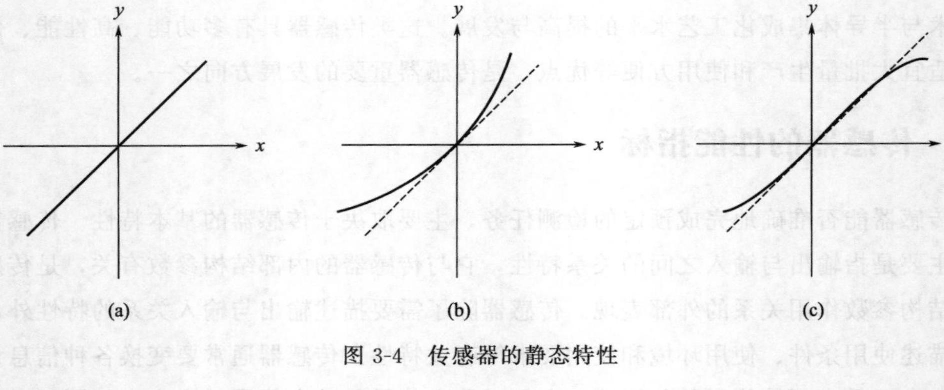

图 3-4　传感器的静态特性

② 仅有偶次非线性项　如图 3-4 (b) 所示为仅有偶次非线性项。其输出-输入特性

方程为：

$$y=a_1x+a_2x^2+a_4x^4+\cdots \tag{3-5}$$

因为它没有对称性，所以其线性范围较窄。一般传感器设计很少采用这种特性。

③ 仅有奇次非线性项　如图 3-4（c）所示为仅有奇次非线性项。其输出-输入特性方程为：

$$y=a_1x+a_3x^3+a_5x^5+\cdots \tag{3-6}$$

具有这种特性的传感器，一般在输入量 x 相当大的范围内具有较宽的准线性。这是比较接近于理想直线的非线性特性，它相对于坐标原点是对称的，所以它具有相当宽的近似线性范围。差动式传感器具有这种特性，可以消除电器元件中的偶次分量，显著地改善非线性，并可使灵敏度提高一倍。

(2)传感器的静态特性指标

理论分析建立的传感器数学模型非常复杂，甚至难以实现。实际运用时，常常利用实际数据绘制的特征曲线描述传感器特性。传感器静态特性的主要指标有测量范围和量程、线性度、灵敏度、迟滞和重复性等。

① 测量范围和量程　在规定的测量特性内，传感器所能测量的最大被测量（即输入量）x_{max}称为测量上限，最小的被测量 x_{min}称为测量下限，用测量下限和测量上限表示的测量区间称为测量范围，即（x_{min}，x_{max}）。测量上限和测量下限的代数差为量程，即量程$=x_{max}-x_{min}$。例如：温度传感器的测量范围是$-55\sim125$℃，那么该传感器的量程为 180℃。

② 线性度　传感器的线性度是指传感器输出与输入之间的线性程度，也就是衡量传感器的输出量与输入量之间能否保持理想线性特性的一种度量。线性度也称非线性误差，可以定义为：在全量程范围内实际特性曲线与拟合直线之间的最大偏差值与满量程输出值之比（如图 3-5 所示）。

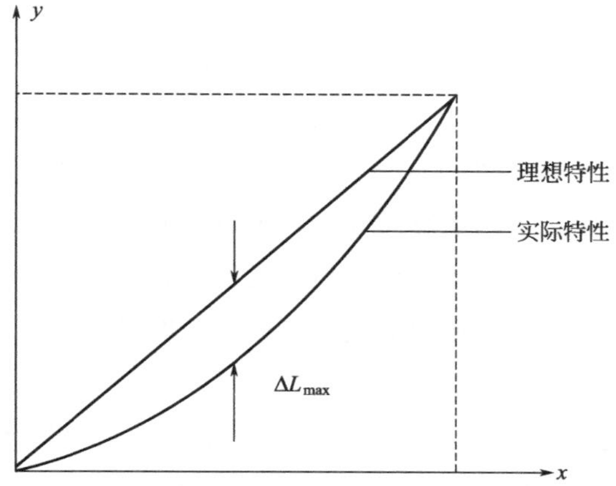

图 3-5　传感器的线性度

其计算公式为：

$$\gamma_L = \pm \frac{\Delta L_{max}}{y_{FS}} \times 100\% \tag{3-7}$$

式中，ΔL_{max}为 n 个测点中的最大非线性绝对误差；y_{FS}为传感器输出满量程值。

在实际使用中，为了获得线性关系，引入各种非线性补偿环节，如采用非线性补偿电路或计算机软件进行线性化处理，从而使传感器的输出与输入关系为线性或接近线性。但如果传感器非线性的方次不高，输入量变化范围较小时，可用一条直线（切线或割线）近似地代表实际曲线的一段，使传感器输入/输出特性线性化，所采用的直线称为拟合直线。

③ 灵敏度　灵敏度是指传感器在稳定工作条件下，输出变化量与引起此变化的输入变化量之比，用 S_n 来表示。对于输入输出关系为线性的传感器，灵敏度是一常数，即为特性曲线的斜率，如图 3-6（a）所示，表达式为：

$$S_n = \frac{\Delta y}{\Delta x} \tag{3-8}$$

而非线性传感器的灵敏度为一变量，如图 3-6（b）所示，表达式为：

$$S_n = \frac{dy}{dx} \tag{3-9}$$

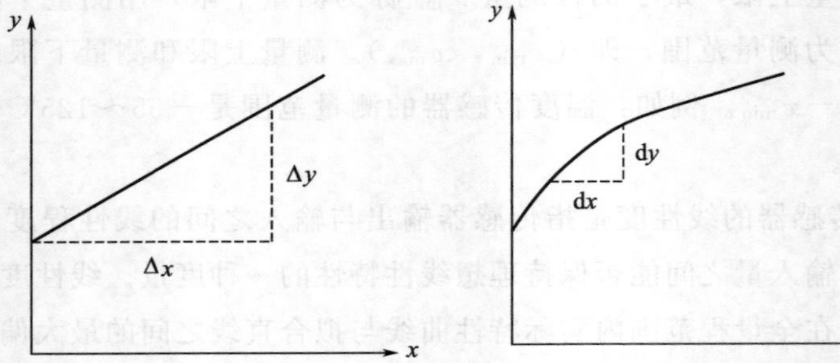

(a) 线性测量系统　　(b) 非线性测量系统

图 3-6　传感器灵敏度

一般希望传感器的灵敏度高，在满量程范围内是恒定的，即传感器的输入输出特性为直线。

灵敏度是传感器的重要性能指标。它可以根据传感器的测量范围、抗干扰能力等进行选择，特别是对于传感器中的敏感元件，其灵敏度的选择尤为关键。一般来说，敏感元件不仅受被测量的影响，而且也受到其他干扰量的影响。这时在选择敏感元件的结构及其参数时，就要使敏感元件的输出对被测量的灵敏度尽可能地大，而对于干扰量的灵敏度尽可能地小。

④ 迟滞　迟滞特性表明传感器在正（输入量增大）反（输入量减小）行程期间输出输入特性曲线不重合的程度，如图 3-7 所示。也就是说，对应于同一大小的输入信号，传感器正反行程的输出信号大小不相等，这就是迟滞现象。产生这种现象的主要原因是传感器机械部分存在不可避免的缺陷，如轴承摩擦、间隙、紧固件松动、材料的内

摩擦、积尘等。迟滞大小一般用实验方法确定。

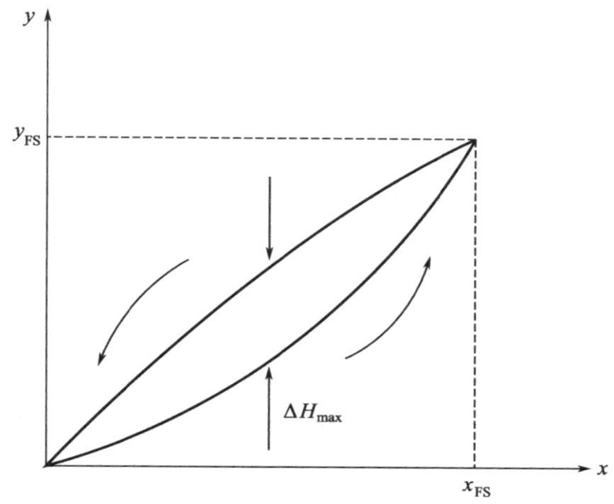

图 3-7　传感器的迟滞特性

⑤ 重复性　重复性表示传感器在输入量按同一方向做全量程多次测试时所得特性曲线的不一致程度，如图 3-8 所示。正行程的最大重复性偏差为 ΔR_{max1}，反行程的最大重复性偏差为 ΔR_{max2}。重复性误差取这两个最大偏差中的较大者为 ΔR_{max}，与满量程输出 y_{FS}之比的百分数表示，即

$$\gamma_R = \pm \frac{\Delta R_{max}}{y_{FS}} \times 100\% \tag{3-10}$$

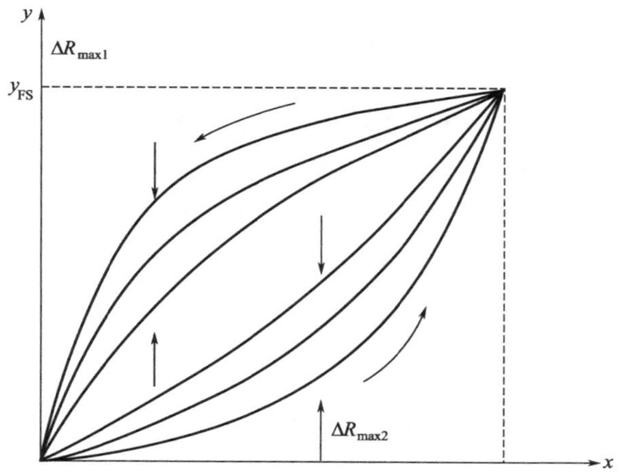

图 3-8　传感器重复性

⑥ 分辨力与分辨率　分辨力是指传感器在规定测量范围内所能检测出被测输入量的最小变化值。也就是说，如果输入量从某一非零值缓慢地变化，当输入变化值未超过某一数值时，传感器的输出不会发生变化，即传感器对此输入量的变化是分辨不出来的。例如某位移传感器的分辨力为 1μm，则表示能够检测到的最小位移值是 1μm，当被测位移增量为 0.1～0.9μm 时，传感器几乎没有反应。对于数字式传感器，分辨力是指能引起输出数字的末位数发生变化所对应的输入增量。有时对该值用相对满量程输入

值的百分比表示，则称为分辨率。

对于实际标定过程的第 i 个测点 x_i，当有 $\Delta x_{i\min}$变化时，输出就有可观测到的变化，那么 $\Delta x_{i\min}$就是该测点处的分辨力，对应的分辨率为：

$$r_i=\frac{\Delta x_{i\min}}{x_{\max}-x_{\min}}\times 100\% \tag{3-11}$$

显然各测点处的分辨力是不一样的。在全部工作范围内，都能够产生可观测输出变化的最小输入变化量的最大值 $\max|\Delta x_{i\min}|$ （$i=1,2,\cdots,n$）就是该传感器的分辨力，而传感器的分辨率为：

$$r=\frac{\max|\Delta x_{i\min}|}{x_{\max}-x_{\min}}\times 100\% \tag{3-12}$$

分辨力反映了传感器检测输入微小变化的能力，对正反行程都是适用的。造成传感器具有有限分辨力的因素很多，例如机械运动部件的干摩擦和卡塞等，以及电路系统中的储能元件、A/D 转换器的位数等。

此外，传感器在最小（起始）测点处的分辨力通常称为阈值或死区。

⑦ 漂移　漂移是指在外界干扰的情况下，在一定的时间间隔内，传感器的输出量发生与输入量无关、不需要的变化。漂移通常包括零点漂移和灵敏度漂移。零点漂移和灵敏度漂移又可分为时间漂移（时漂）和温度漂移（温漂）。时漂是指零点或灵敏度随时间的缓慢变化；温漂是指由于周围温度变化而引起的零点或灵敏度的变化。温漂通常用传感器工作环境温度偏离标准环境温度（一般为 20℃）时，温度变化 1℃输出的变化与满量程 y_{FS}的百分比表示，即

$$y_T=\frac{y_t-y_{20}}{y_{FS}\Delta t}\times 100\% \tag{3-13}$$

式中，y_T 为温度漂移；Δt 为工作环境温度 t 偏离标准环境温度 t_{20}之差；y_t 为传感器在工作环境温度 t 时的输出；y_{20}为传感器在标准环境温度 t_{20}时的输出。

⑧ 静态误差（精度）　静态误差是指传感器在其全量程内任一点的输出值与其理论输出值的偏离程度。静态误差的求取方法如下。

把全部标准数据与拟合直线上对应值的残差看成是随机分布，求出其标准差 b_n，b_{n-1}，…，b_0 即

$$\sigma=\sqrt{\frac{1}{n-1}\sum_{i=1}^{n}(\Delta y_i)^2} \tag{3-14}$$

取 2σ 或 3σ 值即为传感器的静态误差。静态误差是一项综合性指标，它基本包含了前面叙述的非线性误差、迟滞误差、重复性误差等，因而也可以把这几个单项误差综合，即

$$\gamma=\sqrt{\gamma_L^2+\gamma_H^2+\gamma_R^2} \tag{3-15}$$

3.3.2 传感器的动态特性

传感器的动态特性是指输入量随时间变化时传感器的响应特性。由于传感器的惯性

和滞后性，当被测量随时间变化时，传感器的输出往往来不及达到平衡状态，处于动态过渡过程之中，所以传感器的输出量也是时间的函数，其间的关系要用动态特性来表示。一个动态特性好的传感器，其输出将再现输入量的变化规律，即具有相同的时间函数。实际的传感器，输出信号将不会与输入信号具有相同的时间函数，这种输出与输入间的差异就是所谓的动态误差。

为了说明传感器的动态特性，下面简要介绍动态测温的问题。当被测温度随时间变化或传感器突然插入被测介质中，以及传感器以扫描方式测量某温度场的温度分布等情况时，都存在动态测温问题。如把一支热电偶从温度为 t_0 的环境中迅速插入到一个温度为 t_1 的恒温水槽中（插入时间忽略不计），这时热电偶测量的介质温度从 t_0 突然上升到 t_1，而热电偶反映出来的温度从 t_0 变化到 t_1 需要经历一段时间，即有一段过渡过程，如图 3-9 所示。热电偶反映出来的温度与其介质温度的差值就称为动态误差。

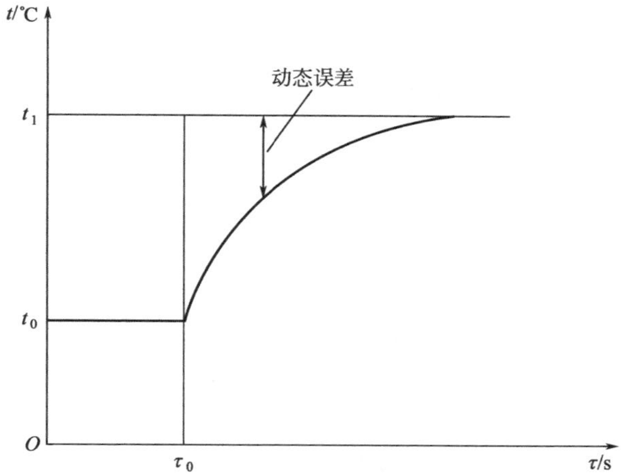

图 3-9 动态测温曲线

造成热电偶输出波形失真和产生动态误差的原因，是温度传感器有热惯性（由传感器的比热容和质量大小决定）和传热热阻，这使得在动态测温时传感器输出总是滞后于被测介质的温度变化。如带有套管的热电偶，其热惯性要比裸热电偶大得多。这种热惯性是热电偶固有的，它决定了热电偶测量快速变化的温度时会产生动态误差。影响动态特性的“固有因素”任何传感器都有，只不过它们的表现形式和作用程度不同而已。

(1) 传感器的基本动态特性方程

传感器的种类和形式很多，但它们的动态特性一般都可以用下述的微分方程来描述：

$$a_n \frac{d^n y}{dt^n} + a_{n-1} \frac{d^{n-1} y}{dt^{n-1}} + \cdots + a_1 \frac{dy}{dt} + a_0 y = b_m \frac{d^m x}{dt^m} + b_{m-1} \frac{d^{m-1} x}{dt^{m-1}} + \cdots + b_1 \frac{dx}{dt} + b_0 x \tag{3-16}$$

式中 $a_1, a_2, \cdots, a_n, b_1, b_2, \cdots, b_m$——与传感器结构特性有关的常系数。

① 零阶系统 若在式（3-16）中除系数 a_0，b_0 之外，其他系数均为零，则微分方

程就变成简单的代数方程，即

$$a_0 y(t)=b_0 x(t)$$

该方程通常写为：

$$y(t)=kx(t) \tag{3-17}$$

式中，$k=\frac{b_0}{a_0}$为传感器的静态灵敏度或放大系数。传感器的动态特性用式（3-17）来描述的就称为零阶系统。

零阶系统具有理想的动态特性，无论被测量 $x(t)$ 如何随时间变化，零阶系统的输出都不会失真，其输出在时间上也无任何滞后，所以零阶系统又称为比例系统。

在工程应用中，电位器式的电阻传感器、变面积式的电容传感器及利用静态式压力传感器测量液位均可看作零阶系统。

② 一阶系统　若在式（3-16）中除系数 a_0，a_1 与 b_0 之外，其他系数均为零，则微分方程为：

$$a_1 \frac{\mathrm{d}y(t)}{\mathrm{d}t}+a_0 y(t)=b_0 x(t)$$

通常写为：

$$\tau \frac{\mathrm{d}y(t)}{\mathrm{d}t}+y(t)=kx(t) \tag{3-18}$$

式中　τ——传感器的时间常数，$\tau=\frac{a_1}{a_0}$；

k——传感器的静态灵敏度或放大系数，$k=\frac{b_0}{a_0}$。

时间常数 τ 具有时间的量纲，它反映传感器的惯性大小；静态灵敏度则说明其静态特性。用式（3-18）描述其动态特性的传感器就称为一阶系统，又称为惯性系统。

如前面提到的不带套管的热电偶测温系统、电路中常用的阻容滤波器等均可看作一阶系统。

③ 二阶系统　二阶系统的微分方程为：

$$a_2 \frac{\mathrm{d}^2 y(t)}{\mathrm{d}t^2}+a_1 \frac{\mathrm{d}y(t)}{\mathrm{d}t}+a_0 y(t)=b_0 x(t)$$

二阶系统的微分方程通常改写为：

$$\frac{\mathrm{d}^2 y(t)}{\mathrm{d}t^2}+2\xi\omega_\mathrm{n} \frac{\mathrm{d}y(t)}{\mathrm{d}t}+\omega_\mathrm{n}^2 y(t)=\omega_\mathrm{n}^2 kx(t) \tag{3-19}$$

式中　k——传感器的静态灵敏度或放大系数，$k=\frac{b_0}{a_0}$。

ξ——传感器的阻尼系数；

ω_n——传感器的固有频率。

根据二阶微分方程特征方程根的性质不同，二阶系统又可分为以下两类：

a. 二阶惯性系统：其特点是特征方程的根为两个负实根，它相当于两个一阶系统串联。

b. 二阶振荡系统：其特点是特征方程的根为一对带负实部的共轭复根。

带有套管的热电偶、电磁式的动圈仪表及 RLC 振荡电路等均可看作二阶系统。

(2)传感器的动态响应特性

传感器的动态特性不仅与传感器的“固有因素”有关，还与传感器输入量的变化形式有关。也就是说，同一个传感器在不同形式的输入信号作用下，输出量的变化是不同的。通常选用几种典型的输入信号作为标准输入信号，来研究传感器的响应特性。

① 瞬态响应特性　传感器的瞬态响应是时间响应。在研究传感器的动态特性时，有时需要从时域中对传感器的响应和过渡过程进行分析，这种分析方法称为时域分析法。传感器在进行时域分析时，用得比较多的标准输入信号有阶跃信号和脉冲信号，传感器的输出瞬态响应分别称为阶跃响应和脉冲响应。

a. 一阶传感器的单位阶跃响应。

一阶传感器的微分方程为：

$$\tau \frac{\mathrm{d}y(t)}{\mathrm{d}t}+y(t)=kx(t) \tag{3-20}$$

设传感器的静态灵敏度 $k=1$，写出它的传递函数为：

$$H(s)=\frac{Y(s)}{X(s)}=\frac{1}{\tau s+1} \tag{3-21}$$

对初始状态为零的传感器，若输入一个单位阶跃信号，即

$$x(t)=\begin{cases}0 & (t\leqslant 0)\\ 1 & (t>0)\end{cases}$$

输入信号 $x(t)$的拉氏变换：

$$X(s)=\frac{1}{s}$$

一阶传感器的单位阶跃响应拉氏变换式为：

$$Y(s)=H(s)X(s)=\frac{1}{\tau s+1}\times\frac{1}{s} \tag{3-22}$$

对式（3-22）进行拉氏反变换，可得一阶传感器的单位阶跃响应信号为：

$$y(t)=1-\mathrm{e}^{-\frac{t}{\tau}} \tag{3-23}$$

相应的响应曲线如图 3-10 所示。由图 3-10 可知，传感器存在惯性，它的输出不能立即复现输入信号，而是从零开始，按指数规律上升，最终达到稳态值。理论上传感器的响应只在 t 趋于无穷大时才达到稳态值，但通常认为 $t=(3\sim4)\tau$ 时，如当 $t=4\tau$ 时其输出就可达到稳态值的 98.2%，可以认为已达到稳态。所以，一阶传感器的时间常数 τ 越小，响应越快，响应曲线越接近于输入阶跃曲线，即动态误差越小。因此，τ 值是一阶传感器重要的性能参数。

b. 二阶传感器的单位阶跃响应。

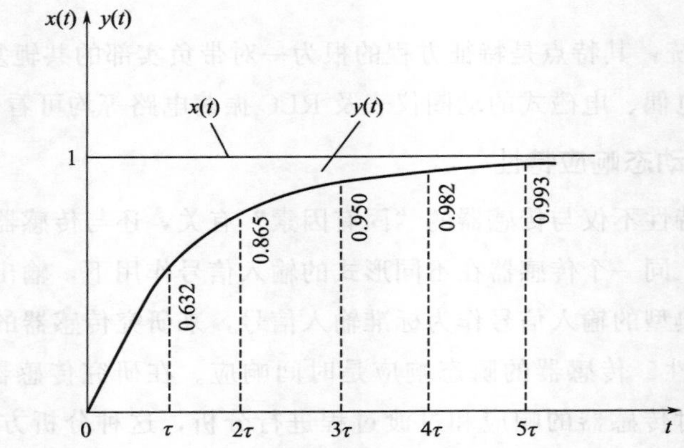

图 3-10 一阶传感器单位阶跃响应曲线

二阶传感器的微分方程为：

$$\frac{d^2y(t)}{dt^2}+2\xi\omega_n\frac{dy(t)}{dt}+\omega_n^2y(t)=\omega_n^2kx(t)$$

设传感器的静态灵敏度 $k=1$，其二阶传感器的传递函数为：

$$H(s)=\frac{\omega_n^2}{s^2+2\xi\omega_n s+\omega_n^2} \tag{3-24}$$

传感器输出的拉氏变换为：

$$Y(s)=H(s)X(s)=\frac{\omega_n^2}{s(s^2+2\xi\omega_n s+\omega_n^2)} \tag{3-25}$$

图 3-11 为二阶传感器的单位阶跃响应曲线，二阶传感器对阶跃信号的响应在很大程度上取决于阻尼比 ξ 和固有角频率 ω_n。$\xi=0$ 时，特征根为一对虚根，阶跃响应是一个等幅振荡过程，这种等幅振荡状态又称为无阻尼状态；$\xi>1$ 时，特征根为两个不同的负实根，阶跃响应是一个不振荡的衰减过程，这种状态又称为过阻尼状态；$\xi=1$ 时，特征根为两个相同的负实根，阶跃响应也是一个不振荡的衰减过程，但是它是一个由不振荡衰减到振荡衰减的临界过程，故又称为临界阻尼状态；$0<\xi<1$ 时，特征根为一对共轭复根，阶跃响应是一个衰减振荡过程，在这一过程中 ξ 值不同，衰减快慢也不同，这种衰减振荡状态又称为欠阻尼状态。

阻尼比 ξ 直接影响超调量和振荡次数，为了获得满意的瞬态响应特性，实际使用中常按照欠阻尼调整，对于二阶传感器取 $\xi=0.6\sim0.7$，则最大超调量不超过 10%，趋于稳态的调整时间也最短，约为 (3～4) / ($\xi\omega_n$)。固有频率 ω_n 由传感器的结构参数决定，固有频率 ω_n 也即等幅振荡的频率 ω_n 越高，传感器的响应也越快。

c. 传感器的时域动态性能指标叙述如下。

·时间常数 τ：一阶传感器输出上升到稳态值的 63.2%所需的时间，称为时间常数。图 3-12 为一阶传感器的时域动态性能指标。

·延迟时间 t_d：传感器输出达到稳态值的 50%所需的时间。

·上升时间 t_r：传感器输出达到稳态值的 90%所需的时间。

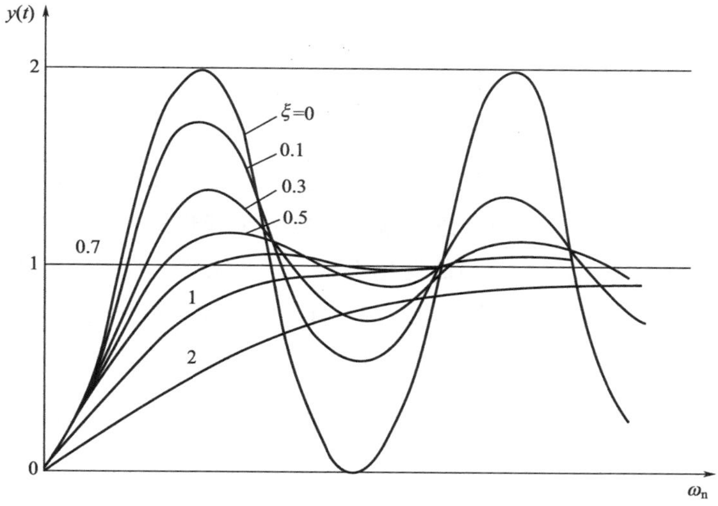

图 3-11　二阶传感器单位阶跃响应曲线

• 峰值时间 t_p：二阶传感器输出响应曲线达到第一个峰值所需的时间。图 3-13 为二阶传感器的时域动态性能指标。

• 超调量 σ：二阶传感器输出超过稳态值的最大值。

• 衰减比 d：衰减振荡的二阶传感器输出响应曲线第一个峰值与第二个峰值之比。

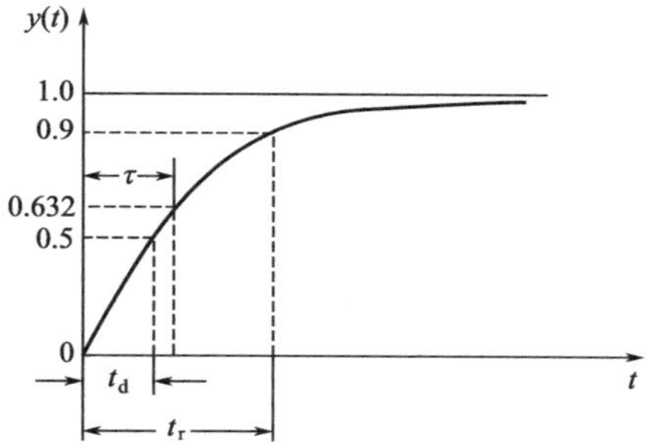

图 3-12　一阶传感器的时域动态性能指标

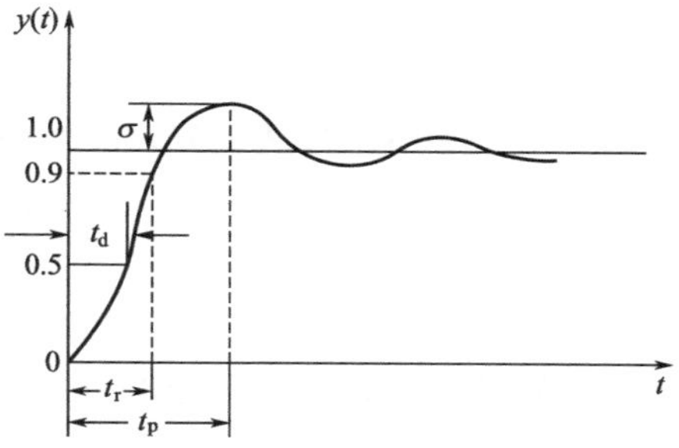

图 3-13　二阶传感器的时域动态性能指标

② 频率响应特性　传感器对不同频率成分的正弦输入信号的响应特性，称为频率响应特性。一个传感器输入端有正弦信号作用时，其输出响应仍然是同频率的正弦信号，只是与输入端正弦信号的幅值和相位不同。频率响应法是从传感器的频率特性出发研究传感器的输出与输入的幅值比和两者相位差的变化。

a. 一阶传感器的频率响应。

将一阶传感器传递函数式（3-21）中的 s 用 $j\omega$ 代替后，即可得如下的频率特性表达式

$$H(j\omega)=\frac{1}{j\omega\tau+1}=\frac{1}{1+(\omega\tau)^2}-j\frac{\omega\tau}{1+(\omega\tau)^2} \tag{3-26}$$

幅频特性

$$A(\omega)=\frac{1}{\sqrt{1+(\omega\tau)^2}} \tag{3-27}$$

相频特性

$$\Phi(\omega)=-\arctan(\omega t) \tag{3-28}$$

从式(3-27)、式(3-28)和图 3-14 可看出，时间常数 τ 越小，频率响应特性越好。当 $\omega\tau \ll 1$ 时 $A(\omega)\approx 1$，$\Phi(\omega)\approx 0$，表明传感器输出与输入呈线性关系，且相位差也很小，输出 $y(t)$ 比较真实地反映了输入 $x(t)$ 的变化规律，因此减小 τ 可改善传感器的频率特性。除了用时间常数 τ 表示一阶传感器的动态特性外，在频率响应中也用截止频率来描述传感器的动态特性。截止频率反映传感器的响应速度，截止频率越高，传感器的响应越快。对一阶传感器，其截止频率为 $\frac{1}{\tau}$。图 3-14 为一阶传感器的频率响应特性曲线。

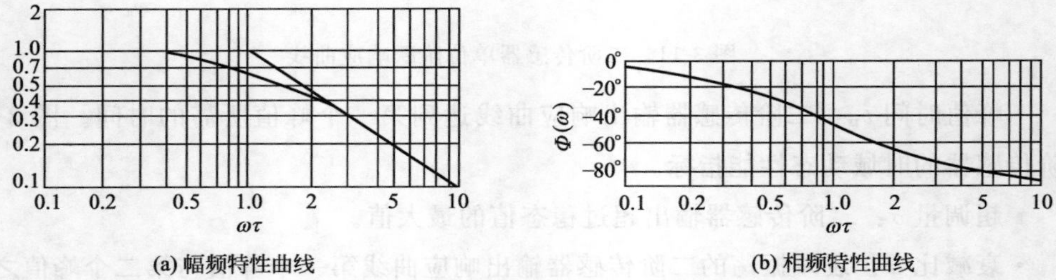

(a) 幅频特性曲线　　(b) 相频特性曲线

图 3-14　一阶传感器的频率响应特性曲线

b. 二阶传感器的频率响应。

由二阶传感器的传递函数式可写出二阶传感器的频率特性表达式，即

$$H(j\omega)=\frac{\omega_n^2}{j\omega^2+2\xi\omega_n(j\omega)+\omega_n^2}=\frac{1}{1-\left(\frac{\omega}{\omega_n}\right)^2+j2\xi\frac{\omega}{\omega_n}} \tag{3-29}$$

其幅频特性、相频特性分别为：

$$A(\omega)=|H(j\omega)|=\frac{1}{\sqrt{\left[1-\left(\frac{\omega}{\omega_n}\right)^2\right]^2+\left(2\xi\frac{\omega}{\omega_n}\right)^2}} \tag{3-30}$$

$$\Phi(\omega)=\angle H(j\omega)=-\arctan\frac{2\xi\frac{\omega}{\omega_n}}{1-\left(\frac{\omega}{\omega_n}\right)^2} \tag{3-31}$$

相位角负值表示相位滞后。由式（3-30）及式（3-31）可画出二阶传感器的幅频特性曲线和相频特性曲线，如图 3-15 所示。

从式（3-30）、式（3-31）和图 3-15 可得，传感器的频率响应特性好坏主要取决于传感器的固有频率 ω_n 和阻尼比 ξ。当 $\xi<1$，$\omega_n \gg \omega$ 时，$A(\omega)\approx 1$，此时，传感器的输出 $y(t)$ 再现了输入 $x(t)$ 的波形，通常固有频率 ω_n 至少应为被测信号频率 ω 的 3～5 倍。

为了减小动态误差和扩大频率响应范围，一般是提高传感器同有频率 ω_n，而固有频率 ω_n 与传感器运动部件质量 m 和弹性敏感元件的刚度 k 有关，即增大刚度 k 和减小质量 m 都可提高固有频率，但刚度 k 增加，会使传感器灵敏度降低。所以在实际中，应综合各种因素来确定传感器的各个特征参数。

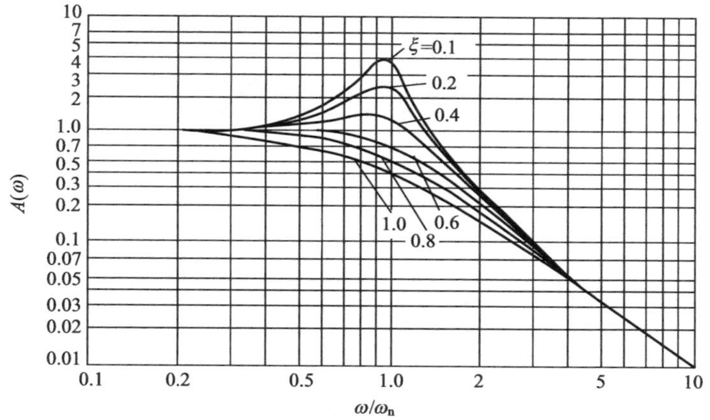

(a) 幅频特性曲线

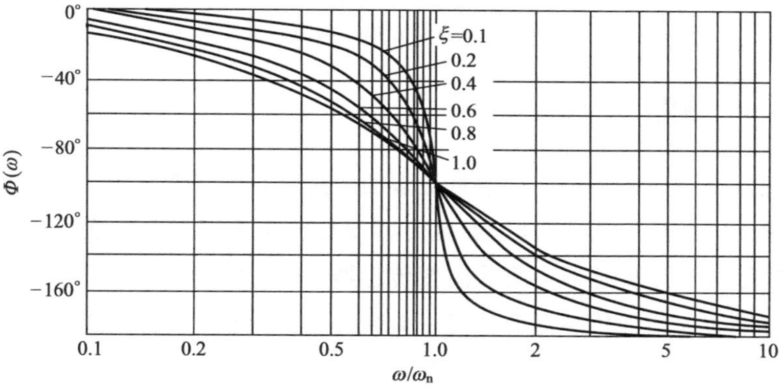

(b) 相频特性曲线

图 3-15　二阶传感器频率响应特性曲线

c. 频率响应特性指标。

• 通频带 $\omega_{0.707}$：传感器在对数幅频特性曲线上幅值衰减 3dB 时所对应的频率范围，如图 3-16 所示。

• 工作频带 $\omega_{0.95}$（或 $\omega_{0.90}$）：当传感器的幅值误差为 ±5%（或 ±10%）时其增益保持在一定值内的频率范围。

• 时间常数 τ：用时间常数 τ 来表征一阶传感器的动态特性，值越小频带越宽。

• 固有频率 ω_n：二阶传感器的固有频率表示其动态特性。

• 相位误差：在工作频带范围内，传感器的实际输出与所希望的无失真输出间的相位差值，即为相位误差。

• 跟随角 $\Phi_{0.707}$：当 $\omega=\omega_{0.707}$ 时，对应于相频特性上的相角，即为跟随角。

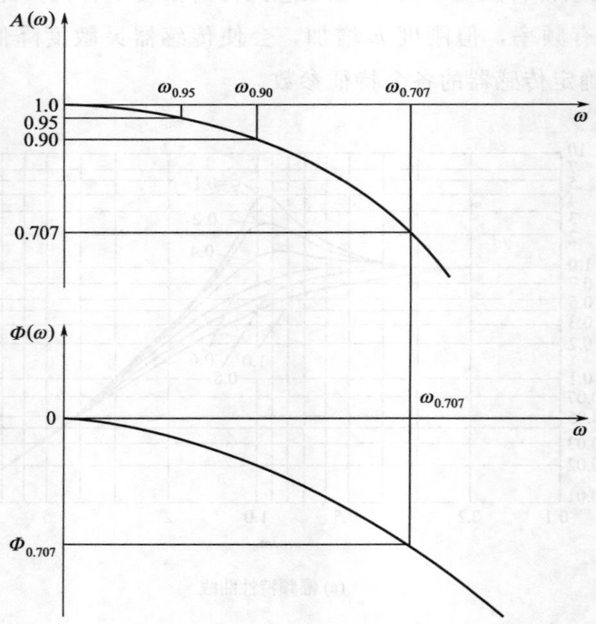

图 3-16　传感器的频域动态性能指标

3.4　温度传感器

温度传感器是使用范围最广、数量最多的传感器，在日常生活、工业生产等领域都扮演着十分重要的角色。从 17 世纪温度传感器首次应用以来，依次诞生了接触式温度传感器、非接触式温度传感器、集成温度传感器。由于智能温度传感器的软件和硬件合理配合，既可以大大增强传感器的功能、提高传感器的精度，又可以使温度传感器的结构更为简单和紧凑，使用更加方便，因此智能温度传感器是当今的一个研究热点。微处理器的引入，使得温度信号的采集、记忆、存储、综合、处理与控制一体化，使温度传感器向智能化方向发展。

温度是国际单位制的七个基本量之一，测量温度的传感器也多种多样。温度传感器是温度测量仪表的核心部分，十分重要。据统计，温度传感器是使用范围最广、数量最多的传感器。简而言之，温度传感器（temperature transducer）就是指能感受温度并转换成可用输出信号的传感器。本节主要介绍温度传感器中的热电偶温度传感器和热电阻温度传感器。

3.4.1　热电偶温度传感器

热电偶在温度的测量中应用十分广泛，具有结构简单、使用方便、精度高、热惯性小、测温范围宽、测温上限高、可测量局部温度和便于远程传送等优点。其输出信号易于传输和变换，它还可以用来测量一个点的温度，可以测量液体、固体表面的温度，其热容量较小，也应用于动态温度的测量。

(1)热电偶的工作原理

两种不同性质的金属导体A与B串接成一个闭合回路，如图3-17所示，如果两个结合点存在温差（$t>t_0$），则在两个导体之间产生电动势，并且在回路中有一定大小的电流产生，这种现象称为热电效应。回路中的电动势称为热电势，该电势由两种导体的接触电势和单一导体的温差电势组成。两个端点中一个称为工作端或热端（t），另一个称为参考端或冷端（t_0），这种由两个导体组成并将温度信号转换为电动势的传感器称为热电偶温度传感器。

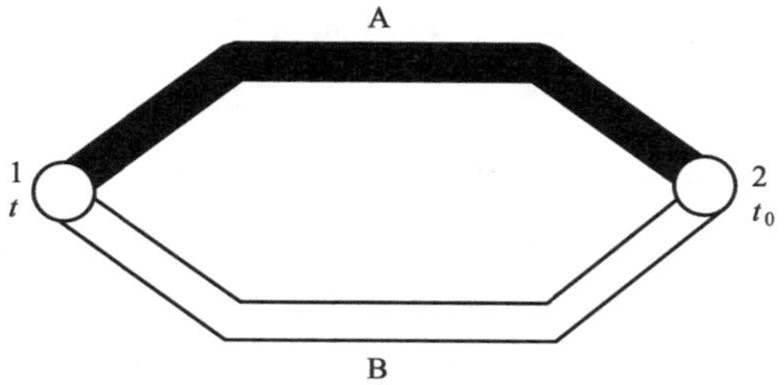

图3-17 热电偶的工作原理

① 接触电动势　当两种不同电子密度的金属接触在一起时，在两金属接触处会产生自由电子的扩散现象。如图3-18所示，电子将从密度大的A金属扩散到密度小的B金属，使A金属失去电子带正电，B金属得到电子带负电。从而在接点处形成一个电场，此电场又阻止电子扩散，当电场作用和扩散作用动态平衡时，在两种不同金属的接触处就产生电动势，该电动势称为接触电动势。电动势的大小由接点温度和两种金属的特性决定。

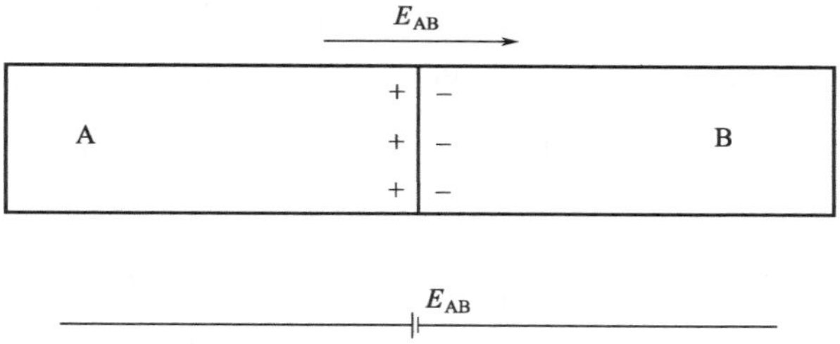

图3-18 接触电动势

② 温差电动势　对于一根均质的金属导体，如果两端温度不同，分别为t、t_0（$t>t_0$），则在金属导体两端也会产生电动势E_A（t、t_0），这个电动势叫作单一导体的温差电动势，称为汤姆逊电动势，温差电动势如图3-19所示。

(2)热电偶的基本定律

① 均质导体定律　两种均质金属组成的热电偶的电动势大小与热电极的直径、长度及沿热电极长度方向上的温度分布无关，只与热电极材料和温度有关。而由同一种均质材料（导体或半导体）两端焊接组成的闭合回路，无论导体截面如何以及温度分布如

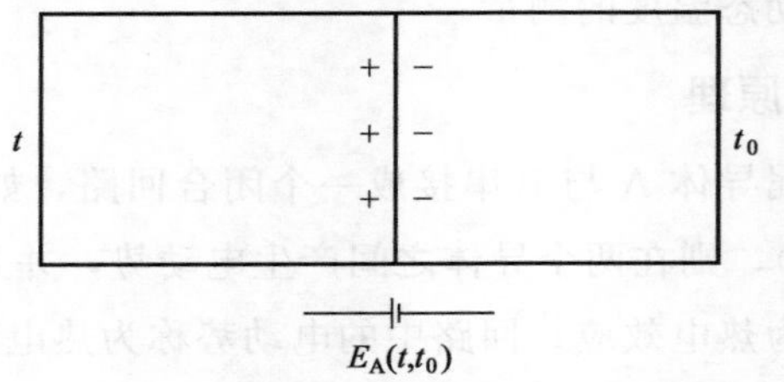

图 3-19 温差电动势工作原理

何，都不产生接触电动势，温差电动势相抵消，回路中总电动势为零，这个定律称为均质导体定律。如果材质不均匀，则当热电极上各处温度不同时，由于温度梯度的存在，将产生附加热电动势，造成测量误差。热电偶必须由两种不同的均质导体或半导体构成。

② 中间导体定律　在热电偶回路中插入第三种（或多种）均质材料，只要插入的材料两端接点温度相同，则插入的第三种材料不影响原回路中的总热电动势，这个定律称为中间导体定律，如图 3-20 所示。根据这个定律，就可采取任何方式来焊接导线，可以将热电动势通过导线接至测量仪表进行测量，且不影响测量精度。

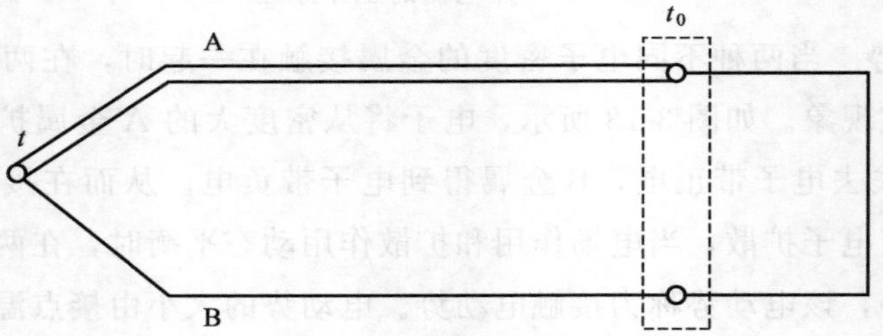

图 3-20 中间导体定律

③ 中间温度定律　中间温度定律是指热电偶两端的温度分别是 t、t_0 时总的热电动势等于热电偶在接点温度为（t、t_n）和（t_n、t_0）时相应的热电动势的代数和，t_n 称为中间温度（在实际测量和变换时也称参考端温度或自由端温度）。

(3) 热电偶的种类与结构

工业用的热电偶长期工作在恶劣的环境中，根据被测对象不同，热电偶的结构形式是多种多样的，热电极（偶丝）是热电偶的主要组件。对于实用测温组件的热电偶，需要其热电极材料有较大的输出热电动势，且热电动势与温度有良好的线性关系，能在较宽的温度范围内应用，并具有稳定的化学及物理性能，电阻温度系数要小，电导率要高，材料要有一定的韧性，以利于制作等。

① 热电偶的种类　根据不同测温的需要，常用的热电偶种类有下面几种。

a. 普通金属型。普通金属型热电偶主要有镍铬-镍硅、铜-康铜、镍铬-康铜等。

b. 贵金属型。贵金属型热电偶主要有铂铑-铂、铂铑-铑、铱铑-铱等。

② 热电偶的结构　普通型热电偶一般由热电极、绝缘套管、保护管和接线盒组成，如图 3-21 所示，普通型热电偶按其安装时的连接形式可分为固定螺纹连接、固定法兰

连接、活动法兰连接、无固定装置等多种形式。

铠装热电偶也称缆式热电偶，是将热电偶丝与电熔氧化镁绝缘物熔铸在一起，外表再套不锈钢管等构成。这种热电偶耐高压、反应时间短、坚固，是主要由热电极、绝缘材料和金属套管组合加工而成的坚实组合体。铠装热电偶的主要特点是：动态响应快；外径很细（1mm），测量端热容量小；绝缘材料和金属套管经过退火处理，有良好的柔性；结构坚实，机械强度高，耐压、耐强烈振动和冲击；适用于多种工作条件。铠装热电偶的结构如图 3-22 所示。

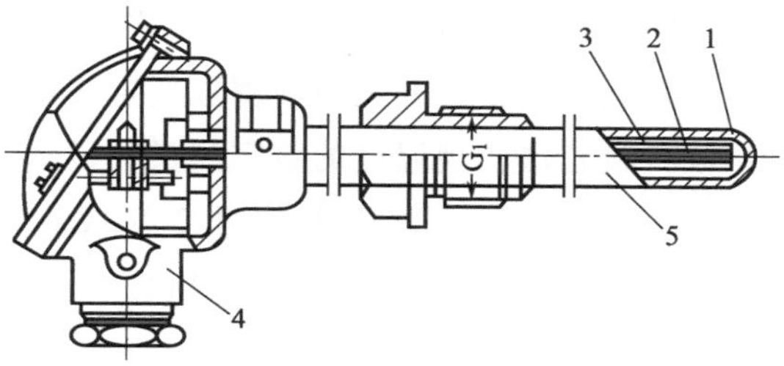

图 3-21　普通工业用热电偶

1—工作端；2—热电极；3—绝缘套管；4—接线盒；5—外层保护管

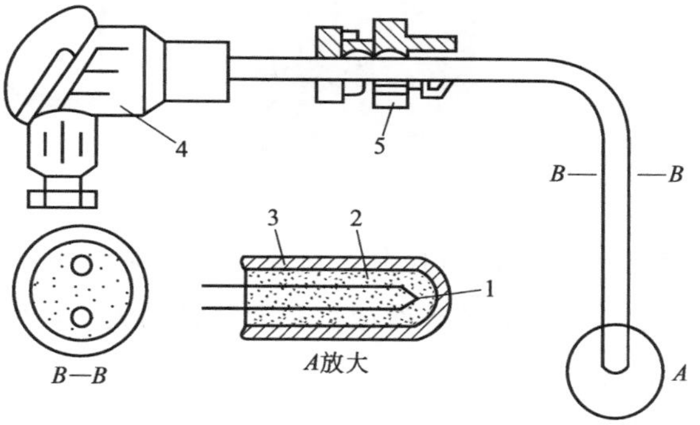

图 3-22　铠装热电偶的结构

1—热电极；2—绝缘材料；3—金属套管；4—接线盒；5—固定装置

用真空镀膜技术或真空溅射等方法，将热电偶材料沉积在绝缘片表面而构成的热电偶称为薄膜热电偶。测量范围为－200～500℃，热电极材料多采用铜-康铜材料，如图 3-23 所示。

薄膜热电偶焊接时是将两个热电极的一侧端点紧密地焊在一起组成接点，可采用直流电弧焊、直流氧弧焊、交流电弧焊、乙炔焊、盐浴焊、盐水焊和激光焊等方法，要求焊点具有金属光泽、表面圆滑、无沾污、夹渣和裂纹；焊点的形状通常有对焊、点焊、绞纹焊等；焊点尺寸应尽量小，一般为偶丝直径的 2 倍，在热电偶的两电极之间应用耐高温材料绝缘。

(4) 热电偶的应用

① 数字式温度表　数字式温度表的外形如图 3-24 所示，由前置放大器、线性化电

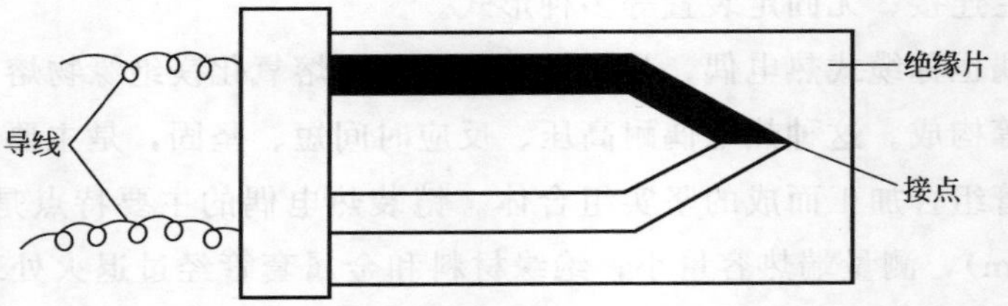

图 3-23　薄膜热电偶

路、A/D 转换器和显示电路部分组成。热电偶输出的热电动势信号一般都很小（mV 数量级），必须经过高增益的直流放大，常用数据放大器进行放大。热电偶的热电特性，一般都是非线性的。欲使显示数或输出脉冲数与被测温度直接相对应，必须采取措施进行非线性校正，通常采用硬件校正法实现温度的数字测量和显示。如向计算机过程控制系统提供温度信号，在前置放大后，可以将电信号变换成标准信号（0～5V，4～20mA），非线性校正（和冷端补偿）工作都直接由计算机进行软件校正。

图 3-24　数字式温度表

② 炉温测量控制系统　炉温测量控制系统是指根据炉温对给定温度的偏差，自动接通或断开供给炉子的热源能量，或连续改变热源能量的大小，使炉温稳定在给定的温度范围内，以满足热处理工艺的需要。炉温自动控制用热电偶测量温度时，与给定温度进行比较，将偏差信号放大后作为驱动信号，通过电机减速器调节加热器上的电压来实现准确的温度控制。其控制系统原理如图 3-25 所示。

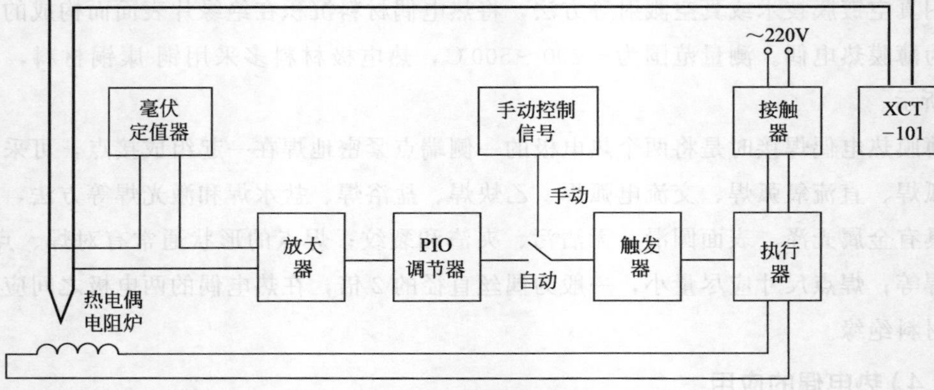

图 3-25　炉温测量控制系统原理

3.4.2 热电阻温度传感器

热电阻温度传感器是根据物质电阻率随温度变化的特性制成的，如果材料是纯金属则称为金属热电阻传感器，如果是半导体则称为半导体热敏电阻传感器。金属热电阻传感器是利用金属导体的电阻值随温度变化而变化的原理进行测温的。金属热电阻的主要材料是铂和铜。

(1) 金属热电阻温度传感器

绝大多数金属导体的电阻都随温度变化而变化，这种效应称为电阻-温度效应，也称热电阻效应。作为感温元件的金属材料必须有以下特性：材料的电阻温度系数要大，材料的物理、化学性质稳定，电阻温度系数线性度特性要好，具有比较大的电阻率；特性复现性要好。具有这些基本特性的金属材料主要为铂、铜、镍及其他合金，工业上主要以铜和铂为主。

① 常用热电阻

a. 铂热电阻。在国际实用温标中，铂电阻的物理、化学性质非常稳定，是目前制造热电阻的最好材料。铂电阻除用作一般工业测温外，主要作为标准电阻温度计，广泛地应用于温度的基准、标准的传递。

b. 铜热电阻。由于铂是贵重金属，因此，在一些测量精度要求不高且温度较低的场合，普遍采用铜热电阻进行温度的测量；测量范围一般为－50～150℃，在此温度范围内线性关系好，灵敏度比铂电阻高，容易提纯、加工，价格便宜。但是铜有一个缺点就是易于氧化，一般只用于150℃以下的低温测量和没有水分及无侵蚀性介质的温度测量。与铂相比，铜的电阻率低，所以铜电阻的体积较大。

② 热电阻的结构　热电阻温度传感器的结构比较简单，一般是将电阻丝绕在云母、石英、陶瓷、塑料等绝缘骨架上，经过固定，外面再加上保护套管。普通工业用热电阻温度传感器的结构如图 3-26 所示，由热电阻、连接热电阻的内部导线、保护管、绝缘管、接线座等组成。

(2) 半导体热敏电阻传感器

半导体热敏电阻简称热敏电阻，是一种新型的半导体测温元件。热敏电阻是利用某些金属氧化物或单晶锗、硅等材料，按特定工艺制成的感温元件。半导体热敏电阻其阻值随温度呈指数规律变化，测温范围一般在－40～350℃，其温度系数比金属大，灵敏度很高，半导体材料电阻率大，可以制作体积小而电阻值大的元器件；其缺点是互换性差、稳定性一般，但由于其结构简单、价格便宜，因此在家电、汽车等行业有着广泛的应用。热敏电阻可分为三种类型，即正温度系数（PTC）热敏电阻、负温度系数（NTC）热敏电阻、临界温度系数（CTR）热敏电阻。

PTC 热敏电阻即正温度系数热敏电阻，指正温度系数很大的半导体材料或元器件。它是一种具有温度敏感性的半导体电阻，它的电阻值随着温度的升高呈阶跃性的增高，

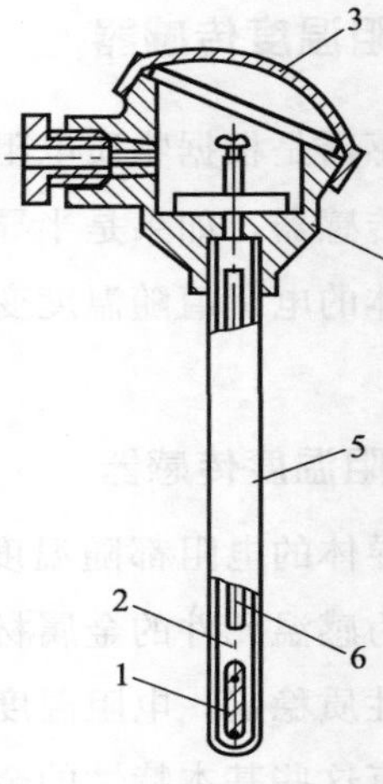

图 3-26　热电阻温度传感器

1—热电阻；2—内部导线；3—盖；4—接线座；5—保护管；6—绝缘管

温度越高，电阻值越大。突变型 PTC 热敏电阻随温度升高到某一值时电阻急剧增大，如图 3-27 中曲线 3 所示。负温度系数（NTC）热敏电阻是一种氧化物的复合烧结体，其电阻值随温度的增加而减小，如图 3-27 中曲线 1 所示。其优点是电阻温度系数大、结构简单、体积小、电阻率高、热惯性小，易于维护、制造简单、使用寿命长，能进行远距离控制；其缺点是互换性差，非线性严重。CTR 热敏电阻（临界温度热敏电阻）构成材料是钒、钡、锶、磷等元素氧化物的混合烧结体，是半玻璃状的半导体，其骤变温度随添加锗、钨、钼等的氧化物而变，到达该温度时，电阻急剧下降，如图 3-27 中曲线 4 所示。CTR 可应用在控温报警等方面。

（3）热电阻温度传感器的应用

① 双金属温度传感器室温测量的应用　双金属温度传感器结构简单、价格便宜、刻度清晰、使用方便、耐振动，常用于驾驶室、船舱，粮仓等室内温度的测量。

图 3-28 所示为铂电阻 Pt100 作为感温元件的室内温度测量电路，包括电桥和放大电路及转换电路。当温度变化时，其阻值发生变化，电桥失去平衡，产生的电势差经放大器进行放大，再加到 A/D 转换器上，输出的数字信号与微机或其他设备相连。

② 双金属温度传感器在电冰箱中的应用　电冰箱压缩机温度保护继电器内部的感温元件是一片碟形的双金属片，在双金属片上固定着两个动触头。在碟形双金属片的下面还安放着一根电热丝，该电热丝与这两个常闭触点串联连接。压缩机电机中的电流过大时，这一大电流流过电热丝后，使它很快发热，放出的热量使碟形双金属片温度迅速升高到它的动作温度，碟形双金属片翻转，带动常闭触点断开，切断压缩机电机的电源，保护全封闭式压缩机不至于损坏。

③ 热敏二极管温度传感器应用举例　热敏二极管温度报警电路如图 3-29 所示，此电路中 R_t 为半导体热敏电阻，温度变化引起电阻变化；其电桥输出电压加至运算放大

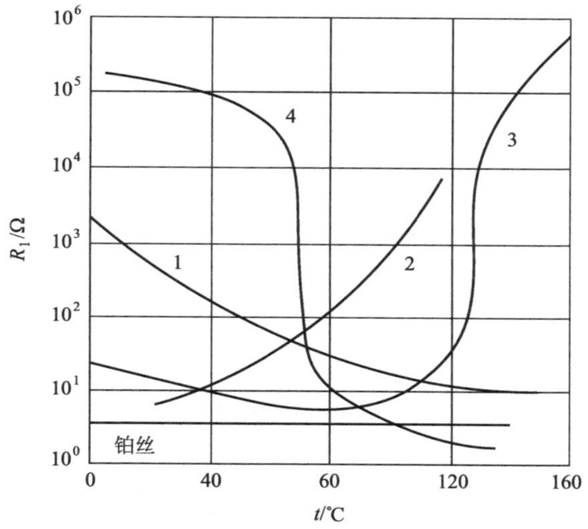

图 3-27　半导体热敏电阻特性

1—负温度系数 NTC；2—线性正温度系数 PTC；3—突变型正温度系数 PTC；4—临界温度系数 CTR

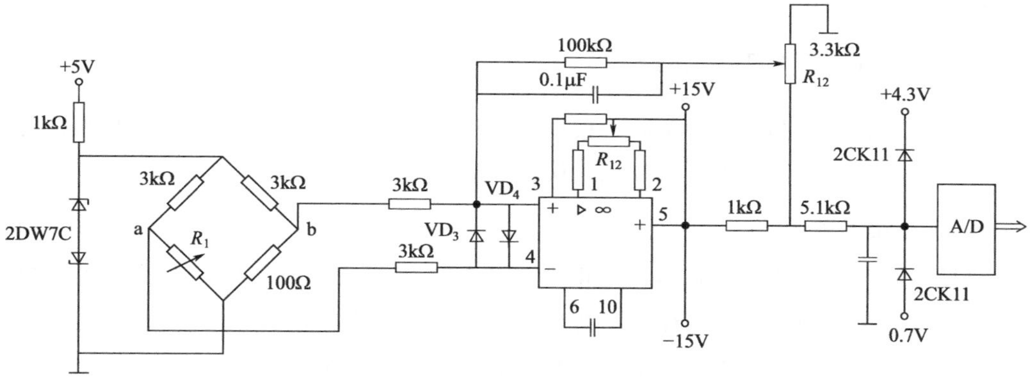

图 3-28　双金属温度传感器室温测量原理

器上，两个晶体管根据放大器输出电压状态处于导通和截止状态。温度升高时，阻值变小，VT_1 导通则 VL_1 发光报警；温度下降时，阻值变大，VT_2 导通则 VL_2 发光报警。温度不变时，两个晶闸管处于截止状态，发光二极管均不发光。

3.5　声光检测

以机器人为例，下面讲述声光检测的基本原理以及应用。机器人利用声音传感器感觉 256 种不同等级的声音，其中声音传感器是一极板为薄膜的平行板电容器，当机器人周围有声音时，其中的薄膜极板随着振动改变极板间的距离，从而使输出电容变化，声音越强，变化越大，进而使输出电压变化，因此我们可以通过测量电压来反映声音的强弱。

机器人用光敏电阻作为传感器，可感觉出 256 种不同等级的光强，通过不同的光通量可使机器人完成不同的操作。由于机器人的声光感觉系统工作情况是一样的，因此下

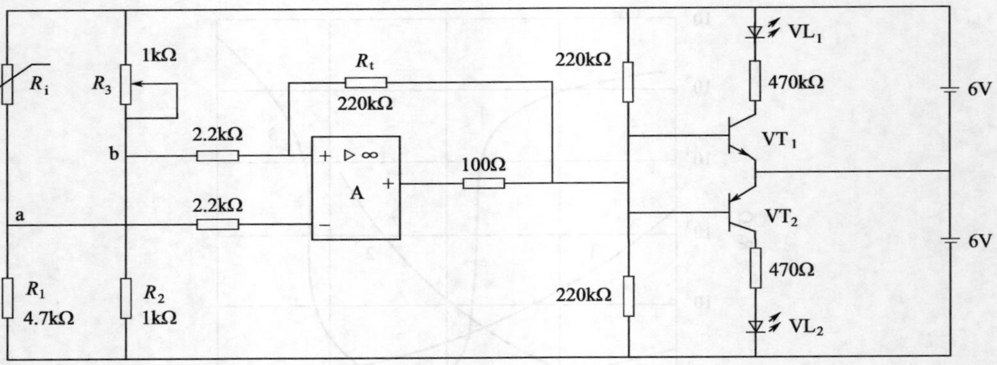

图 3-29　温度报警电路

面只讨论光检测。

在自然界中，实现对光信号的检测就要用到光电式传感器。光电式传感器就是将光信号转化成电信号的一种器件。光电传感器属于无损伤、非接触测量元件，它的特点是灵敏度高、精度高、测量范围宽、响应速度快、体积小、重量轻、寿命长、可靠性高、可集成价格便宜、使用方便和适于批量生产等。

3.5.1　光检测的基本原理

光电效应是光检测工作的基础，根据光电效应现象的不同特征，可将光电效应分为三类：外光电效应、内光电效应和光生伏特效应。

(1) 外光电效应

光照射在某一物体上，物体内的电子逸出物体表面向外发射的现象称为外光电效应。对于外光电效应器件，即使不加初始电压，也会有光电流产生，为使光电流为零，必须加负的截止电压。基于外光电效应的光电器件有光电管、光电倍增管等。

(2) 内光电效应

图 3-30 为内光电效应示意图。光照射在某一物体上，物体的导电性能发生变化或产生光生电动势的效应称为内光电效应。

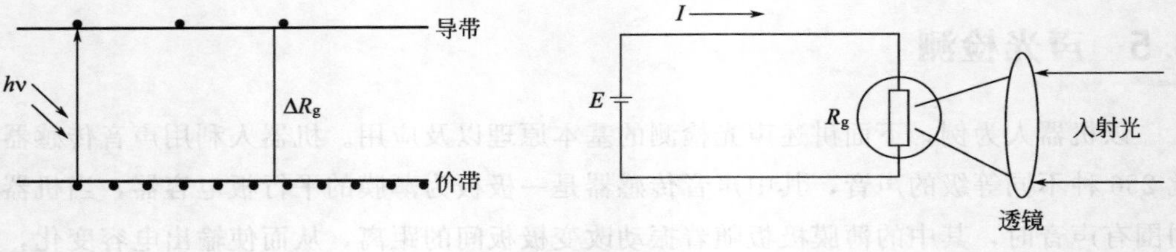

图 3-30　内光电效应

光照射到本征半导体上，材料中的价带电子吸收了光子能量跃迁到导带，激发出电子空穴对，增强了导电性能，使阻值降低。光照停止，电子空穴对又复合，阻值恢复。

(3) 光生伏特效应

在光线作用下，物质产生一定方向电动势的现象称为光生伏特效应。例如，当光线照射到半导体的 PN 结时，电子受到光电子的激发挣脱束缚成为自由电子，在 P 区和 N 区产生电子-空穴对；在 PN 结内电场的作用下，空穴移向 P 区，电子移向 N 区，从而使 P 区带正电，N 区带负电，于是 P 区和 N 区之间产生电压，即光生电动势。基于该效应的光电器件有光电池。

3.5.2 光电器件

光敏电阻是利用内光电效应工作的光电器件，其结构如图 3-31（a）所示。在半导体光敏材料两端装上电极引线，将其封装在带有透明窗的管壳里（或在其表面涂覆一层防潮树脂）以防受潮影响其灵敏度。为了增加灵敏度，两电极常做成梳子状。光敏电阻的图形符号如图 3-31（b）所示，实物如图 3-31（c）所示。

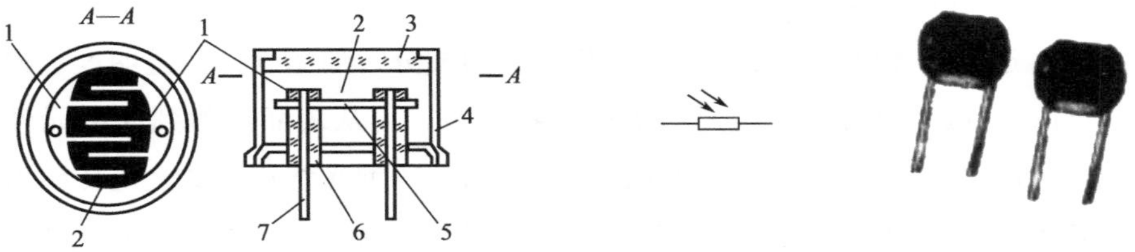

(a) 光敏电阻的结构　　(b) 光敏电阻图形符号　　(c) 实物

图 3-31　光敏电阻

1—梳状电极；2—光导体；3—透光窗口；4—外壳；5—绝缘基体；6—黑色玻璃支柱；7—引脚

在光敏电阻的两端加上电压，其中便有电流通过，当光敏电阻受到光照时，光敏电阻的阻值变小，电流就会随光强的增加而变大。根据电流表测出的电流变化值，便可得知照射光线的强弱，从而实现光电转换。

3.5.3 光电传感器的组成及应用举例

(1) 光电传感器的组成与分类

组成：光电传感器一般先将被测量转换为光通量，再经过光电元件转换成电量，然后进行控制。光电传感器主要由光源、光学通路、光电器件和测量电路组成，如图 3-32 所示。

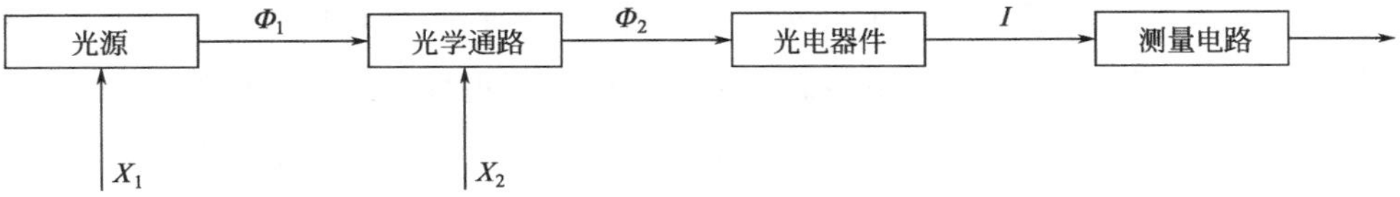

图 3-32　光电传感器的组成框图

① 光源　光电传感器中的光源可采用白炽灯、激光器、发光二极管等。

② 光学通路　光学通路中常用的光学元件有透镜、滤光片、反射镜、光通量调制器、光栅等，主要用来对光参数进行选择、调整和处理。

③ 光电器件　光电器件的作用是检测照射其上的光通量的变化，并转换成电信号的变化。

④ 测量电路　由于光电器件输出的电信号较小，因此需采用测量电路对信号进行放大和转换处理，把光电器件输出的电信号变换成后续电路可用的信号。

(2)光电传感器的分类

光电传感器大致可分为辐射式、透射式、反射式以及遮挡式四类，这是按照光的传播途径分类的。

① 辐射式　物体辐射能量到光电接收元件，根据测出光电流确定辐射物内部参数。辐射式光电传感器可以用来测量炽热金属温度，例如照相机曝光量控制。

② 透射式　被测物置于恒光源与光电元件之间，根据被测物对光源的吸收程度测定被测参数。透射式光电传感器可用来分析气体的成分，如测气体的透明度、浑浊度。

③ 反射式　恒光源发出的光照射到被测物表面，再从表面反射到光电元件上，根据反射光通量的大小测定被测物表面的性质和状态。Y 型光纤扫描式光电传感器检测弹头缺欠。若无缺欠，则反射光恒定；若有缺欠，则对光的吸收增强，反射光减弱。

④ 遮挡式　遮挡式可以用来测量工件的尺寸，恒光源发射出的光通量投射到被测物体上，受到被测物体的遮挡，使照射到光电器件上的光通量改变，光电元件的输出反映了被测物体的尺寸。遮挡式光电传感器常用于测量被测物体的几何尺寸、线位移、角位移等。

(3)光电式传感器的应用举例

在实际应用中，主要利用光电池的光谱特性、光电特性、频率特性和温度特性，通过传感器电路与其他电子线路的组合实现自动控制的目的。

① 条形码扫描笔　条形码扫描原理如图 3-33 所示。前方为光电读入头，它由一个发光二极管和一个光敏三极管组成，当扫描笔头在条形码上移动时，黑色线条吸收光线，白色间隔反射光线。光敏三极管将条形码黑色线条和白色间隔变成了一个个电脉冲信号，脉冲列经计算机处理后，完成对条形码信息的识读。

② 烟尘浊度监测仪　烟道里的烟尘浊度是通过光在烟道里传输过程中的光强变化来检测的。如果烟道浊度增加，光源发出的光被烟尘颗粒吸收和折射的量增加，到达光检测器上的光通量减少，因而光电传感器输出的强弱便可反映烟尘浊度的大小。

图 3-34 是吸收式烟尘浊度检测系统的组成框图。为了检测出烟尘中对人体危害性最大的亚微米颗粒的浊度并避免水蒸气和二氧化碳对光源衰减的影响，选取 400～700mm 波长的白炽灯做光源，获取相应电信号的光电传感器是光谱响应范围为 400～600m

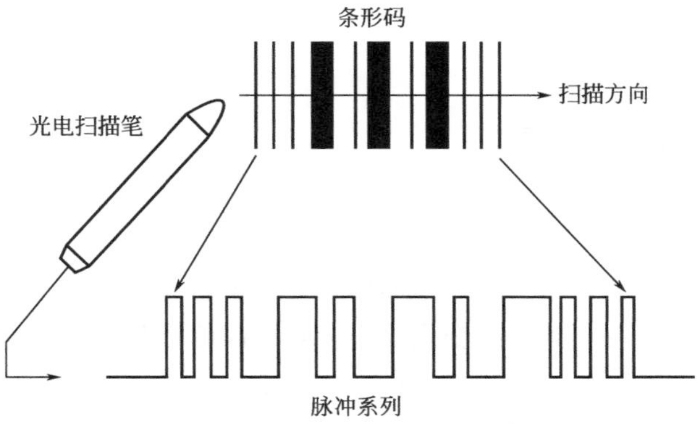

图 3-33 条形码扫描原理图

的光电管。采用高增益的运算放大器对信号进行放大。刻度校正被用来进行调零与调节满刻度，以保证测试准确性。

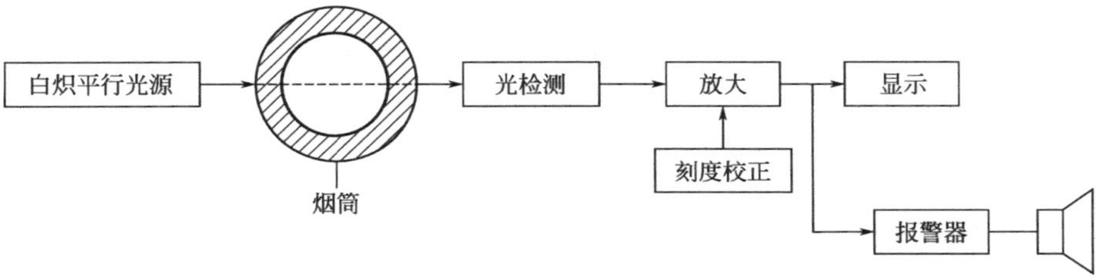

图 3-34 吸收式烟尘浊度检测系统的组成

3.6 位移检测

位移是物体的位置在运动过程中发生移动的物理量。对位移进行检测时，位移传感器扮演着重要的角色。所谓位移传感器，是一种系统设备，又称为线性传感器，它在机械生产中被广泛应用于测量机械位移和工业加工过程中设备位置变化的位移量。位移传感器将各种被测物理量转换为电量。位移的测量方式所涉及的范围是相当广泛的，小位移通常用应变式、电感式、差动变压器式、涡流式、霍尔式传感器来检测，大的位移常用感应同步器、光栅、容栅、磁栅传感器等来测量。其中光栅传感器因具有易实现数字化、精度高（目前分辨率最高的可达到纳米级）、抗干扰能力强、没有人为读数误差、安装方便、使用可靠等优点，在机床加工、检测仪表等行业中得到广泛的应用。

位移传感器按照信号输出可分为模拟式位移传感器和数字式位移传感器，模拟式位移传感器又可分为物性型和结构型两种。常用位移传感器以模拟式结构型居多，包括电位器式、电感式、自整角机、电容式、电涡流式、霍尔式位移传感器等，它们在结构上都较为简单。而数字式位移传感器是将测量的位移变化量输出转化为数字直接读取，相对于模拟式位移传感器复杂一些。数字式位移传感器的优点是测量的精度比较高，将信号直接送入计算机系统，能够更加准确地读取所测量的位移变化量。这种传感器发展迅速，应用日益广泛。

本节主要介绍自感式位移传感器、互感式位移传感器（即差动变压器）两种类型的传感器。

3.6.1 自感式位移传感器

（1）自感式位移传感器的工作原理

自感式位移传感器是利用电磁感应原理将非电量转化为线圈自感量的变化，通过测量电路转换为电压、电流或频率的变化，实现对被测物体位移的测量。其主要结构由线圈、铁芯和衔铁组成，铁芯和衔铁由导磁材料（如硅钢片）制成，在铁芯和衔铁之间有空气气隙，被测物体与衔铁相连。当衔铁移动时，气隙厚度发生改变引起磁阻变化，从而引起电感线圈电感值发生改变，测量电感量就可以知道衔铁位移量的大小。自感式传感器的外形如图 3-35 所示。

图 3-35　自感式传感器的外形

（2）自感式传感器的种类

自感式传感器常见的形式有变气隙式、变截面式、螺管式三种。

① 变气隙式自感传感器　传感器工作时衔铁与被测体连接。当被测体产生位移时，衔铁与其同步移动，引起磁路中气隙的磁阻发生相应的变化，从而引起线圈的电感量也发生变化。因此，只要测出自感量的变化，就能确定衔铁（即被测体）位移量的大小和方向，这就是闭合磁路变气隙式自感传感器的工作原理。

② 变截面式自感传感器　在线圈 N 确定后，若保持气隙厚度为常值，则电感是气隙有效截面积的函数，有效截面积发生变化时，电感也会发生变化，故称这种传感器为变截面式电感传感器。

③ 螺管式自感传感器　螺管式自感传感器的工作原理是：当传感器工作时，衔铁随被测体移动，导致衔铁在线圈中的伸入长度发生变化，从而引起线圈电感量的变化，即线圈的电感量与衔铁插入的深度有关。当衔铁工作在螺线管的中部时，可认为线圈内磁场强度是均匀的，此时线圈电感量 L 与衔铁插入深度大致成正比。

这种传感器结构简单，制作容易，但灵敏度稍低，且衔铁在螺线管的中间工作时，才有可能呈线性关系。此传感器适合在位移较大的场合测量。

（3）自感式传感器的应用举例

图 3-36 是 BYM 型压力传感器的结构原理图。C 形弹簧管 1 的一端固定，被测压力通入管内，它的自由端与差动式电感传感器的衔铁 2 相连。工作前通过调节螺钉 7 使衔铁 2 位于传感器两差动线圈 5 和 6 的中间位置。当压力 p 发生变化时，弹簧管 1 的自由端产生位移，带动衔铁 2 产生位移，使得两差动线圈 5 和 6 的电感值发生大小相等、符

号相反的变化，即一个电感量增加，一个电感量减少。电感的这种变化通过电桥电路转换成电压输出。传感器输出信号的大小由衔铁位移的大小决定，输出信号的相位由衔铁的方向决定。所以，由检测仪表测得的输出电压即可知被测压力的大小。

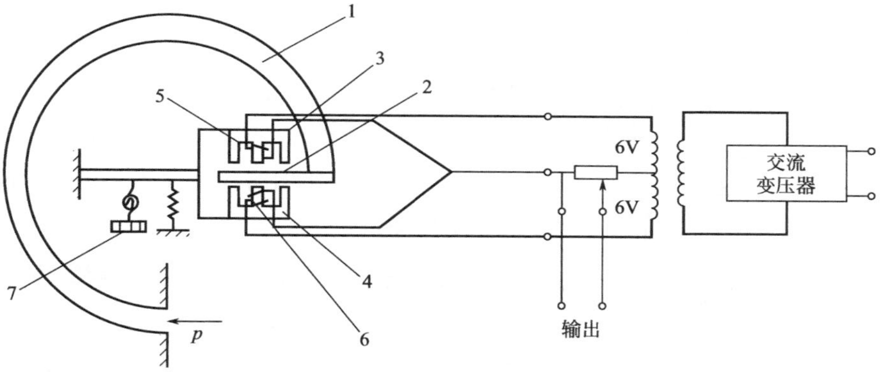

图 3-36　BYM 型压力传感器的结构原理图

1—弹簧管；2—衔铁；3,4—铁芯；5,6—线圈；7—调节螺钉

3.6.2　互感式位移传感器（差动变压器）

差动变压器是一种将机械位移变换成电信号的电磁感应式位移传感器。它主要是靠圆筒线圈内的可动铁芯的位移，在圆筒线圈的输入线圈和输出线圈之间建立起相互感应的关系，可动铁芯的位移可以通过测定与其成正比的输出线圈的感应电压来获得。

（1）差动变压器的工作原理

在差动变压器的线框上绕有一个输入绕组（称一次绕组）；在同一线框的上端和下端再绕制两个完全对称的绕组（称二次绕组），它们反向串联（输出电压相互抵消），组成差动输出形式，工作原理如图 3-37 所示。图中标有黑点的一端称为同名端，通俗的说法是指绕组的“头”。在线框中央圆柱孔中放入铁芯，当一次绕组加以适当频率的电

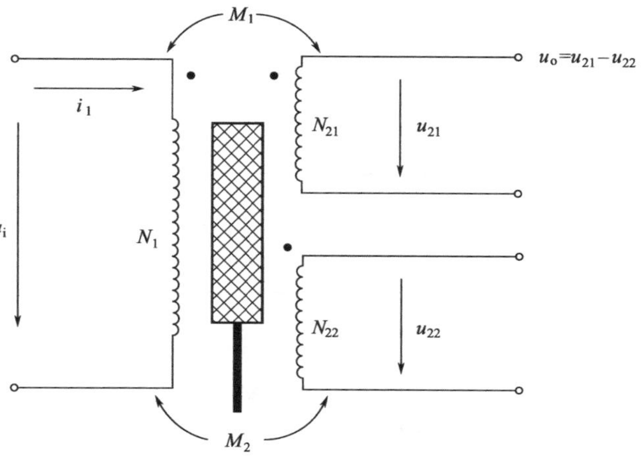

图 3-37　差动变压器的工作原理

压激励时，根据变压器作用原理，在两个二次绕组中就会产生感应电动势；当铁芯向右或向左移动时，在两个次级线圈内所感应的电动势一个增加、一个减少。如果输出接成反向串联，则传感器的输出电压 u 等于两个次级线圈的电势差。因为两个次级线圈做得一样，因此，当铁芯在中央位置不动时，传感器的电压 u 为 0；当铁芯移动时，传感器的输出电压 u 就会随铁芯位移 x 成线性地增加。如果以适当的方法测量 u，就可以得到与 x 成比例的线性读数，实现了被测物体位移量的测量。

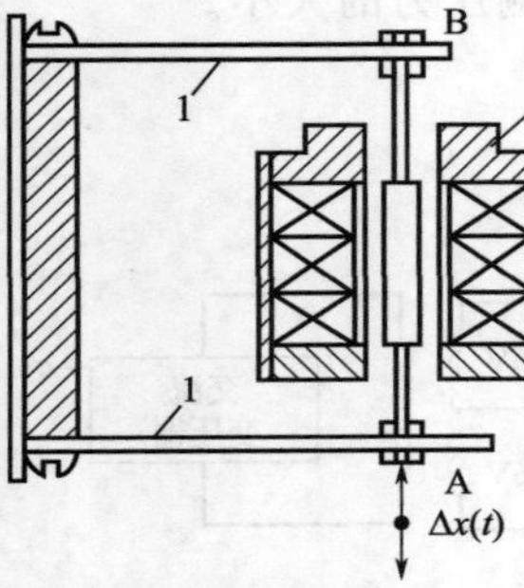

图 3-38　差动变压器式加速度传感器

1—悬臂梁；2—差动变压器

(2) 差动变压器式传感器应用举例

如图 3-38 所示为差动变压器式加速度传感器的原理结构示意图。它由悬臂梁和差动变压器构成。测量时，将悬臂梁底座及差动变压器的线圈骨架固定，而将衔铁的 A 端与被测振动体相连，此时传感器作为加速度测量中的惯性元件，它的位移与被测加速度成正比，使加速度测量转变为位移的测量。当被测体带动衔铁以 $\Delta x(t)$ 振动时，导致差动变压器的输出电压也按相同规律变化。

3.7 压力检测

物理学上的压力，是指发生在两个物体的接触表面的作用力，或者是气体对于固体和液体表面的垂直作用力，或者是液体对于固体表面的垂直作用力。习惯上，在力学和多数工程学科中，“压力”一词与物理学中的压强同义。固体表面的压力通常是弹性形变的结果，一般属于接触力。液体和气体表面的压力通常是重力和分子运动的结果。被测压力通常可表示为绝对压力、表压、负压（或真空度），它们之间的关系如图 3-39 所示。

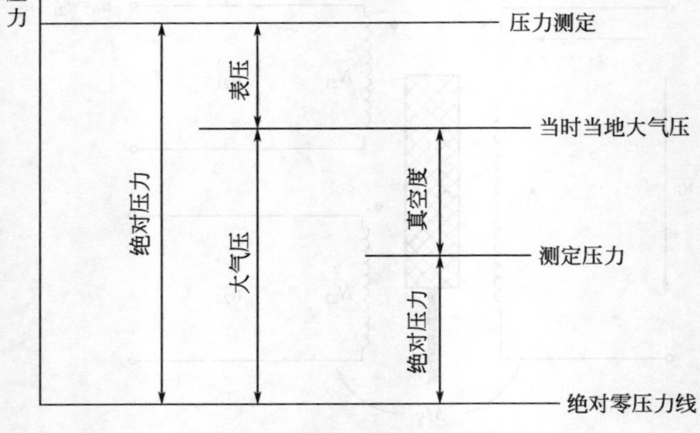

图 3-39　各压力之间的关系

在测量上所称的“压力”就是物理学中的“压强”，它是反映物质状态的一个很重要的参数。压力是重要的热工参数之一，如煤气压力、空气压力、炉膛压力、烟道吸力等，都一定程度地标志着生产过程的情况。因此，压力测量在热工测量中占有相当重要的地位。压力传感器是工业实践中最为常用的一种传感器，其广泛应用于各种工业自控环境，涉及水利水电、铁路交通、智能建筑、生产自控、航空航天、军工、石化、油井、电力、船舶、机床、管道等众多行业。压力传感器的种类很多，传统的测量方法是利用弹性元件的变形和位移来表示的，但它的体积大、笨重、输出为非线性。随着电子技术的发展，研制出了电学式压力传感器，它具有体积小、质量轻、灵敏度高等优点，因此电学式压力传感器得到了广泛的应用。电学式压力传感器按其工作原理来分主要有：电阻式（应变片式）、半导体式、压阻式、压电式、电容式压力传感器。通常情况下，压力检测方法有液柱测压法、弹性变形法、电测压力法等，常用的压力检测仪表有力平衡式压力变送器、微位移式变送器、智能差压（压力）变送器。

3.7.1 认识电阻传感器

把位移、力、压力、加速度、扭矩等非电物理量转换为电阻值变化的传感器，主要分为电阻应变式传感器、电位器式传感器（见位移传感器）和锰铜压阻传感器等。电阻式传感器与相应的测量电路组成的测力、测压、称重、测位移、测加速度、测扭矩等的测量仪表是冶金、电力、交通、石化、商业、生物医学和国防等部门进行自动称重、过程检测和实现生产过程自动化不可缺少的工具之一。

电阻传感器的电阻应变片种类与结构电阻应变片（简称应变片或应变计）种类繁多、形式各样、分类方法各异。

根据敏感元件的不同，将应变计分为金属式和半导体式两大类。根据敏感元件的形态不同，金属式应变计又可进一步分为丝式、箔式等。电阻传感器主要由以下部分组成：

(1) 丝式应变片

丝式应变片基本结构如图 3-40 所示，主要由基底、电阻丝、覆盖层、引线 4 部分组成。敏感栅是实现应变与电阻转换的敏感元件，由直径为 0.015～0.05mm 的金属细丝绕成栅状；将其用黏结剂黏结在各种绝缘基底上，并用引线引出，再盖上既可保持敏感栅和引线形状与相对位置的、又可保护敏感栅的盖片。电阻应变片的电阻值有 60Ω、120Ω、200Ω 等几种规格，其中以 120Ω 最为常用。

(2) 箔式应变片

如图 3-41 所示，箔式应变片的敏感栅利用照相制版或光刻腐蚀的方法，将电阻箔材制成各种形状而成，箔材厚度多为 0.001～0.01mm。箔式应变片的应用日益广泛，在常温条件下已逐步取代了线绕式应变片，它具有如下几个主要优点：

① 制造技术能保证敏感栅尺寸准确、线条均匀，可以制成任意形状以适应不同的

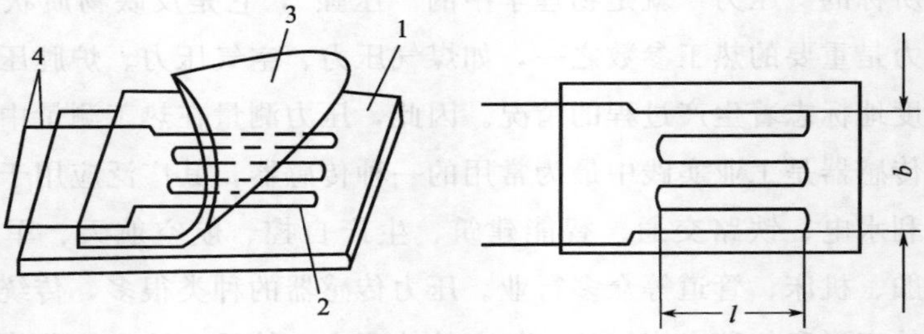

图 3-40　丝式应变片的基本结构

1—基底；2—电阻丝；3—覆盖层；4—引线

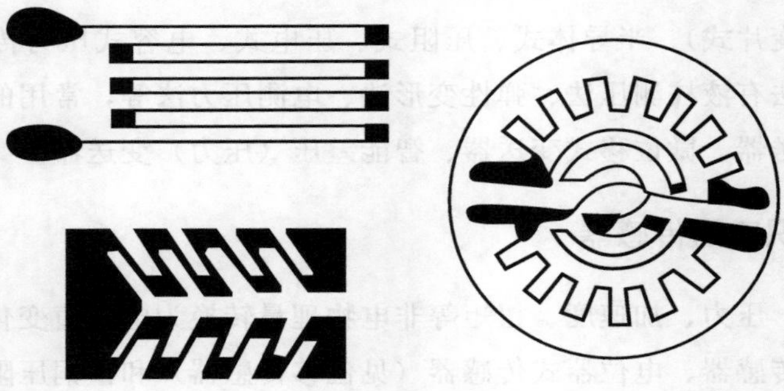

图 3-41　箔式应变片

测量要求；

② 敏感栅薄而宽，黏结情况好，传递试件应变性能好；

③ 散热性能好，允许通过较大的工作电流，从而可增大输出信号；

④ 敏感栅弯头横向效应可以忽略；

⑤ 蠕变、机械滞后较小，疲劳寿命长。

(3) 薄膜应变片

薄膜应变片采用真空蒸发或真空沉积等方法，将电阻材料在基底上制成一层各种形状的敏感栅，敏感栅的厚度在 0.1μm 以下。薄膜应变片具有灵敏系数高、易实现工业化生产的特点，是一种很有前途的新型应变片。

3.7.2　应变片的工作原理

(1) 应变效应

电阻应变片的工作原理是基于金属的电阻应变效应，即金属丝的电阻随着它所受机械变形（拉伸或压缩）的大小而发生相应变化。这是因为金属丝的电阻与材料的电阻率及其几何尺寸有关，而金属丝在承受机械变形的过程中，这两者都要发生变化，因而引起金属丝的电阻变化。

(2) 弹性敏感元件

在传感器工作过程中，用弹性元件把各种形式的物理量转换成形变，再由电阻应变计等转换元件将形变转换成电量。所以，弹性元件是传感器技术中应用最广泛的元件之一。根据弹性元件结构形式（柱形、筒形、环形、梁式、轮辐式等）和受载性质（拉、压、弯曲、剪切等）的不同，它们可分为许多种类。

① 柱式弹性元件　柱式弹性元件具有结构简单的特点，可承受很大的载荷，根据截面形状可分为圆筒形与圆柱形两种。圆柱的应变大小取决于圆柱的结构、横截面积、材料性质和圆柱所承受的力，而与圆柱的长度无关；空心的圆柱弹性敏感元件在某些方面要优于实心元件，但是空心圆柱的壁太薄时，受压力作用后将产生较明显的圆筒形变形而影响测量精度。

② 薄壁圆筒　薄壁圆筒可将气体压力转换为应变。薄壁圆筒内腔与被测压力相通时，内壁均匀受压，薄壁无弯曲变形，只是均匀地向外扩张。它的应变与圆筒的长度无关，而仅取决于圆筒的半径、厚度和弹性模量，而且轴线方向应变与圆周方向应变不相等。

③ 悬臂梁　悬臂梁是一端固定、另一端自由的弹性敏感元件，它具有结构简单、加工方便的特点，在较小力的测量中应用较多。悬臂梁可分为等截面梁和等强度梁，分别如图 3-42 所示。

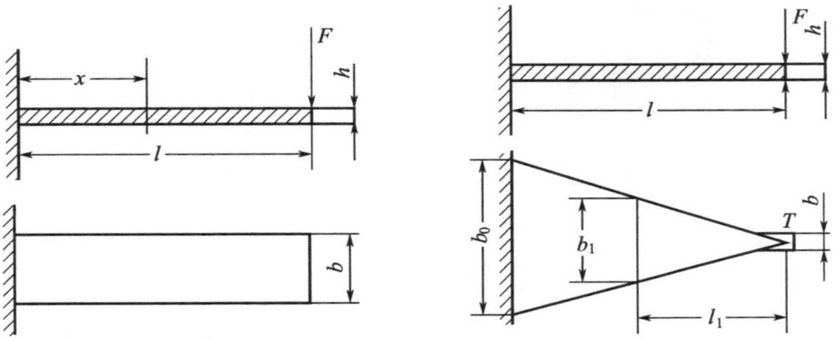

图 3-42　等截面梁和等强度梁

(3)电阻传感器的应用

电子秤在工业生产、商场零售等行业已随处可见。在城市商业领域，电子计价秤已取代传统的杆秤和机械案秤。

市场上通用的电子计价秤的硬件电路通常以单片机为核心，结合传感器、信号处理电路、A/D 转换电路、键盘及显示器组成，其硬件组成如图 3-43 所示。

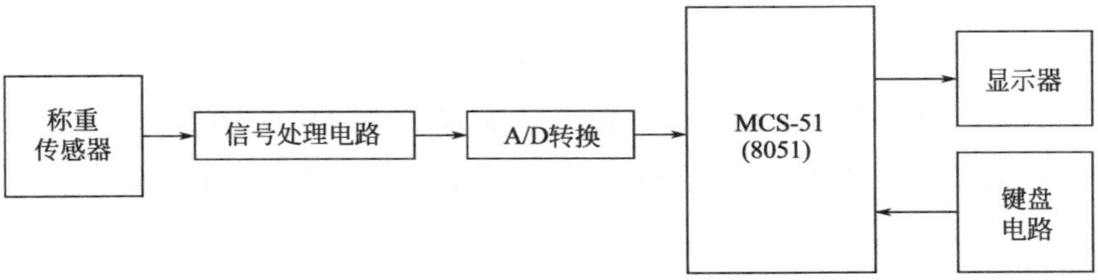

图 3-43　通用电子计价秤硬件结构框图

系统的基本工作过程是称重传感器将所称物品重量转换成电压信号，经信号处理电路处理成比较高的电压（此电压取决于 A/D 转换器的基准电压），在 MCU 的控制下由 A/D 转换电路转换成数字量送 CPU 进行显示并根据设置的价格计算出总金额。整个系统的重点在于传感器和信号处理部分，其他部分只是为了提高系统的自动化水平及人机交互界面，所以本节主要讨论传感器及信号处理电路。

传感器是整个系统的重量检测部分，常用的电阻式称重传感器主要有悬臂梁式、双剪切梁式、S 形拉压式及柱式力传感器，如图 3-44 所示。

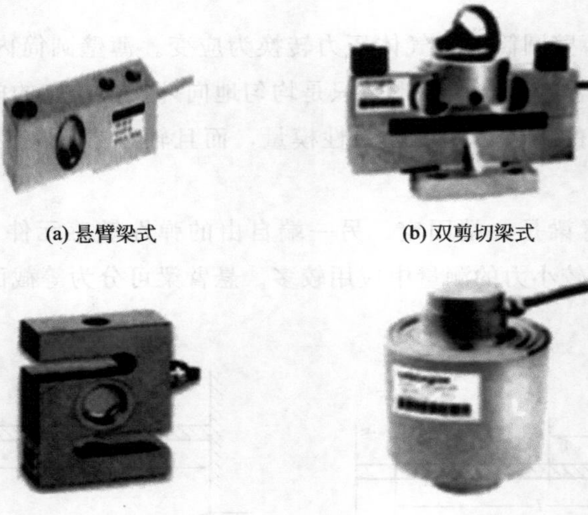

(a) 悬臂梁式　　(b) 双剪切梁式

(c) S形拉压式　　(d) 柱式

图 3-44　常用的电阻式称重传感器

当称重传感器受外力 F 作用时，四个粘贴在变形较大部位的电阻应变片将产生形变，其电阻值随之变化。当外载荷改变时，由四个电阻应变片组成的电桥输出电压与外加载荷成正比。

(4) 电阻式触摸屏

在手机中使用的触摸传感器（touch sensor）就是平时我们俗称的触摸屏（touch panel），又称为触控面板。触摸传感器的使用使人机交互更加方便和直观，增加了人机交流的乐趣。触摸传感器的使用减少了手机菜单按键，操作更加简单、便捷。电阻式触摸屏是一种传感器，它将矩形区域中触摸点（X，Y）的物理位置转换为代表 X 坐标和 Y 坐标的电压。很多 LCD 模块都采用了电阻式触摸屏，这种屏幕可以用四线、五线、七线或八线来产生屏幕偏置电压，同时读回触摸点的电压。电阻式触摸屏基本上是薄膜加上玻璃的结构，薄膜和玻璃相邻的一面上均涂有 ITO（纳米铟锡金属氧化物）涂层，ITO 具有很好的导电性和透明性。当触摸操作时，薄膜下层的 ITO 会接触到玻璃上层的 ITO，经由感应器传出相应的电信号，经过转换电路送到处理器，通过运算转化为屏幕上的 X、Y 值而完成点选的动作，并呈现在屏幕上。

电阻式触摸屏的工作原理：触摸屏包含上下叠合的两个透明层，四线和八线触摸屏由两层具有相同表面电阻的透明阻性材料组成；五线和七线触摸屏由一个阻性层和一个导电层组成，通常还要用一种弹性材料来将两层隔开。触摸屏的结构如图 3-45 所示。

① 当触摸屏表面受到的压力（如通过笔尖或手指进行按压）足够大时，顶层与底层之间会产生接触。所有的电阻式触摸屏都采用分压器原理来产生代表 X 坐标和 Y 坐标的电压。如图 3-45 所示，分压器是通过将两个电阻进行串联来实现的。上面的电阻（R_1）连接正参考电压（VF），下面的电阻（R_2）接地。两个电阻连接点处的电压测量值与下面电阻（R_2）的阻值成正比。

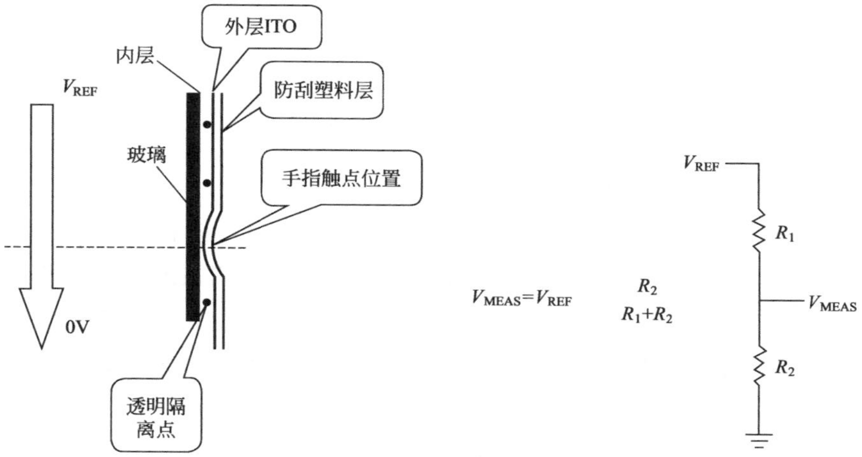

图 3-45 触屏结构与原理

② 为了在电阻式触摸屏上的特定方向测量一个坐标，需要对一个阻性层进行偏置，将它的一边接 V_k，另一边接地。同时，将未偏置的那一层连接到一个 ADC 的高阻抗输入端。当触摸屏上的压力足够大，使两层之间发生接触时，电阻性表面被分隔为两个电阻。它们的阻值与触摸点到偏置边缘的距离成正比。触摸点与接地边之间的电阻相当于分压器中下面的那个电阻。因此，在未偏置层上测得的电压与触摸点到接地边之间的距离成正比。

3.7.3 认识电感传感器

电感传感器是将被测量转换为线圈的自感或互感的变化来测量的装置。电感传感器还可用作磁敏速度开关、齿轮齿条测速等。

电感传感器可以分为：基本变间隙自感式传感器、差动变间隙式传感器、螺管型电感式传感器、互感式传感器、螺线管式差动变压器。

(1) 基本变间隙自感式传感器

基本变间隙自感式传感器由线圈、铁芯和衔铁组成，结构如图 3-46 所示。工作时衔铁与被测物体连接，被测物体的位移将引起空气间隙长度发生变化。由于气隙磁阻的变化，导致了线圈电感量的变化。

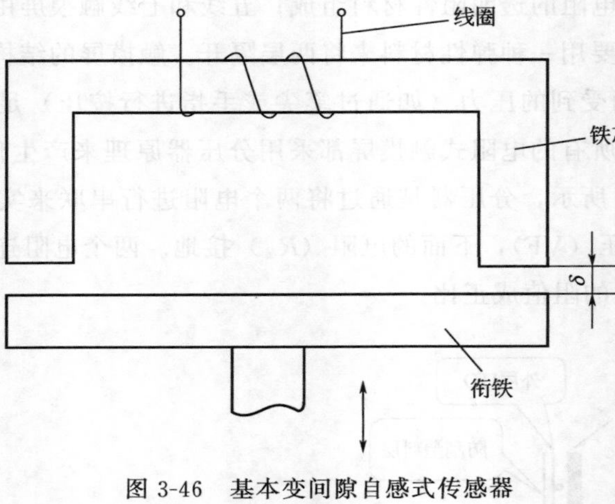

图 3-46　基本变间隙自感式传感器

(2) 差动变间隙式传感器

如图 3-47 所示为差动变间隙式电感传感器的结构原理，它采用两个相同的传感器共用一个衔铁组成。测量时，衔铁通过导杆与被测体相连，当被测体上下移动时，导杆带动衔铁也以相同的位移上下移动，使两个磁回路中磁阻发生大小相等、方向相反的变化，导致一个线圈的电感量增加，另一个线圈的电感量减小，形成差动形式。

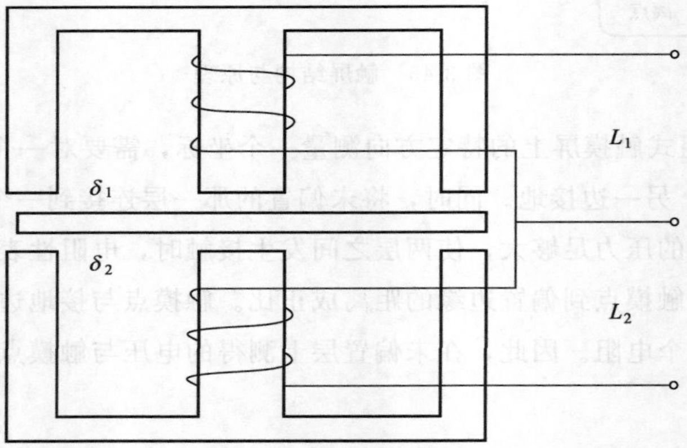

图 3-47　差动变间隙式电感传感器

(3) 螺管型电感式传感器

图 3-48 为螺管型电感式传感器结构。螺管型电感式传感器的衔铁随被测对象移动，线圈磁力线路径上的磁阻发生变化，线圈电感量也随之变化；线圈电感量的大小与衔铁位置有关，线圈的电感量 L 与衔铁进入线圈的长度 X 保持线性关系。螺管型电感式传感器的灵敏度较低，但量程大且结构简单，易于制作和批量生产，是目前使用最广泛的一种电感式传感器。

(4) 互感式传感器

互感式传感器根据互感的基本原理，把被测的非电量变化转换为线圈间互感量的变化。变压器式传感器与变压器的区别是：变压器为闭合磁路，而变压器式传感器为开磁路；变压器初、次级线圈间的互感为常数，而变压器式传感器初、次级线圈间的互感随衔铁移动而变，且变压器式传感器有两个次级绕组，两个次级绕组按差动方式工作。因此，它又被称为差动变压器式传感器。

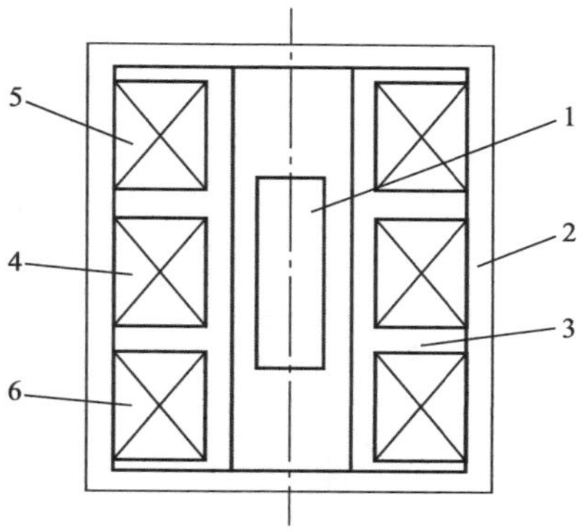

图 3-48　螺管型电感式传感器结构

1—活动衔铁；2—导磁外壳；3—骨架；4～6—初级绕组

差动变压器结构形式较多，有变间隙式、变面积式和螺线管式等，其中应用最多的是螺线管式差动变压器，它可以测量 1～100mm 的机械位移，并具有测量精度高、灵敏度高、结构简单、性能可靠等优点。

(5)螺线管式差动变压器

螺线管式差动变压器的基本结构如图 3-49（a）所示，它由一个初级线圈、两个次级线圈和插入线圈中央的圆柱形铁芯等组成。差动变压器中两个次级线圈反向串联，并且在忽略铁损、导磁体磁阻和线圈分布电容的理想条件下，其等效电路如图 3-49（b）所示。其中 $\dot{U}_1$、$\dot{I}_1$ 为初级线圈激励电压与电流，L_1、R_1 为初级线圈电感与电阻，M_1、M_2 分别为初级线圈与次级线圈 1、2 间的互感，$\dot{E}_{21}$、$\dot{E}_{22}$ 和 R_{21}、R_{22} 分别为两个次级线圈的电感和电阻。

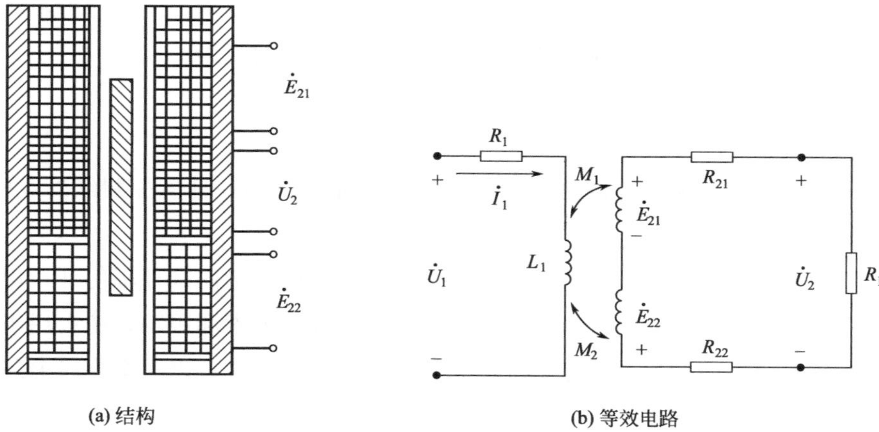

图 3-49　螺线管式差动变压器

当初级绕组 N_1 加以激励电压 $\dot{U}_1$ 时，根据变压器的工作原理，在两个次级绕组中便会产生感应电势 $\dot{E}_{21}$ 和 $\dot{E}_{22}$。

(6)电感传感器的应用

电感式传感器可直接用于位移测量，也可以测量与位移有关的任何机械量，如振动、加速度、应变等。

① 压差计　采用差动变压器，桥路输出的不平衡与衔铁位移成正比，当压差变化时，腔内膜片位移使差动变压器次级电压发生变化，输出与位移成正比，与压差成正比，相位反映了位移的方向。差压变送器结构与电路图如图 3-50 所示。

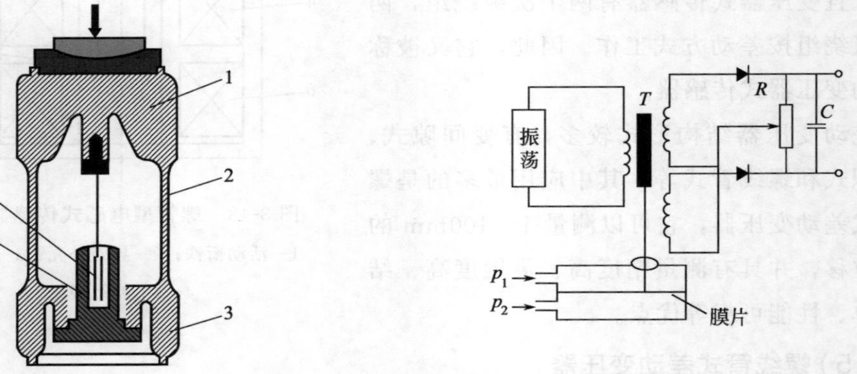

图 3-50　差压变送器结构图与电路图

1—上部；2—变形部；3—下部；4—铁芯；5—差动变压圈

② 微压力变送器　作为电感压差计使用。当压差变化时，腔内膜片产生位移使差动变压器的铁芯产生位移从而使次级感应电动势发生变化。因为输出电压与位移成正比，即与压差成正比，所以通过输出电压的变化可以检测差压的大小。

3.8 红外信号检测

红外传感器技术是在最近几十年中发展起来的一门新兴技术，属于一种新型的传感器，它已在科技、国防和工农业生产等领域中获得了广泛的应用。

3.8.1 红外传感器

红外传感器又被称为红外探测器，如图 3-51 所示。它是一种能探测红外线的器件，能把红外辐射量的变化转换为电量变化。

红外传感器按其应用可以分为：用于辐射和光谱辐射测量的红外辐射计；用于搜索和跟踪红外目标，确定其空间位置并对其运动进行跟踪的搜索和跟踪系统；用于产生整个目标红外辐射分布图像的热成像系统与红外测距和通信系统，以及组合以上各类系统中的两个或多个的混合系统。

我们知道，红外辐射是一种电磁辐射，按照波长不同，可以进一步分为近红外区、中红外区和远红外区。任何物体都会发出红外辐射，这种红外辐射能被红外温度传感器测量。当物体温度发生变化时，其辐射出的电磁波的波长也会随之变化，红外传感器能将这种波长的变化转换成温度的变化，从而实现监控、测温的目的。图 3-52 是红外传感器的工作原理框图。红外传感器及其内部结构和原理并不复杂，一个典型的红外传感器系统各部分的实体分别是：

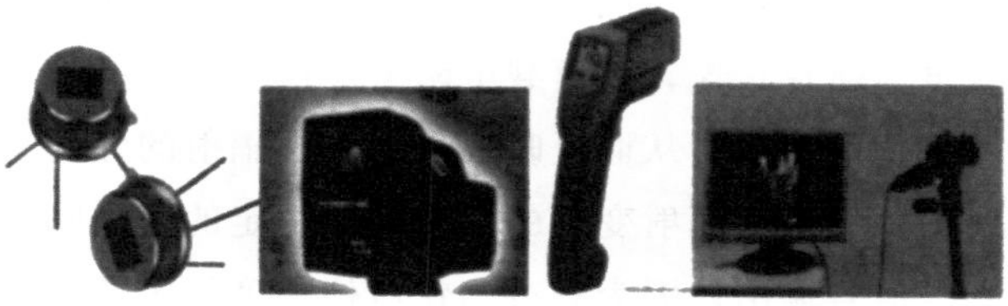

图 3-51　常见的红外传感器

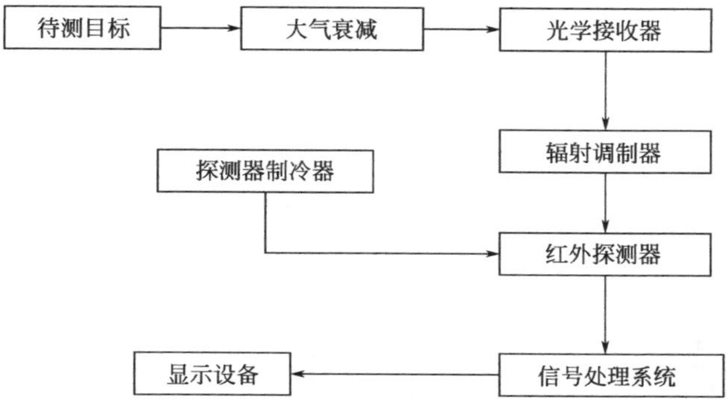

图 3-52　红外传感器的工作原理框图

(1) 待测目标

根据待测目标的红外辐射特性可进行红外系统的设定。

(2) 大气衰减

待测目标的红外辐射通过地球大气层时，由于气体分子和各种溶胶粒的散射和吸收，将使红外光源发出的红外辐射发生衰减。

(3) 光学接收器

光学接收器接收目标的部分红外辐射并传输给红外传感器，相当于雷达天线，常用的是物镜。

(4) 辐射调制器

辐射调制器会将来自待测目标的辐射调制成交变的辐射光，以提供目标的方位信息，并滤除大面积的干扰信号。辐射调制器又被称为调制盘和斩波器，它有多种结构。

(5) 红外探测器

红外探测器是红外系统的核心。它是利用红外辐射与物质相互作用所呈现出来的物理效应探测红外辐射的探测器。多数情况下，红外传感器利用的就是这种相互作用呈现出来的电学效应进行测量的。此类探测器可分为热敏感探测器和光子探测器两大类型。

如图 3-53 所示，热释电探测器是探测率最高、频率响应最宽的一类热敏感探测器。它是利用一种具有极化现象的热晶体（“铁电体”）来实现感测的。铁电体的极化强度(单位面积上的电荷）与温度有关。当红外辐射照射到已经极化的铁电体薄片表面上时，会引起薄片温度升高，使极化强度降低，表面电荷减少，这就相当于释放了部分电荷。如果将负载电阻与铁电体薄片相连，则负载电阻上会产生一个电信号输出。输出信号的大小取决于薄片温度变化的快慢，从而反映出入射红外辐射的强弱。由此可见，热释电探测器的电压响应率正比于入射辐射变化的速率。当恒定的红外辐射照射在热释电探测器上时，探测器没有电信号输出，因为只有当铁电体温度处于变化过程中时，才会输出电信号。所以，需要对红外辐射进行调制，使恒定辐射变成交变辐射，不断地引起铁电体的温度变化，才能导致热释电产生，并输出交变信号。

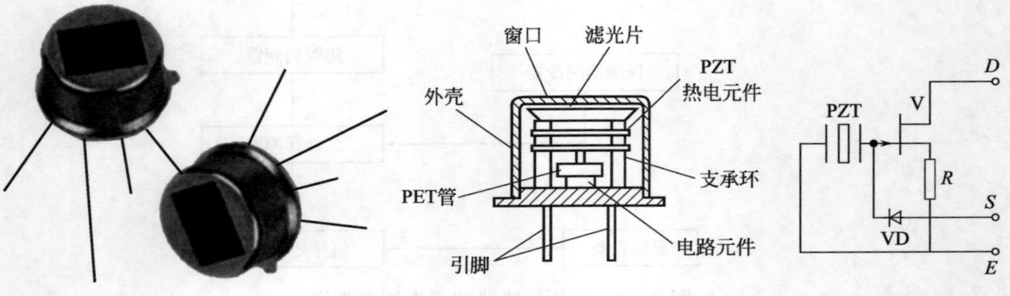

(a) 实物　(b) 结构　(c) 内部电路

图 3-53　热释电探测器及其内部结构

光子探测器是利用某些半导体材料在入射光的照射下产生光电效应的原理，使材料的电学性质发生变化，并通过对此种变化的测量，来反映红外辐射强弱的探测器。由于这类探测器是以光子为单元起作用的，只要光子的能量足够，相同数目的光子基本上具有相同的效果。光子探测器中主要采用的光电传感器包括光电管、光敏电阻、光敏晶体管、光生伏特元件等器件。按照工作原理的不同，光子探测器一般可分为内光电探测器和外光电探测器两种。

与热敏感探测器相比，光子探测器的主要特点是灵敏度高、响应速度快、具有较高的响应频率；但缺点是一般需要在低温下工作，而且探测波段较窄。

热释电探测器是实际中应用广泛的一类红外传感器。它在使用时需要对红外辐射进行调制，使恒定辐射变成交变辐射，不断地引起铁电体的温度变化，才能导致热释电产生，并输出交变信号。热释电探测器的特点是响应时间长、响应波段宽，因此多用在非接触、被动式的检测应用当中。

(6) 探测器制冷器

由于某些探测器必须要在低温环境下工作，所以相应的系统必须有制冷设备。使用制冷设备，红外传感器可以缩短响应时间，提高探测灵敏度。

(7) 信号处理系统

信号处理系统将探测的信号进行放大、滤波，并从这些信号中提取出信息，然后传感器将这些信息转化为所需要的格式，最后输送到控制或显示设备中。

(8) 显示设备

显示设备是红外传感器的终端设备。常用的显示设备有水波器晶像管、红外感光材料、指示仪器和记录仪等。

3.8.2 红外传感器应用实例

以下是其主要的几种应用：

① 红外辐射计：用于辐射和光谱辐射测量。

② 搜索和跟踪系统：用于搜索和跟踪红外目标，确定其空间位置，并对它的运动进行跟踪。

③ 热成像系统：可产生整个目标红外辐射的分布图像，如红外图像仪、多光谱扫描仪等。

④ 红外测距和通信系统：用于距离测量和通信，如红外测距仪、红外无线通信抄表。

⑤ 混合系统等。

以上各类系统可两个或多个组合。

(1) 自动门的人体检测

以陶瓷材料作为检测元件的热电型红外传感器。其性能稳定、价格便宜，在常温下即可检测 1～20μm 宽波长范围的红外线，因此在自动门开关电路中，被有效地用作检测人体的传感器。其等效电路如图 3-54 所示。

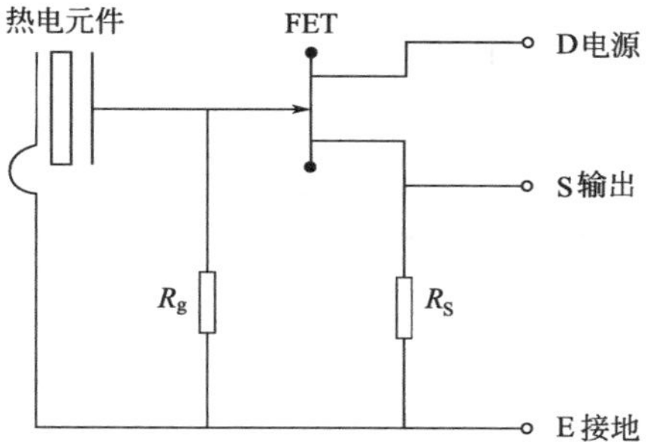

图 3-54 自动门人体检测传感器的等效电路图

人体可以辐射出中心波长为 910μm 的红外线，因此，只要是对这种波长敏感的传感器，都可以作为检测人体用的红外传感器。而陶瓷热电体的波长灵敏度特性在 0.2～20μm 范围内几乎是稳定不变的，因此在硅片表面上贴上截止波长为 7μm 的滤光片，使得波长超过 7μm 的红外线通过，而波长小于 7μm 的红外线被吸收掉，以此作为红外传感器的窗口材料，于是就可以得到只对人体敏感的红外传感器了。由于在该波长范围内的红外线不被大气吸收，因此该红外传感器可以高效率地检测出红外线。此外，如果采用 40mm 的凹面镜将红外线聚集并放大，就能检测出人在 10～15m 处的行动。所以，将这种红外传感器用于自动门的人体检测，需要从光学角度明确地设计出检测范围，从而避免因外界影响引起错误动作。使用时，只要将红外传感器安装在顶棚上即可。

另外，从红外传感器上得到的信号十分微弱，需要经过放大，人的活动频率在0.1～10Hz，因此需要降低噪声，通过电路放大器和具有相同频带特性的滤波电路，才能实现更加稳定的工作。自动门人体检测传感器的原理框图如图3-55所示。

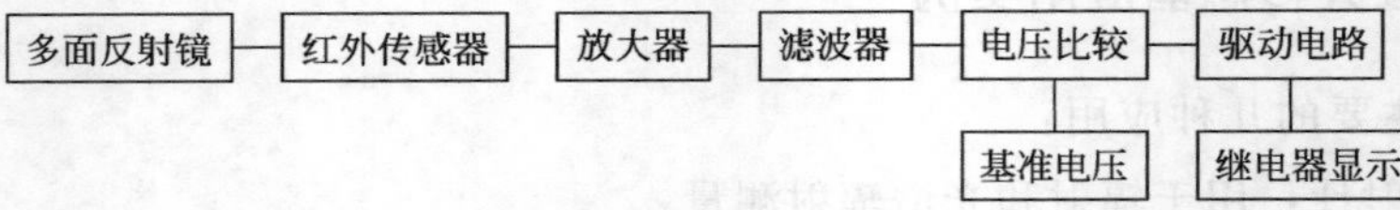

图3-55　自动门人体检测传感器的原理图

多面反射镜用来收集人体发出的红外辐射，收集到的红外辐射经红外传感器采集后，由放大器放大信号，经滤波器去除噪声，与基准电压进行电压比较，并驱动电路进行显示或完成门的开关动作。

(2)红外无损探伤

利用红外传感器检查加工部件内部的缺陷，是红外测温的一种应用，而且是一种很巧妙的应用。如图3-56所示，假设将A、B两块金属板焊接在一起，那么如何检测其交界面是否焊接良好呢？如何检测有没有漏焊的部位呢？这种检测必须检查出来而且又不能使部件受任何损伤。红外无损探伤技术便用来完成这样的任务。

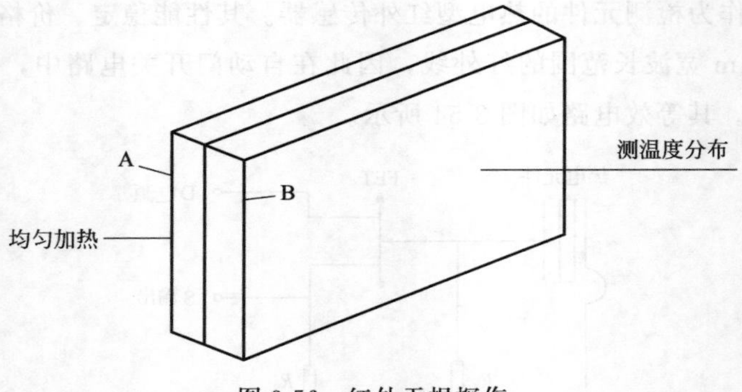

图3-56　红外无损探伤

红外无损探伤技术的基本想法是均匀地加热平板的一个平面，并测量另一个表面上的温度分布，从而得到焊接面是否良好的信息。例如，当A面的外表面均匀受热而升高温度时，热量就向B面传去，B面外表面的温度随之升高，如果两板的交界面是均匀接触的，则B面外表面的热量分布也是均匀一致的；但如果交界面的某部分没有焊接好，热流就会受到阻碍，B面外表面相应部位就会出现温度异常的现象，如此就能够测得焊面内部的缺陷。

在工业制造过程中，工件尤其是大型工件，由于设计和铸造、锻造工艺的问题，经常会造成内部产生砂眼或裂缝等缺陷；许多运动和受力零部件在工作过程中，由于受到摩擦、冲击、应力等长期作用，会产生裂纹、剥离等缺陷。目前常用的超声波、电磁波、射线、渗透等无损检测手段只能解决部分探伤问题，而且工作效率低、检测准确性不高，难以满足新技术的要求。而红外无损探伤，尤其是近年来新兴的红外热成像无损检测技术，具有无损、非接触、快速实时远距离等常规无损检测技术所无法比拟的优点，特别适合应用在高速运动、高温、高电压等场合中。

红外无损探伤技术可分为被动式和主动式两种。被动式是利用待测对象本身的发热过程来进行检测的，主要用于有摩擦的运动部件、电器、冶金、化工等场合。主动式则需要对工件进行人为的加热，以在工件中形成热流传播的过程。工件中有缺陷和没有缺陷的地方因热导率不同，会造成对应表面的温度不同，使对应的红外辐射强度也不同。这时，只要采用红外热像仪记录工件表面的温度场分布（红外热图像），就可以检测出工件中是否有裂纹、剥离、夹层等缺陷了。图 3-57 所示是 FLUKE 公司生产的红外线热像仪。

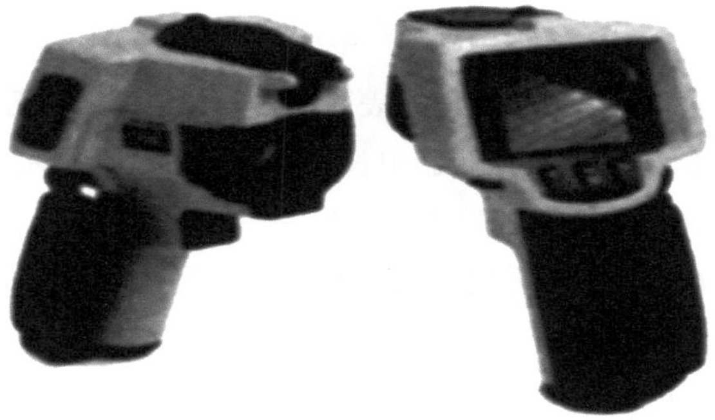

图 3-57　FLUKE 公司生产的红外线热像仪

在具体操作时，红外传感器又可以根据现场的实际情况，采用穿透法或反射法进行测量。

穿透法的原理是：加热源对工件的一个侧面进行加热，同时在另一个侧面由红外热像仪接收工件表面的温度场分布。如果工件内存在缺陷将会对热流的传播过程产生阻碍作用，在待测工件表面造成一个“低温区”，在红外热像仪上接收到的热图像将是一个“暗区”。

反射法的原理是：加热源对工件的一面进行加热，在同一面采用红外热像仪接收红外热图像。如果工件中有缺陷，将阻碍热能的传播，造成能量积累（反射），使缺陷部位对应的工件表面形成一个“高温区”，在热图像中将是一个“亮区”。

采用这两种方法，在检测工件缺陷的同时，还能非常容易地计算出缺陷的位置、形状、大小等，从而全面检测工件的个数。图 3-58 所示为经过图像融合以后的红外热像。

从目前在工业上无损检测的应用情况来看，红外无损探伤技术在工业部门中的应用将具有广阔的前景。原因是：

① 该技术的探伤工作是非接触式的，结果采用彩色图像的形式直观显示，对缺陷的大小、方位的观测非常方便，又可以进行定量计算。

② 该技术的检测速度非常快。由于采用了成像技术，它检测一个部件一般只需几秒钟。尤其是对大面积部件进行探伤时，该技术更为优越。

③ 该技术是一种通用性较强的检测技术，对金属、非金属材料均可探伤。对形状

图 3-58　经过图像融合以后的红外热像

较复杂的、表面平整度和光洁度不好的或表面存在氧化层的工件等也可有效地探测。

④ 该技术的探伤结果可以在存储器中长期保存，这对于研究工件的损伤规律，跟踪检测一些关键受力或运动部件是非常有用的。

从以上优点可以看出，红外无损探伤技术在经常活动的受力铸件检测中有其他技术无法比拟的优势。

（3）红外传感器的应用

① 红外气体分析仪　几种气体对红外线的透射光谱，如 CO 对波长在 4.65pm 附近的红外线具有很强的吸收能力；CO_2 对波长在 2.78pm 和 4.26pm 附近以及波长大于 13pm 范围的红外线有较强的吸收能力。可见不同气体的吸收波段（吸收带）不同，因此可根据气体对红外线具有选择性吸收的特性对气体成分进行分析。

工业用红外线气体分析仪，它由红外线辐射光源、气室、红外检测器、电路等组成。光源是对镍铬丝通电加热发出 3～10μm 的红外线，切光片将连续的红外线调制成脉冲状的红外线，以便于红外线检测器检测信号，测量气室中通入被分析的气体，参比气室中封入不吸收红外线的气体（如 N_2 等）。

② 红外测温仪　红外测温仪是一个光、机、电一体化的红外测温系统，利用热辐射体在红外波段的辐射通量来测量温度，可采用分离出所需波段的滤光片，使红外测温仪工作在任意红外波段，光学系统是一个固定焦距的透射系统，滤光片一般采用只允许 8～14μm 的红外辐射能通过的材料。步进电动机带动调制盘转动，将被测的红外辐射调制成交变的红外辐射线。红外探测器一般为热释电探测器，透镜的焦点落在其光敏面上。被测目标的红外辐射通过透镜聚焦在红外探测器上，红外探测器将红外辐射变换为电信号输出。

3.9　磁场检测

磁场检测的发展有着悠久的历史，早在两千多年前，人们就用司南来探测磁场，用于指示方向。随着物理学、材料科学和电子技术的不断发展，磁场测量技术取得了很大进展，磁场测量方法也越来越多。当前，磁场测量技术已广泛应用于地球物理学、空间科学、生物医学、军事技术、工业探伤等领域，成为不可或缺的手段。磁场测量常以磁场强度的大小作为度量标准，针对不同场合下磁场强度的不同，需要采用不同的测量方法。下面总结与讨论磁场测量的常用方法及其应用。

常用的磁场检测方法分类：霍尔效应法、磁阻效应法。

3.9.1 霍尔效应与霍尔电流传感器

(1) 霍尔效应

半导体薄片置于磁场中，当它的电流方向与磁场方向不一致时，半导体薄片上平行于电流和磁场方向的两个面之间产生电动势，这种现象称为霍尔效应。产生的电动势称为霍尔电势，半导体薄片称为霍尔元件。

将一块金属导体或半导体薄片放在磁场中，如图 3-59 所示，沿垂直于磁场的方向上通以电流 I，这些运动着的电子在磁场中将受到洛仑兹力的作用，从而在两横侧间形成一个电压 U_H，这个效应称为霍尔效应，电压 U_H 叫霍尔电压。在良导体中，由于形成电流的电子运动速度较快，因而霍尔电压较低，难以利用。半导体材料出现后，人们发现半导体的霍尔效应比较强烈，从而使这一效应在磁测量中得到日益广泛的应用。

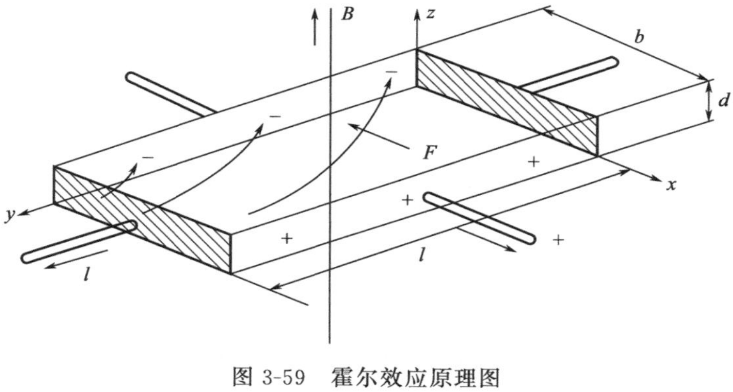

图 3-59 霍尔效应原理图

两横侧间的霍尔电压：

$$U_H=\frac{R_H}{d}IBf\left(\frac{l}{b}\right)=K_HBI \tag{3-32}$$

式中 R_H——霍尔系数，它与材料的性质有关；

d——半导体薄片的厚度；

b——半导体薄片的宽度；

l——半导体薄片的长度；

$f\left(\frac{l}{c}\right)$——霍尔片的形状系数；

K_H——霍尔片的灵敏度。

通常，使用霍尔片测量磁场时，片中的电流应保持恒定，故应采用恒流供电方式。由于交变电压易于放大，在测量恒定磁场（包括直流电压或直流电流）时，常采用交流恒流源供电；而在测量交变磁场（包括交流电压或交流电流）时，则采用直流恒流源供电。由于近代电子技术的进步，现在不管是测直流信号还是交流信号均采用恒定直流供电。

霍尔效应法测量磁场的范围很宽，场强范围可达到 $8\times10^{-2}\sim7\times10^{7}$ A/m，它的准确度一般为 1%～5%，采取减小误差的措施后，可提高到 0.1%以上；而测量电压或电流的准确度通常在 1%～0.1%。

霍尔传感器的应用范围广泛，常见的有：霍尔直测式电流传感器、霍尔磁补式电流传感器。

（2）霍尔元件基本结构

霍尔元件基本结构由霍尔片、引线和壳体组成，如图 3-60 所示。

霍尔片是一块矩形半导体单晶薄片，引出四个引线。1、1′两根引线加激励电压或电流称为激励电极；2、2′两根引线为霍尔输出引线，称为霍尔电极。霍尔元件壳体由非导磁金属、陶瓷或环氧树脂封装而成。在电路中霍尔元件可用图 3-60（b）所示两种符号表示。

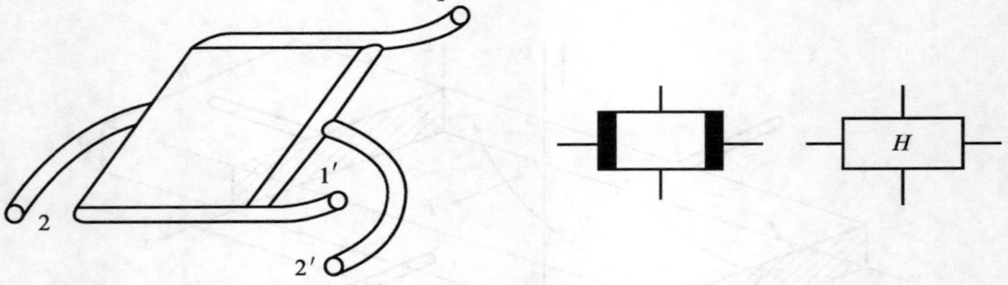

(a) 外形结构　　(b) 图形符号

图 3-60　霍尔元件

（3）霍尔直测式电流传感器与霍尔磁补式电流传感器

① 霍尔直测式电流传感器　由霍尔效应可知霍尔片是一种磁敏元件，如图 3-61 所示。从使用角度来看，有两个必要条件：一是有纵向磁场 H，二是有通入元件的横向电流。而用于对电流检测时，按照安培环路定理，只要有电流 I 流过一根导线，在导线周围就会产生磁场，磁场的大小与流过的电流 I 成正比。由电流 I 产生的磁场可通过软磁材料来聚集产生磁通 $\Phi=BS$，那么加有横向电流 I_p，霍尔片的另一横向侧就会有电位差 U_H 输出。由于 U_H 通常是毫伏级信号，只要经放大后检测到 U_H，按照 $U_H=K_HIB$，已知 K_H，S，L，N，$B=\Phi/S$，$H=B/u$，$H_L=NI$。由于这种霍尔传感器准确度不高，目前较少用。

② 霍尔磁补式电流传感器　霍尔磁补式电流传感器的工作原理，是基于磁平衡原理。原级电流（被测电流）I_p 产生磁场 H_p，作用于加有电流 I 的霍尔片上，使得霍尔

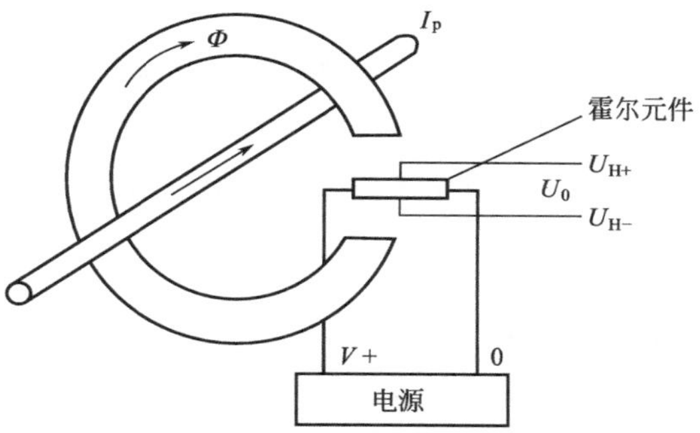

图 3-61　霍尔直测式电流传感器

片产生霍尔电压 U_H，将 U_H 放大后送入功率放大器中，该功率放大器输出电流 I 通入次级线圈并产生磁场。

H_a 与被测电流 I_p 产生的磁场 H_p 方向相反，使得霍尔片的输出 U_H 变小，直到 H_p 等于 H_a 时 I 不再增加，这时霍尔片就达到零磁通检测。

3.9.2　磁阻效应与磁阻效应传感器

(1) 磁阻效应 (magnetoresistance effects)

磁阻效应是指某些金属或半导体的电阻值随外加磁场变化而变化的现象。同霍尔效应一样，磁阻效应也是由于载流子在磁场中受到洛伦兹力而产生的。在达到稳态时，某一速度的载流子受到的电场力与洛伦兹力相等，载流子在两端聚集产生霍尔电场，比该速度慢的载流子将向电场力方向偏转，比该速度快的载流子则向洛伦兹力方向偏转。这种偏转导致载流子的漂移路径增加。或者说，沿外加电场方向运动的载流子数减少，从而使电阻增加。这种现象称为磁阻效应。利用磁阻效应制成的元件称为磁敏电阻。

磁阻效应主要分为常磁阻效应、巨磁阻效应、超巨磁阻效应、异向磁阻效应、穿隧磁阻效应等。

传感器分类：非接触式磁阻角度传感器、磁阻式旋转传感器、磁阻式图形识别传感器。

(2) 磁阻效应传感器工作原理

磁阻效应传感器是根据磁性材料的磁阻效应制成的。磁性材料（如坡莫合金）具有各向异性，对它进行磁化时，其磁化方向将取决于材料的易磁化轴、材料的形状和磁化磁场的方向。当给带状坡莫合金材料通电流 I 时，材料的电阻取决于电流的方向与磁化方向的夹角。如果给材料施加一个磁场 B（被测磁场），就会使原来的磁化方向转动。如果磁化方向转向垂直于电流的方向，则材料的电阻将减小；如果磁化方向转向平行于电流的方向，则材料的电阻将增大。磁阻效应传感器一般由四个这样的电阻组成，并将它们接成电桥。在被测磁场 B 的作用下，电桥中位于相对位置的两个电阻的阻值增大，另外两个电阻的阻值减小。在其线性范围内，电桥的输出电压与被测磁场成正比。磁阻传感器是基于磁阻效应工作原理，其核心部分采用一片特殊金属材料，其电阻值随外界磁场的变化而变化，通过外界磁场的变化来测量物体的变化或状况。磁阻传感器具有高精度、高灵敏度、高分辨率、良好的稳定性和可靠性、无接触测量及宽温度范围的特点，可进行动态和静态测量，广泛应用于低磁场测量、角度和位置测量。

(3)应用

磁阻效应广泛用于磁传感、磁力计、电子罗盘、位置和角度传感器、车辆探测、GPS导航、仪器仪表、磁存储（磁卡、硬盘）等领域。

磁阻器件由于灵敏度高、抗干扰能力强等优点，在工业、交通、仪器仪表、医疗器械、探矿等领域得到广泛应用，如数字式罗盘、交通车辆检测、导航系统、伪钞鉴别、位置测量等。

其中最典型的锑化铟（InSb）传感器是一种价格低廉、灵敏度高的磁阻器件，有着十分重要的应用价值。

2007年诺贝尔物理学奖授予来自法国国家科学研究中心的物理学家艾尔伯•费尔和来自德国尤利希研究中心的物理学家皮特•克鲁伯格，以表彰他们发现巨磁电阻效应的贡献。

3.10 气体检测

气体是指无形状、有体积的可变形可流动的流体。气体是物质的一种状态。气体与液体一样是流体，它可以流动，可以变形。与液体不同的是气体可以被压缩。假如没有限制（容器或力场）的话，气体可以扩散，其体积不受限制。气态物质的原子或分子相互之间可以自由运动。气态物质的原子或分子的动能比较高。气体形态受到其体积、温度和压强的影响，这几项要素构成了多项气体定律，而三者之间又可以互相影响。

在现代社会的生产和生活中，人们往往会接触到各种各样的气体，需要对它们进行检测和控制。比如化工生产中气体成分的检测与控制、煤矿瓦斯浓度的检测与报警、环境污染情况的监测、煤气泄漏、火灾报警、燃烧情况的检测与控制等。下面介绍气体检测相关的传感器。

3.10.1 气敏传感器及其分类

气敏传感器是用来检测气体类别、浓度和成分的传感器。它将气体种类及其浓度等有关的信息转换成电信号，根据这些电信号的强弱便可获得与待测气体在环境中存在情况有关的信息。它主要用于工业上天然气、煤气、石油化工等部门的易燃、易爆、有毒、有害气体的监测、预报和自动控制，是以化学物质的成分为检测参数的化学敏感元件，如图3-62所示。

气敏传感器是暴露在各种成分的气体中使用的，由于检测现场温度、湿度的变化很大，又存在大量粉尘和油雾等，所以其工作条件较恶劣；而且气体对传感元件的材料会产生化学反应物，附着在元件表面，往往会使其性能变差。因此，对气敏元件有下列要

图 3-62　气敏传感器

求：对被测气体具有较高的灵敏度，对被测气体以外的共存气体或物质不敏感、性能稳定、重复性好、动态特性好、对检测信号响应迅速、使用寿命长、制造成本低、使用与维护方便等。由于气体种类繁多，性质各不相同，不可能用一种传感器检测所有类别的气体，因此，能实现气-电转换的传感器种类很多。

气敏传感器的分类：按构成气敏传感器的材料可分为半导体和非半导体两大类。目前实际使用最多的是半导体气敏传感器。

用半导体气敏元件同气体接触，造成半导体的电导率等物理性质发生变化的原理来检测特定气体的成分或者浓度。气敏电阻的材料是金属氧化物半导体；其中 P 型材料有氧化钴、氧化铅、氧化铜、氧化镍等；N 型材料有氧化锡、氧化铁、氧化锌、氧化钨等。合成材料有时还渗入了催化剂，如钯(Pd)、铂(Pt)、银(Ag)等。

气敏传感器按照半导体与气体相互作用时产生的变化只限于半导体表面或深入到半导体内部，可分为表面控制型和体控制型。

表面控制型：半导体表面吸附的气体与半导体间发生电子接收，结果使半导体的电导率等物理性质发生变化，但内部化学组成不变。

体控制型：半导体与气体的反应，使半导体内部组成发生变化，且使电导率变化。

气敏传感器按照半导体变化的物理特性，又可分为电阻型和非电阻型。

电阻型半导体气敏元件是利用敏感材料接触气体时其阻值变化来检测气体的成分或浓度的；非电阻型半导体气敏元件是利用其他参数，如二极管伏安特性和场效应晶体管的阈值电压变化来检测被测气体的。表 3-2 所示为气敏元件的分类。

表 3-2　气敏元件的分类

项目	主要物理特性	类型	检测气体	气敏元件
		表面控制型	可燃性气体	SnO_2、ZnO 等的烧结体、薄膜、厚膜
电阻型	电阻	体控制型	酒精	氧化镁，SnO_2
			可燃性气体	氧化钛(烧结体)
			氧气	T-Fe_2O_3
	二极管整流特性	表面控制型	氢气	铂-硫化镉
			一氧化碳	铂-氧化钛
			酒精	(金属-半导体结型二极管)
非电阻型	晶体管特性		氢气、硫化氢	铂栅、钯栅 MOS 场效应管

电阻型半导体气敏材料的导电机理是利用气体在半导体表面的氧化还原反应导致敏

感元件阻值变化而制成的。半导体气敏材料吸附气体的能力很强。当半导体器件被加热到稳定状态，在气体接触半导体表面而被吸附时，被吸附的分子首先在表面物性自由扩散，失去运动能量，一部分分子被蒸发掉，另一部分残留分子产生热分解而固定在吸附处（化学吸附）。

当半导体的功函数小于吸附分子的亲和力时，吸附分子将从器件处夺得电子而变成负离子吸附，半导体表面呈现电荷层。氧气等具有负离子吸附倾向的气体被称为氧化性气体或电子接收性气体。

如果半导体的功函数大于吸附分子的离解能，吸附分子将向器件释放出电子，而形成正离子吸附。具有正离子吸附倾向的气体有石油蒸气、乙醇蒸气、甲烷、乙烷、煤气、天然气、氢气等。它们被称为还原性气体或电子供给性气体，也就是在化学反应中能给出电子、化学价升高的气体，多数属于可燃性气体功函数（work function）：是指要使一粒电子立即从固体表面中逸出，所必须提供的最小能量（通常以电子伏特为单位）。这里“立即”一词表示最终电子位置从原子尺度上远离表面但从微观尺度上依然靠近固体。功函数是金属的重要属性。功函数的大小通常大概是金属自由原子电离能的二分之一。

当氧化性气体吸附到N型半导体（SnO_2，ZnO）上，还原性气体吸附到P型半导体（CrO_3）上时，将使半导体载流子减少，使电阻值增大。当还原性气体吸附到N型半导体上，氧化性气体吸附到P型半导体上时，则载流子增多，使半导体电阻值下降。金属氧化物在常温下是绝缘的，制成半导体后却显示气敏特性。该类气敏元件通常工作在高温状态（200～450℃），目的是加速上述的氧化还原反应。气体接触N型半导体时产生的器件阻值变化情况：由于空气中的含氧量大体上是恒定的，因此氧的吸附量也是恒定的，器件阻值也相对固定；若气体浓度发生变化，其阻值也将变化。根据这一特性，可以从阻值的变化得知吸附气体的种类和浓度。半导体气敏时间（响应时间）一般不超过1min。N型材料有SnO_2、ZnO、TiO等，P型材料有MoO_2、CrO_3等。

3.10.2 半导体气敏传感器类型及结构

半导体气敏传感器的主要类型有烧结型气敏元件、薄膜型气敏元件、厚膜型气敏元件，其中烧结型气敏元件是目前工艺最成熟、应用最广泛的元件。

烧结型气敏元件的制作是将一定比例的敏感材料（SnO_2、ZnO等）和一些掺杂剂（Pt、Pb等）用水或黏合剂调合，经研磨后使其均匀混合；然后将混合好的膏状物倒入模具，埋入加热丝和测量电极，经传统的制陶方法烧结；最后将加热丝和电极焊在管座上，加上特制外壳就构成器件。这种半导体陶瓷，简称半导瓷。半导瓷内的晶粒直径为1μm左右，晶粒的大小对电阻有一定影响，但对气体检测灵敏度则无很大的影响。烧结型气敏元件制作方法简单，元件寿命长；但由于烧结不充分，元件机械强度不高，电极材料较贵重，电性能一致性较差，因此应用受到一定限制。

气敏元件工作时必须加热，其目的是：加速被测气体的吸附、脱出过程；烧去气敏元件的油垢或污垢物，起清洗作用；控制不同的加热温度能对不同的被测气体有选择作用；加热温度与元件输出的灵敏度有关。一般加热温度为200～400℃。

薄膜型气敏元件分为两种结构：直热式和旁热式。制作采用蒸发或溅射的方法，在处理好的石英基片上形成一薄层金属氧化物薄膜（如 SnO_2、ZnO 等），再引出电极。实验证明：SnO_2 和 ZnO 薄膜的气敏特性较好，优点是灵敏度高、响应迅速、机械强度高、互换性好、产量高、成本低等。

厚膜型气敏元件是将 SnO_2 和 ZnO 等材料与3%～15%质量的硅凝胶混合制成能印刷的厚膜胶，把厚膜胶用丝网印制到装有铂电极的氧化铝绝缘基片上，在400～800℃高温下烧结1～2h制成的。其优点是一致性好、机械强度高、适于批量生产。这些器件全部附有加热器，它的作用是将附着在敏感元件表面上的尘埃、油雾等烧掉，加速气体的吸附，从而提高器件的灵敏度和响应速度。加热器的温度一般控制在200～400℃左右。

电阻式气敏传感元的特点有工艺简单、价格便宜、使用方便；气体浓度发生变化时响应迅速；即使是在低浓度下，灵敏度也较高；但是存在稳定性差、老化较快、气体识别能力不强、各器件之间的特性差异大等缺点。

3.10.3 气敏传感器的研究进展和应用

(1) CO 传感器和最新敏感材料

对 CO 气体检测的适用方法有比色法、半导体法、红外吸收探测法、电化学气敏传感器检测法等。

比色法是根据 CO 气体是还原性气体，能与氧化物发生反应，因而使化合物颜色改变，通过颜色变化来测定气体的浓度，这种传感器的主要优点是没有电功耗。半导体 CO 传感器通过溶胶-凝胶法获得 SnO_2 基材料，在基材料中掺杂金属催化剂。目前国外有研究在 SnO_2 基材料中掺杂 Pt、Pd、Au 等，并发现当传感器工作在220℃时，在 SnO_2 中掺杂2%的 Pt 时，传感器对 CO 具有最大的敏感度。由于气敏传感器的交叉感应，使得 CO 传感器对很多气体如 H_2、CO_2、H_2O 等都有感应，但是采用上面的方法使得对其他气体的敏感度下降很多。

CO 电化学气敏传感器的敏感电极常用的金属材料电化学电极有 Pt、Au、W、Ag、Ir、Cu 等过渡金属元素，这类元素具有空余的 d、f 电子轨道和多余的 d、f 电子，可在氧化还原的过程中提供电子空位或电子，也可以形成络合物，具有较强的催化能力。有一种新型的 CO 电化学式气敏传感器，即把多壁碳纳米管自组装到铂微电极上，制备多壁碳纳米管粉末微电极，以其为工作电极，Ag/AgCl 为参比电极，Pt 丝为对比电极，多孔聚四氟乙烯膜为透气膜，制成传感器，对 CO 具有显著的电化学催化效应，其响应时间短，重复性好。

利用 CO 气体近红外吸收机理，研究了一种光谱吸收型光纤 CO 气敏传感器，该仪器的检测灵敏度可达到 0.2×10^{-6}。另一种光学传感器是用溶胶-凝胶盐酸催化法和超

声制得 SiO_2 薄膜，将薄膜浸入氯化钯、氯化铜混合溶液，匀速提拉，干燥后制得敏感膜，利用钯盐与 CO 反应，生成钯单质，引起吸光度变化。

现知国外有研究采用超频率音响增强电镀铁酸盐的方法获得磁敏感膜，磁饱和度和矫顽磁力决定对气体的响应敏感度。当温度加热到 85℃时，得到最大响应，检测范围为（333～5000）$\times10^{-6}$。

(2) CO_2 传感器和最新敏感材料

目前人们已经研究开发出了红外线吸收法、电化学式、热传导式、电容式及固体电介质 CO_2 传感器及检测仪，其中红外线吸收法和 CO 基本相似。固体电解质 CO_2 气敏传感器是由 Gauthier 提出的。初期用 K_2CO_3 固体电解质制备的电位型 CO_2 传感器，受共存水蒸气影响很大，难以实用；后来有人利用稳定化锆酸盐 ZrO_2、MgO 设计一种 CO_2 敏感传感器。LaF_3 单晶与金属碳酸盐相结合制成的 CO_2 传感器具有良好的气敏特性，在此基础上有人提出利用稳定化锆酸盐/碳酸盐相结合成的传感器。

1990 年日本山添等人采用 NASICON（Na^+ 超导体）固体电解质和二元碳酸盐（$BaCO_3$、Na_2CO_3）电极，使传感器响应特性有了大的改进。但是，这类电位型的固态 CO_2 传感器需要在高温（400～600℃）下工作，且只适宜于检测低浓度 CO_2，应用范围受到限制。

现有采用聚丙烯腈（PAN）、二甲亚砜（DMSO）和高氯酸四丁基铵（TBAP）制备了一种新型固体聚合物电解质。以恰当用量配比的 PAN $(DMSO)_2$ $(TBAP)_2$ 聚合物电解质有高达 10^{-4}S/cm 的室温离子电导率和好的空间网状多孔结构，由其在金微电极上成膜构成的全固态电化学体系，在常温下对 CO_2 气体有良好的电流响应特性，消除了传统电化学传感器因电解液渗漏或干涸带来的弊端，又具有体积小、使用方便的独特优点。

电容式传感器是利用金属氧化物一般比其碳酸盐的介电常数要大的特点，利用电容的变化来检测 CO_2 的。报道采用溶胶-凝胶法，以乙酸钡和钛酸丁酯为原材料，乙醇和乙酸为溶剂制备了 $BaTiO_3$ 纳米晶材料。采用这种纳米晶材料为基体，制备电容式 CO_2 气敏传感器。

光纤 CO_2 传感器利用 CO_2 与水结合后，生成的碳酸酸性很弱，其酸性的检测多采用灵敏度较高的荧光法，如杨荣华等人研制的基于荧光猝灭原理的固定有叶琳的聚氯乙烯敏感膜，其原理是利用环糊精对叶琳的荧光增强效应，且该荧光能被溶液中二氧化碳猝灭。该膜响应速度快、重现性好、抗干扰能力强，测定了碳酸的范围，这对化学传感器来说是一个较好的性能指标。该方法克服了化学发光传感器消耗试剂的不足，不必连续不断地在反应区加送试剂。

(3) H_2 传感器和最新敏感材料

采用NO 直接氧化制备氮化氧化物作为绝缘层制备高性能 Si 基 MOS 肖特基二极管式气敏传感器，这种肖特基二极管式气敏传感器具有高的响应灵敏度和好的响应重复性，可以探测浓度约为10^{-6}的氢气。现在在特定的高温环境下，检测气体有采用碳化硅代替硅，利用 Pt 作为电极，利用 N_2O 氧化工艺制备金属-绝缘体-SiC 肖特基势垒二极管气敏传感器超薄栅介质，这种传感器能在高温下稳定工作。

将光纤传输、标准具透射、钯膜的氢吸附、吸收光谱定量分析等各种技术融合为一体，开发出了这种传感器。用一束单色光照射标准具，敏感材料钯吸附了 H_2，国外用 Pd/PVDF 膜制备了激光振幅可调的光学氢气传感器。该传感器的检测范围为 0.2%～100%。Sb_2O_3-$H_2OH_3PO_4$ 氢气会吸收单色光，分析吸收谱线可知氢气浓度。复合氧化物为固态电解质，利用混合压膜和蒸发的方法制作传感催化电极和参考电极，研制了室温全固态电解质氢气传感器。也有用质子交换膜为电解质，碳纸和铂黑分别为电极的扩散层和催化层，制作了恒电位式氢气传感器。通过在工作电极前面加设聚乙烯膜，增大氢气扩散阻力，可以将氢气氧化电流与氢气浓度之间的线性关系提高到氢气浓度。

半导体氢敏传感器是以金属钯（Pd）作为栅极，由 Pd-TiO_2/SiO_2-Si 构成场效应管。当钯栅场效应管吸收氢气时，将使半导体的导电电子比例发生变化，因而使氢敏元件的阻值也随着被测氢气的浓度变化而变化，这种钯极场效应管对氢气十分敏感，它具有吸附环境中氢气的功能，而对其他气体则表现惰性。这种氢敏场效应管的特点是选择性强、灵敏度高、响应速度快、稳定性好等。

为提高灵敏度，将 PtO-Pt 纳米粒子膜与 TiO_2、SnO_2 纳米粒子膜复合，使膜层结构得以优化，研制出具有双层结构复合膜的新型气敏传感器。实验结果表明，PtO-Pt 纳米粒膜的催化作用能显著提高 TiO_2 和 SnO_2 膜的氢敏性能，TiO_2/PtO-Pt 复合膜和 SnO_2/PtO-Pt 复合膜对空气中的氢气有很高的选择性。

（4）气敏传感器的应用

气敏传感器的应用主要有：一氧化碳气体的检测，瓦斯气体的检测，煤气的检测，氟利昂 R11、R12 的检测，呼气中乙醇的检测，人体口腔口臭的检测，等等。它将气体的种类及其与浓度有关的信息转换成电信号，根据这些电信号的强弱就可以获得与待测气体在环境中的存在情况有关的信息，从而可以进行检测、监控、报警，还可以通过接口电路与计算机组成自动检测、控制和报警系统。

3.11 电磁干扰

传感器的应用非常广泛，不论是在工业、农业、国防建设，还是在日常生活、教育事业以及科学研究等领域，处处可见传感器的身影。但在模拟传感器的设计和使用中，都有一个如何使其测量精度达到最高的问题。而众多的干扰一直影响着传感器的测量精度，如：现场大耗能设备多，特别是大功率感性负载的启停往往会使电网产生几百伏甚至几千伏的尖脉冲干扰；当工业电网欠压，常常达到额定电压的 35%左右，而过压时会超过额定电压，这种恶劣的供电有时长达几分钟、几小时，甚至几天；各种信号线绑扎在一起或走同一根多芯电缆，信号会受到电磁等的干扰，特别是信号线与交流动力线同走一个长的管道中干扰尤甚；多路开关或保持器性能不好，也会引起通道信号的窜扰；空间各种电磁场、气象条件、雷电甚至地磁场的变化也会干扰传感器的正常工作；此外，现场温度、湿度的变化可能引起电路参数发生变化，腐蚀性气体、酸碱盐的作用，野外的风沙、雨淋，甚至鼠咬虫蛀等都会影响传感器的可靠性。

传感器输出的一般都是小信号，都存在小信号放大、处理、整形以及抗干扰问题，也就是将传感器的微弱信号精确地放大到所需要的统一标准信号［如1～5V（DC）或4～20mA（DC）］，并达到所需要的技术指标。这就要求设计制作者必须注意到模拟传感器电路图上未表示出来的某些问题，即抗干扰问题。只有搞清楚模拟传感器的干扰源以及干扰作用方式，设计出消除干扰的电路或预防干扰的措施，才能达到应用模拟传感器的最佳状态。

3.11.1 干扰源、干扰种类及干扰现象

传感器及仪器仪表在现场运行所受到的干扰多种多样，具体情况具体分析，对不同的干扰采取不同的措施是抗干扰的原则。这种灵活机动的策略与普适性无疑是矛盾的，解决的办法是采用模块化的方法，除了基本构件外，针对不同的运行场合，仪器可装配不同的选件以有效地抗干扰、提高可靠性。在进一步讨论电路元件的选择、电路和系统应用之前，有必要分析影响模拟传感器精度的干扰源及干扰种类。

(1)主要干扰源

① 静电感应　静电感应是由于两条支电路或元件之间存在着寄生电容，使一条支路上的电荷通过寄生电容传送到另一条支路上去，因此又称电容性耦合。

② 电磁感应　当两个电路之间有互感存在时，一个电路中电流的变化就会通过磁场耦合到另一个电路，这一现象称为电磁感应。例如变压器及线圈的漏磁、通电平行导线等。这种情况下会产生电磁干扰。

③ 漏电流感应　由于电子线路内部的元件支架、接线柱、印制电路板、电容内部介质或外壳等绝缘不良，特别是传感器的应用环境湿度较大，绝缘体的绝缘电阻下降，导致漏电电流增加就会引起干扰。尤其当漏电流流入测量电路的输入级时，其影响就特别严重。

④ 射频干扰　主要是大型动力设备的启动、操作停止的干扰和高次谐波干扰。如可控硅整流系统的干扰等。

⑤ 其他干扰　现场安全生产监控系统除了易受以上干扰外，由于系统工作环境较差，还容易受到机械干扰、热干扰及化学干扰等。

(2)干扰的种类

① 常模干扰　常模干扰是指干扰信号的侵入在往返两条线上是一致的。常模干扰来源一般是周围较强的交变磁场，使仪器受周围交变磁场影响而产生交流电动势形成干扰，这种干扰较难除掉。

② 共模干扰　共模干扰是指干扰信号在两条线上各流过一部分，以地为公共回路，而信号电流只在往返两个线路中流过。共模干扰的来源一般是设备对地漏电、地电位差、线路本身具有对地干扰等。由于线路的不平衡状态，共模干扰会转换成常模干扰，就较难除掉了。

③ 长时干扰　长时干扰是指长期存在的干扰，此类干扰的特点是干扰电压长期存在且变化不大，用检测仪表很容易测出，如电源线或邻近动力线的电磁干扰都是连续的交流 50Hz 工频干扰。

④ 意外的瞬时干扰　意外瞬时干扰主要在电气设备操作时发生，如合闸或分闸等，有时也在伴随雷电发生或无线电设备工作瞬间产生。

干扰可粗略地分为 3 个方面：

a. 局部产生（即不需要的热电偶）；

b. 子系统内部的耦合（即地线的路径问题）；

c. 外部产生（BP 电源频率的干扰）。

(3) 干扰现象

在应用中，常会遇到以下几种主要的干扰现象：

① 发指令时，电机无规则地转动；

② 信号等于零时，数字显示表数值乱跳；

③ 传感器工作时，其输出值与实际参数所对应的信号值不吻合；

④ 在被测参数稳定的情况下，传感器输出的数值与被测参数所对应的信号数值的差值为一稳定或呈周期性变化的值；

⑤ 与交流伺服系统共用同一电源的设备（如显示器等）工作不正常。

干扰进入定位控制系统的渠道主要有两类：信号传输通道干扰，干扰通过与系统相联的信号输入通道、输出通道进入；供电系统干扰。信号传输通道是控制系统或驱动器接收反馈信号和发出控制信号的途径，因为脉冲波在传输线上会出现延时、畸变、衰减与通道干扰，所以在传输过程中，长线的干扰是主要因素。任何电源及输电线路都存在内阻，正是这些内阻才引起了电源的噪声干扰，如果没有内阻，无论何种噪声都会被电源短路吸收，线路中也不会建立起任何干扰电压；此外，交流伺服系统驱动器本身也是较强的干扰源，它可以通过电源对其他设备进行干扰。

3.11.2　抗干扰的措施

(1) 供电系统的抗干扰设计

对传感器、仪器仪表正常工作危害最严重的是电网尖峰脉冲干扰，产生尖峰干扰的用电设备有：电焊机、大电机、可控机、继电接触器、带镇流器的充气照明灯，甚至电烙铁等。尖峰干扰可用硬件、软件结合的办法来抑制。

① 用硬件线路抑制尖峰干扰影响的常用办法主要有三种：

a. 在仪器交流电源输入端串入按频谱均衡的原理设计的干扰控制器，将尖峰电压集中的能量分配到不同的频段上，从而减弱其破坏性；

b. 在仪器交流电源输入端加超级隔离变压器，利用铁磁共振原理抑制尖峰脉冲；

c. 在仪器交流电源的输入端并联压敏电阻，利用尖峰脉冲到来时电阻值减小以降低仪器从电源分得的电压，从而削弱干扰的影响。

② 利用软件方法抑制尖峰干扰。对于周期性干扰，可以采用编程进行时间滤波，也就是用程序控制可控硅导通瞬间不采样，从而有效地消除干扰。

③ 采用硬、软件结合的"看门狗"（watch dog）技术抑制尖峰脉冲的影响。软件：在定时器定时到之前，CPU 访问一次定时器，让定时器重新开始计时，正常程序运行，该定时器不会产生溢出脉冲，"看门狗"也就不会起作用。一旦尖峰干扰出现了"飞程序"，则 CPU 就不会在定时到之前访问定时器，因而定时信号就会出现，从而引起系统复位中断，保证智能仪器回到正常程序上来。

④ 实行电源分组供电，例如：将执行电机的驱动电源与控制电源分开，以防止设备间的干扰。

⑤ 采用噪声滤波器也可以有效地抑制交流伺服驱动器对其他设备的干扰。该措施对以上几种干扰现象都可以有效地抑制。

⑥ 采用隔离变压器。考虑到高频噪声通过变压器主要不是靠初、次级线圈的互感耦合，而是靠初、次级寄生电容耦合的，因此隔离变压器的初、次级之间均用屏蔽层隔离，减少其分布电容，以提高抵抗共模干扰能力。

⑦ 采用高抗干扰性能的电源，如利用频谱均衡法设计的高抗干扰电源。这种电源抵抗随机干扰非常有效，它能把高尖峰的扰动电压脉冲转换成低电压峰值（电压峰值小于 TTL 电平）的电压，但干扰脉冲的能量不变，从而可以提高传感器、仪器仪表的抗干扰能力。

（2）信号传输通道的抗干扰设计

① 光电耦合隔离措施　在长距离传输过程中，采用光电耦合器，可以将控制系统与输入通道、输出通道以及伺服驱动器的输入、输出通道之间切断电路的联系。如果在电路中不采用光电隔离，外部的尖峰干扰信号会进入系统或直接进入伺服驱动装置，产生第一种干扰现象。

光电耦合的主要优点是能有效地抑制尖峰脉冲及各种噪声干扰，使信号传输过程的信噪比大大提高。干扰噪声虽然有较大的电压幅度，但是能量很小，只能形成微弱电流，而光电耦合器输入部分的发光二极管是在电流状态下工作的，一般导通电流为 10～15mA，所以即使有很大幅度的干扰，这种干扰也会由于不能提供足够的电流而被抑制掉。

② 双绞屏蔽线长线传输　信号在传输过程中会受到电场、磁场和地阻抗等干扰因素的影响，采用接地屏蔽线可以减小电场的干扰。双绞线与同轴电缆相比，虽然频带较差，但波阻抗高，抗共模噪声能力强，能使各个小环节的电磁感应干扰相互抵消。另

外，在长距离传输过程中，一般采用差分信号传输，可提高抗干扰性能。局部产生误差的消除在低电平测量中，对于在信号路径中所用的（或构成的）材料必须给予严格的注意，在简单的电路中遇到的焊锡、导线以及接线柱等都可能产生实际的热电势。由于它们经常是成对出现，因此尽量使这些成对的热电偶保持在相同的温度下是很有效的措施，为此一般用热屏蔽、散热器沿等温线排列。

第 4 章 无损检测

4.1 无损检测概述

随着我国科学和工业技术的迅速发展，工业现代化进程日新月异，高温、高压、高速度和高负荷，无疑已成为现代化工业的重要标志。但它的实现是建立在材料（或构件）高质量的基础之上的，为确保这种优异的质量，还必须采用不破坏产品原来的形状、不改变使用性能的检测方法，对产品进行百分之百的检测（或抽检），以确保产品的安全可靠性，这种技术就是无损检测技术。

4.1.1 无损检测的定义

无损检测（non-destructive testing，简称 NDT）以不损害被检验对象的使用性能为前提，利用材料内部结构异常或缺陷存在所引起的对声、热、光、电、磁等反应的变化，探测各种工程材料、零部件、结构件等内部和表面缺陷，并对缺陷的类型、性质、数量、形状、位置、尺寸、分布及其变化作出判断和评价，还能提供组织分布、应力状态以及某些机械和物理量等信息。

无损检测常有三种简称：

① NDT：non-destructive testing（无损检测）；

② NDI：non-destructive inspection（无损检查）；

③ NDE：non-destructive evaluation（无损评价）。

4.1.2 无损检测的目的

无损检测的目的是定量掌握缺陷与强度的关系，评价构件的允许负荷、剩余寿命，检测设备（构件）在制造、使用过程中产生的缺陷情况，以便改变制造工艺、提高产品质量、及时发现故障，保证设备安全可靠地运行。下面主要从产品制造中的质量控制、在役检测、无损评价、产品的质量鉴定四个方面来阐述。

(1) 产品制造中的质量控制

按照全面质量管理的理念，产品质量的保证不仅是产品制造完成后的检验剔除，而且应该在产品制造前和制造过程中杜绝可能影响产品最终质量的各种因素，无损检测技术的应用恰好能够满足这一理念的要求。每一种产品均有其特定的使用性能要求，这些要求通常在该产品的技术文件中规定，并以一定的技术质量指标反映，例如技术条件、技术规范、验收标准等。无损检测技术应用的目的之一是根据验收标准将材料、产品的质量水平控制在适合使用性能要求的范围内。

对非连续加工（多工序生产）或连续加工（自动化生产流水线）的原材料、半成品、成品及其构件采用无损检测技术实施百分之百检查（实时工序质量控制），及时检出原材料和加工过程中出现的各种缺陷并据此加以控制，即控制材料的冶金质量与产品生产工艺质量。监控诸如产生缺陷的情况、材料的显微组织状态变化、产品表面涂镀层厚度及质量等，防止不符合质量要求的原材料、半成品流入下道工序，避免产品成品的不合格所导致的工时、人力、原材料及能源的浪费。此外，还能把通过无损检测了解到的质量信息反馈给设计与工艺部门，促使进一步改进设计与制造工艺，即避免出现最终产品的“质量不足”，起到减少废品和返修品的作用，从而降低制造成本、提高生产效率。

某锻造厂生产一种 45 钢（一种中碳钢）制的球面管嘴模锻件，对成品锻件进行磁粉检测时发现存在严重的锻造折叠（图 4-1），折叠缺陷的出现率达到 30%～40%，缺陷的最大深度已接近甚至超过设计的壁厚加工余量而导致锻件报废，或者因需要返修而成为次品。根据磁粉检测结果的反馈，设计部门改进了模具设计，工艺部门改进了模锻前的毛料荒形和模锻时摆放毛料的方式，使折叠缺陷的出现率下降到 0%，杜绝了因为折叠缺陷造成的废品和返修品，从而大大节约了原材料和降低了能源消耗，节省了返修工时，明显提高了生产效率。

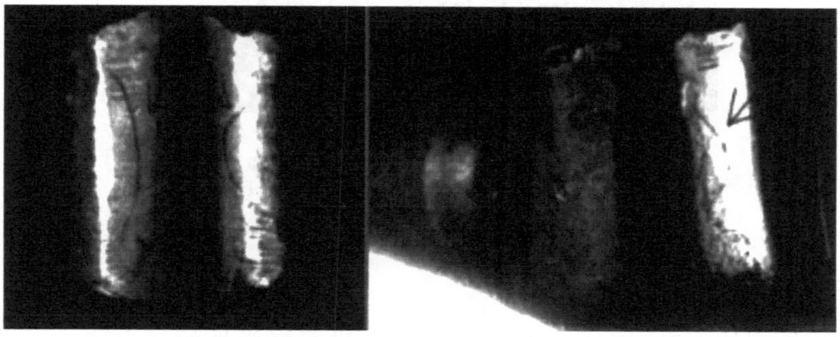

图 4-1　45 钢制三通接头模锻件上的折叠，黑磁粉检测的磁痕显示

某厂用电弧炉冶炼牌号为 5CrNiMo 的热作模具钢浇铸成钢锭，再经过开坯锻造制成模具毛坯，在投入制模机械加工之前采用超声波检测，发现高达 48%存在白点缺陷（图 4-2）从而导致毛坯报废。根据超声检测结果的反馈，工艺部门改进了冶炼原材料的质量控制，增加了炉料烘烤工艺以去除湿气，并且在钢锭开坯锻造制成模具毛坯后立即进行红装等温退火处理等，经过一系列的工艺改进，完全杜绝了白点的产生，大大提高了钢材的收得率，降低了冶炼与锻造的能源消耗并明显提高了生产效率。

某锻造厂生产的飞机用铝合金托板螺帽本应该用 LD5（5 号锻铝）锻造，一批成品入库数量应该是 280000 件，入库时发现为 28003 件，说明有可能混入了其他材料（俗称“混料”），用涡流电导率检测方法查出混入了 3 件 LD10（10 号锻铝），消除了以后使用中有可能因为材料强度不同而出现的安全隐患。另外，根据验收标准实施无损检测，将材料、产品的质量水平控制在适合使用性能要求的范围内，可以避免无限度地提高质量要求而造成“质量过剩”。

还可以利用无损检测技术确定缺陷所处的准确位置，在不影响设计性能的前提下使用某些存在缺陷的材料或半成品，例如确认缺陷位置处于毛坯机械加工余量之内，或者允许通过局部修磨去除缺陷、允许挖除缺陷后堆焊修补，又或者可以调整加工工艺使缺陷位于将要加工去除的部位等，从而可以提高材料的利用率，获得良好的经济效益。

因此，无损检测技术在降低生产制造费用、提高材料利用率、提高生产效率，使产品同时满足使用性能要求（质量水平）和经济效益的需求两方面都起着重要的作用。

横向低倍×1

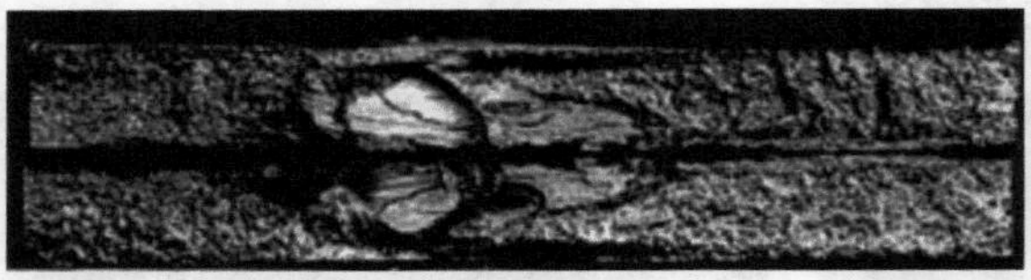

纵向断口×1

图 4-2　5CrNiMo 模具钢锻坯中的白点

（横向宏观表现为辐射状发裂，纵向断口为银白色椭圆斑点）

(2) 在役检测

使用无损检测技术对正在运行中的设备构件进行经常性的或定期、不定期的检查，或者实时监控，统称为在役检测，目的是为了能够尽早发现和确认危害设备继续安全运行及使用的隐患并及时予以清除，以防止事故的发生。

在役无损检测主要是检测疲劳裂纹、应力腐蚀裂纹和应力腐蚀疲劳裂纹及腐蚀损伤，或者产品中原有的微小缺陷在使用过程中扩展成为危险性缺陷等，也包括因为非正常使用而导致的过载断裂等，显然，这些缺陷是要经过一段使用时间后才会形成和发展的。例如，曾发生过的海上直升机桨毂因为应力腐蚀裂纹导致旋翼飞脱而使直升机栽入大海。对于使用中的重要的大型设备，如锅炉、压力容器、核反应堆、飞机、铁路车辆、铁轨、桥梁建筑、水坝、电力设备、输送管道、起重设备、电梯，甚至游乐场的旋转、飞行游戏设施等，必须预防因为产品失效而引起灾难性后果，亦即防患于未然，因此，定期进行在役无损检测更有着不可忽视的重要意义。

例如铁路机车、客货车的车轴，以一定的运行时间或公里数作为一个检修周期，铁路路轨以一定的运行时间作为一个检修周期，锅炉压力容器则根据投入运行后的时间定期检测，又如飞机和航空发动机以一定的飞行小时数（工作时间）或起落次数作为确定检修周期的依据，等等。

图 4-3～图 4-11 是一些实例照片。图 4-3 所示的是应力腐蚀裂纹，由于裂纹扩展而导致运行中的轮缘突然断裂脱落，随之使汽轮发电机组突然发生爆炸燃烧，造成严重经济损失。

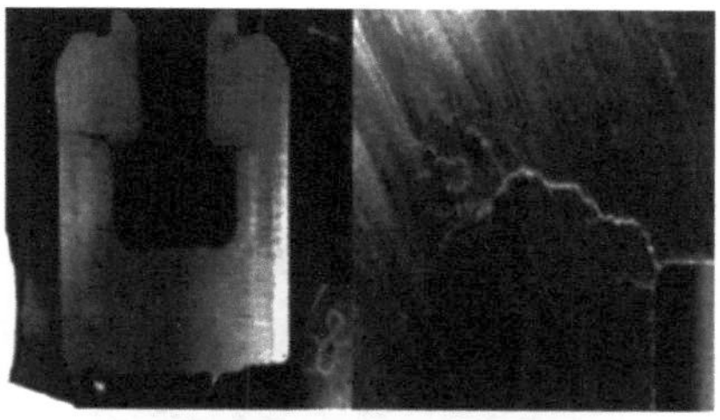

图 4-3　某热电厂汽轮机叶轮轮缘应力腐蚀裂纹解剖显示

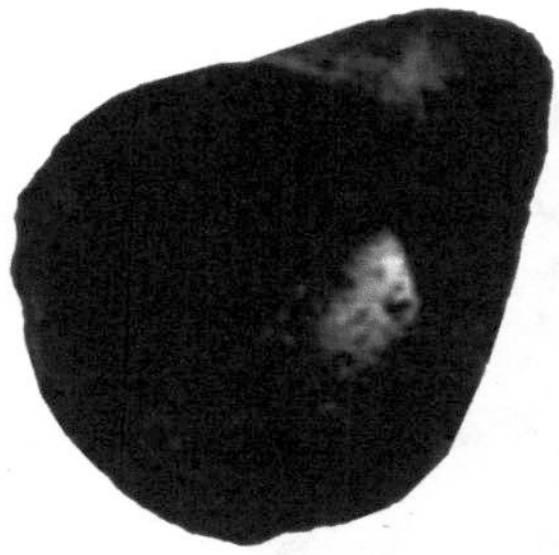

使多处产生麻坑的氢腐蚀

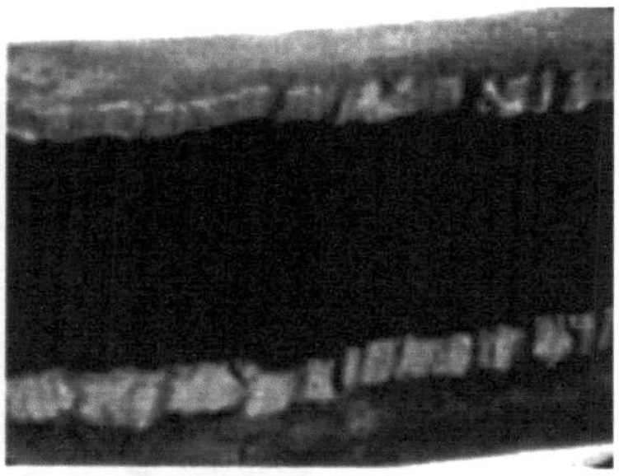

停炉处理不当产生的腐蚀坑

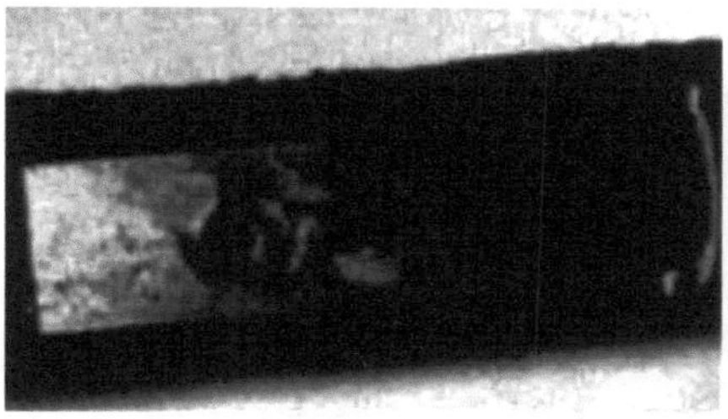

垢下腐蚀坑

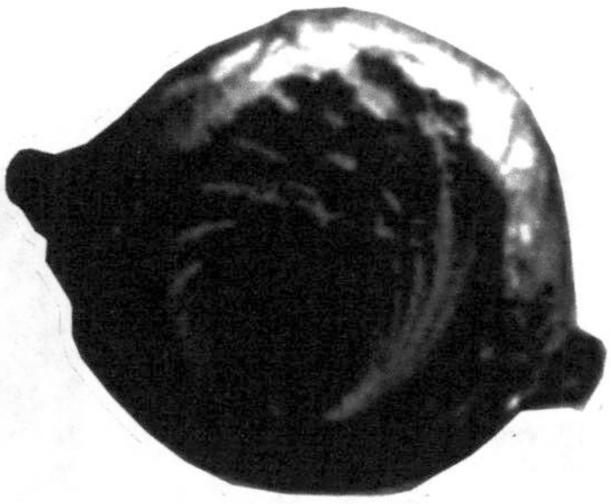

内螺旋管壁腐蚀坑

图 4-4　锅炉管道内壁腐蚀

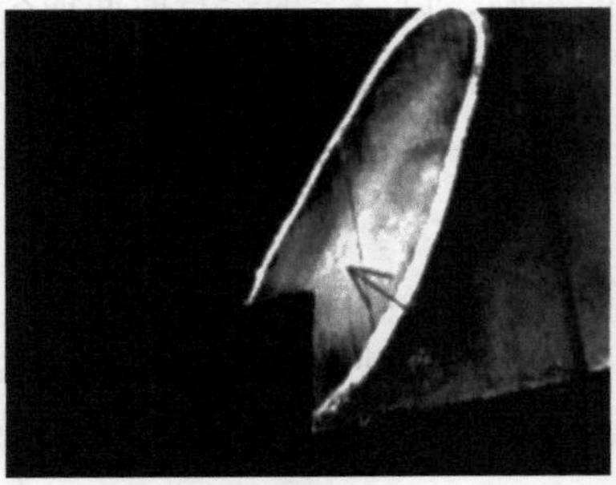

图 4-5　16t·m 无砧座模锻锤锤头燕尾槽根部的循环冲击疲劳裂纹外观照片

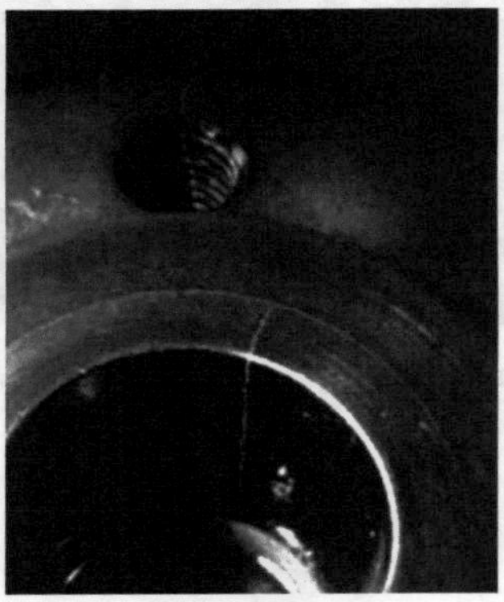

图 4-6　冲模上的冲击疲劳裂纹荧光磁粉探伤磁痕显示

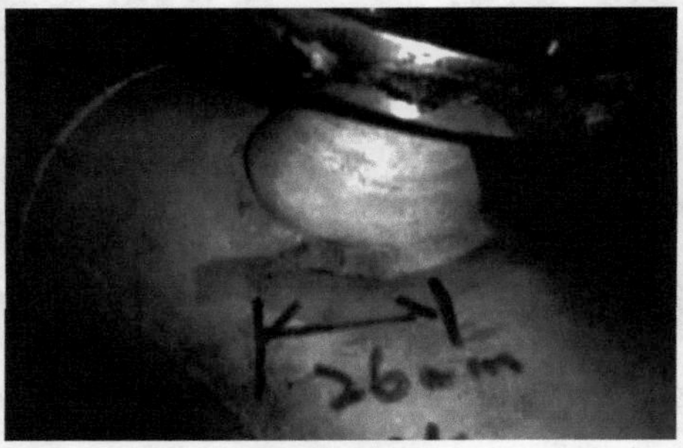

图 4-7　在役管道管座焊缝焊趾裂纹着色渗透检测显示

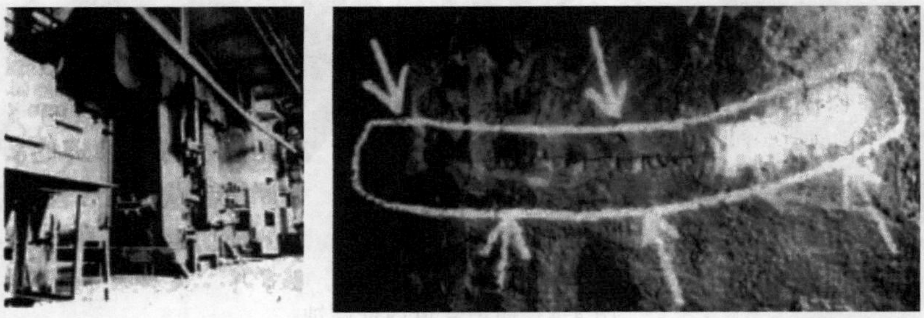

图 4-8　1000t 双盘摩擦压力机左立柱中部原工艺焊接口处因振动疲劳造成焊缝开裂

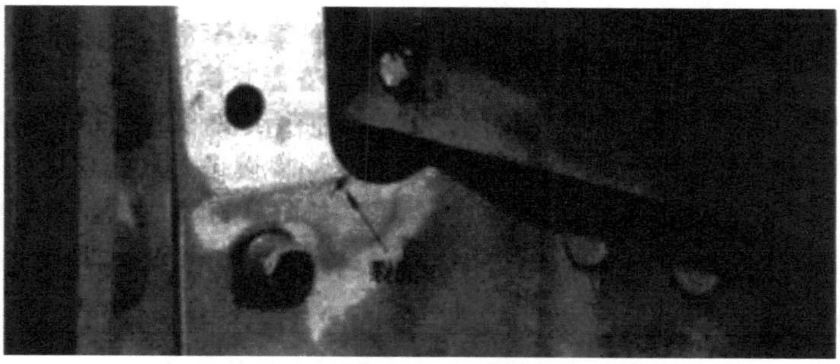

图 4-9　某民航客机隔框疲劳裂纹（着色渗透检测显示）

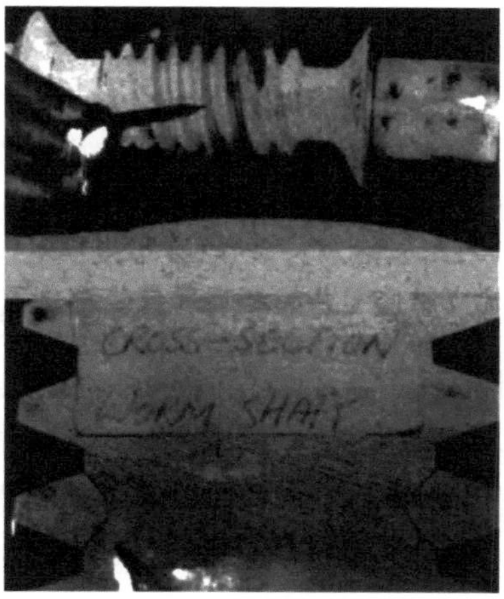

图 4-10　蜗杆齿根疲劳裂纹着色渗透检测显示

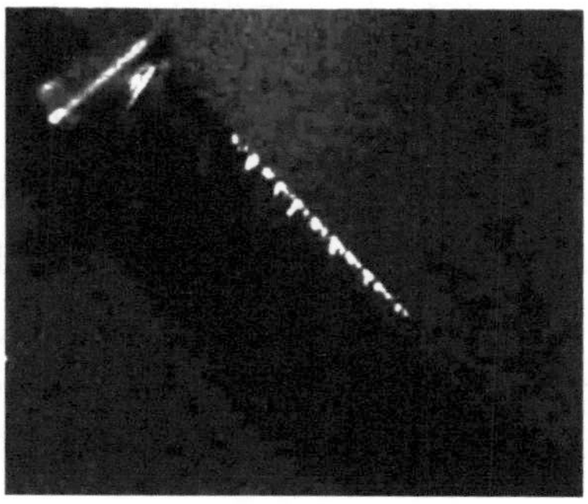

图 4-11　航空涡轮发动机叶片进气边蚀损裂纹荧光渗透检测显示

(3) 无损评价

现代无损检测技术已经从单纯的检测技术阶段发展到无损评价技术（non-destuctive evaluation，NDE）阶段，它不仅包含了无损检查与测试，还涉及材料物理性质的研究、产品设计与制造工艺方案的确定、产品与设备构件的质量评估，以及在役使用中的应力分析和安全使用寿命评估等，它与以断裂力学理论为基础的损伤容限设计概念有着紧密的联系，特别是定期或不定期在役无损检测已经不仅是要求尽早发现和确认危害设备安全运行的隐患，以便能够及时予以清除。从经济意义上来说，当今对于无损检测技术还要求在发现早期缺陷（例如初始疲劳裂纹）后，通过无损检测技术定期或实时（连续）监视其发展，对所探测到的缺陷除了要确定其类型、尺寸、位置、形状与取向等以外，还要根据断裂力学理论和损伤容限设计、耐久性设计等对设备构件的现存状态、能否继续使用、可继续安全使用的极限寿命（或者说“剩余寿命”）做出评估和判断。

例如，某液化气公司的一个大型液化气储罐在使用周期检查中用超声检测发现一处焊缝有裂纹，虽然尚未裂穿，暂时没有泄漏而不会引发爆炸，但是按常规就必须立即放空（将罐中的液化气全部排放到大气中），然后才能进行打磨、焊接返修。然而，这不但会造成环境污染，也带来了很大的经济损失。采用精确的超声定量检测后，根据断裂力学评价方法确定其还有多长的安全寿命，就可以先停止其他无缺陷储罐的液化气销售而集中销售该储罐的液化气，在安全寿命期限内把该储罐的液化气销售完，然后再开始返修，从而避免了环境污染和经济损失。

综上所述，无损检测技术在生产设计、制造工艺、质量鉴定以及经济效益、工作效率的提高等方面都显示了极其重要的作用。所以无损检测技术已越来越被有远见的企业领导人和工程技术人员认识和接受。无损检测的基本理论、检测方法和对检测结果的分析，特别是对一些典型应用实例的剖析，也就成为工程技术人员的必备知识。值得说明的是，无损检测技术并非“成型技术”，对产品所期待的使用性能或质量只能在产品制造中达到，而不可能单纯靠产品检验来完成。

(4)产品的质量鉴定

已制成的产品（包括材料、零部件等）在投入使用或做进一步加工、组装之前，应用无损检测技术进行最终检验，确定其是否达到设计性能要求、能否安全使用，亦即判别其是否合格（符合产品技术条件、验收标准的要求），以免给以后的使用造成隐患，此即质量鉴定的意义。例如，某锻造厂使用牌号为5CrNiMo的热作模具钢制成三吨模锻锤用整体模具，在3t模锻锤上锻制铝合金锻件，仅生产了数十件锻件，模具即开裂报废，飞出的模具碎块还差点酿成人身伤害事故，按该模具的正常设计寿命应能至少生产5万件。经过金相分析判断，发现原因是该模具存在严重的过热粗晶，而该模具成品未经超声波检测就投入使用了。

又如某中外合资汽车制造厂从国外进口的汽车发动机曲轴，在装配前，工人发现曲轴轴颈部位存在若干肉眼可见的“白斑”（如芝麻般大小），经涡流检测确认属于曲轴轴颈表面的氮化层剥落，于是剔除了具有这种缺陷的曲轴，从而避免了装配后因轴颈快速磨损甚至卡死造成的发动机事故，保障了汽车的安全使用，而且该厂通过索赔挽回了可能造成的经济损失。

又如某锻造厂从国外进口一批ϕ230mm的WNr2713热作模具钢轧棒，未经超声波检测验收即投入锻造加工，结果出现大约56%的锻件开裂报废，后来经过超声检测和解剖鉴定，确认其原因是该批轧棒中存在严重的白点缺陷（图4-12），但是由于已经过了索赔期，该厂遭受了很大的经济损失。

涡轮喷气发动机锻造叶片出现锻造裂纹、锻造的传动齿轮含有夹渣（原材料缺陷）、涡轮喷气发动机涡轮盘存在锻造折叠缺陷等造成航空发动机试车及飞行过程中发生损坏事故，机械设备中的零部件质量低劣而在后续使用中早期破损导致重大经济损失甚至酿成灾难性事故等的案例和教训是很多的，而许多部门由于对无损检测技术不了解、甚至完全没有概念，以至于要等吃了大亏才想起寻求无损检测技术帮助的例子就更多了，这里不予赘述。

因此，产品使用前的质量鉴定验收是非常必要的，特别是那些将要在高应力、高温、高循环载荷等复杂条件下工作或者要在有腐蚀性等的恶劣环境中工作的零部件或构

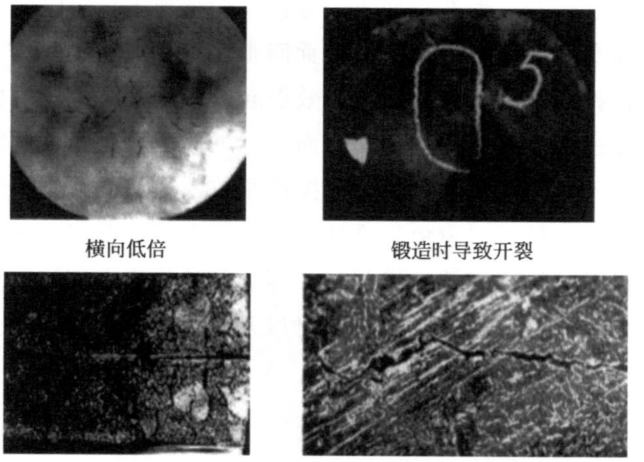

横向低倍　　锻造时导致开裂

纵向断口　　高倍500×,穿晶裂纹,周围无氧化物及脱碳等现象

图 4-12　国外 ϕ230mm WNr2713 热作模具钢轧棒中的白点

件，仅靠一般的外观检查、尺寸检查、破坏性抽检来判断其质量是远远不够的，在这方面，无损检测技术表现出了能够百分之百地全面检查材料内外部质量的无比优越性。

4.1.3　无损检测的主要内容

随着现代工业和科学技术的发展，无损检测技术从单纯的质量检验发展成为一门多用途的综合技术。无损检测的主要内容包括以下三个方面。

① 无损探伤发现材料或工件中的缺陷，确定缺陷的位置、数量、大小、形状及性质。以便对设备的安全运行、产品的质量做出评价，同时，为产品设计、制订（修订）工艺提供依据。

② 测试包括测定材料的机械物理性能，例如：裂纹扩展速率、机械强度、硬度、电导率等；检查产品的性质和状态，例如热处理状态、应力应变特性、硬化层深度；产品的几何度量，例如产品的几何尺寸、涂层、镀层、板厚等的测量。

③ 监控对正在运行中的重要部件进行动态检测，把部件缺陷的变化连续地提供给检测者。

4.1.4　无损检测的主要特点

无损检测的主要特点是不会对构件造成任何损伤。无损检测是在不破坏构件的条件下，利用材料的物理性质因有缺陷发生变化的现象，来判断构件内部和表面是否存在缺陷，而不会对材料、工件和设备造成任何损伤，为找缺陷提供了一种有效方法。任何结构、部件或设备在加工或使用过程中，由于其内外部各种因素的影响，不可避免地会产生缺陷。操作使用人员不仅要知道是否有缺陷，还要查找缺陷的位置、大小及其危害程度，并要对缺陷的发展进行预测和预报。无损检测为此提供了一种有效的方法，能够对产品质量实现监控。产品在加工或成型过程中，保证产品质量及其可靠性是提高效率的关键。无损检测能够在铸造、锻造、冲压、焊接、切削加工等每道工序中，检查该工件是否符合要求，可避免徒劳无益的加工，从而降低生产成本，提高产品质量和可靠性，实现对产品质量的监控，能够防止因产品失效引起的灾难性后果。机械零部件、装置或系统，在制造或服役过程中丧失其规定功能而不能工作，或不能继续完成其预定功能称为失效。失效是一种不可接受的故障。用无损检测技术提前或及时检测出失效部位和原因，并采取有效的措施，就可以避免灾难性事故的发生，具有广泛的应用范围。无损检测技术适用于各种设备、压力容器、机械零件等缺陷的检测，例如金属材料、非金属材料、铸件、锻件、焊接件、板材、棒材、管材以及多种产品内部与表面的缺陷的检测。因此无损检测技术受到工业界的普遍重视。

4.1.5 无损检测技术的发展

20 世纪 70 年代至 90 年代是国际无损检测技术发展的兴旺时期，其特点是微机技术不断向无损检测领域移植和渗透，无损检测本身的新方法和新技术不断出现，而使得无损检测仪器的改进得到很大提高。金属陶瓷管的小型轻量 X 射线机、X 射线工业电视和图像增强与处理装置、安全可靠的 γ 射线装置和微波直线加速器、回旋加速器等分别出现和应用。X 射线、γ 射线和中子射线的计算机辅助层析摄影技术（CT 技术）在工业无损检测中已经得到应用。超声检测中的 A 扫描、B 扫描、C 扫描和超声全息成像装置、超声显微镜、具有多种信息处理和显示功能的多通道声发射检测系统，以及采用自适应网络对缺陷波进行识别和分类，采用模/数转换技术将波形数字化，以便存储和处理的微机化超声检测仪均已开始应用。用于高速自动化检测的漏磁和录磁探伤装置及多频多参量涡流测试仪，以及各类高速、高温检测、高精度和远距离检测等技术和设备都获得了迅速的发展。微型计算机在数据和图像处理、过程的自动化控制两个方面得到了广泛的应用，从而使某些项目达到了在线和实时检测的水平。复合材料、胶接结构、陶瓷材料以及记忆合金等功能材料的出现，为无损检测提出了新的检测课题，还需研究新的无损检测仪器和方法，以满足对这些材料进行无损检测的需要。

复合材料、胶接结构、陶瓷材料以及记忆合金等功能材料的出现，为无损检测提出了新的检测课题，还需研究新的无损检测仪器和方法，以满足对这些材料进行无损检测的需要。

长期以来，无损检测有 3 个阶段，即 NDI（non-destructive inspection）、NDT（non-destructive testing）和 NDE（non-destructive evaluation）。目前一般统称为无损检测（NDT）。20 世纪后半叶无损检测技术得到了迅速的发展，从无损检测的三个简称及其工作内容（详见表 4-1）中，便可清楚地了解其发展过程。实际上国外工业发达国家的无损检测技术已逐步从 NDI 和 NDT 阶段向 NDE 阶段过渡，即用无损评价来代替无损探伤和无损检测。在无损评价（NDE）阶段，自动无损评价（ANDE）和定量无损评价（QNDE）是该发展阶段的两个组成部分。它们都以自动检测工艺为基础，非常注意对客观（或人为）影响因素的排除和解释。前者多用于大批量、同规格产品的生产、加工和在役检测，而后者多出现在关键零部件的检测。

我国无损检测技术随着现代化工业水平的提高，已取得了很大的进步，已建立和发展了一支训练有素、技术精湛的无损检测队伍，已形成了一个包括中等专业教育、大学专科、大学本科（或无损检测专业方向）和无损检测硕士生、博士生培养方向等门类齐全的教育体系。可以乐观地说，今后我国无损检测行业将是一个人才济济的新天地。很多工业部门，近年来亦大力加强了无损检测技术的应用推广工作。

与此同时，我国已有一批生产无损检测仪器设备的专业厂家，主要生产常规无损检测技术所需的仪器、设备。虽然，我国的无损检测技术和仪器设备的水平，从总体上讲仍落后于发达国家15～20年，但一些专门仪器设备（如X射线探伤仪、多频涡流仪、超声波探伤仪等）都逐渐采用电脑控制，并能自动进行信号处理，这就大大提高了我国的无损检测技术水平，有效地缩短了我国无损检测技术水平与发达国家的差距。

表 4-1　无损检测的发展阶段及其基本工作内容简介

项目	第一阶段	第二阶段	第三阶段
简称	NDI 阶段	NDT 阶段	NDE 阶段
汉语名称	无损探伤	无损检测	无损评价
英文名称	non-destructive inspection	non-destructive testing	non-destructive evaluation
基本工作内容	主要用于产品的最终检验。在不破坏产品的前提下，发现零部件中的缺陷（含人眼观察、耳听诊断等），以满足工程设计中对零部件强度设计的需要	不但要进行最终产品的检验，还要测量过程工艺参数，特别是测量在加工过程中所需要的各种工艺参数。诸如温度、压力、密度、黏度、浓度、成分、液位、流量、压力水平、残余应力、组织结构、晶粒大小等	不但要进行最终产品的检验以及过程工艺参数的测量，而且当认为材料中不存在致命的裂纹或大的缺陷时，还要：①从整体上评价材料中缺陷的分散程度；②在 NDE 的信息与材料的结构性能如强度、韧性之间建立联系；③对决定材料的性质、动态响应和服役性能指标的实测值（如断裂韧性、高温持久强度）等因素进行分析和评价

无损检测技术的发展，首先得益于电子技术、计算机科学、材料科学等基础学科的发展，才不断产生了新的无损检测方法。同时，也由于该技术广泛采用在产品设计、加工制造、成品检验以及在役检测等阶段，并都发挥了重要作用，因而越来越受到人们的重视和有效的经济投入。从某种意义上讲，无损检测技术的发展水平，是一个国家工业化水平高低的重要标志，也是在现代企业中开展全面质量管理工作的一个重要标志。有资料认为，目前世界上无损检测技术最先进者当属美国，而德国、日本是将无损检测技术与工业化实际应用协调得最为有效的国家。

4.1.6　无损检测方法及选用

（1）常用无损检测方法

无损检测技术是应用物理、电子技术与材料学等各门学科相互渗透和结合的产物。随着无损检测技术应用的日益广泛和伴随着其他基础科学的综合应用，已发展出了几十种无损检测方法。表4-2所示为常用无损检测方法的适用范围、优点与局限性。

这些方法中较为成熟并在工程技术中得到广泛应用的检测方法有：射线、超声、涡流、磁粉、渗透五种常规检测方法。此外，激光全息照相、声发射、微波、红外等无损检测技术已得到日益广泛的应用。

表 4-2 常用的无损检测方法的适用范围、优点与局限性

方法	用途	优点	局限性
超声检测	检测锻件裂纹、分层、夹杂，焊缝中的裂纹、气孔、夹渣、未熔合、未焊透；型材的裂纹、分层、夹杂、折叠；铸件中的缩孔、气泡、热裂、冷裂、疏松、夹渣等缺陷及测厚	对平面型缺陷十分敏感，一经探伤便知结果；设备易于携带	为耦合传感器，要求被检测表面光滑；难以探测出细小裂纹；要有参考标准，要求检测人员有较高的素质，不适用于形状复杂或表面粗糙的工件
声发射检测	检测构件的动态裂纹、裂纹萌生及裂纹生长等	实时连续监控，探测可以遥控，装置轻便	传感器与试件耦合应良好，试件必须处于应力状态，噪声不得进入探测系统。设备贵、人员素质要求高
噪声检测	检测设备内部结构的磨损、撞击、疲劳等缺陷，寻找噪声源	仪器轻便，检测分析速度快，可靠性高	外界干扰大
激光检测	检测：微小变形、夹板蜂窝结构的胶接质量、充气轮胎缺陷、测量裂纹等	检测灵敏度高，面积大，不受材料限制，结果便于保存	仅适用于近表面缺陷检测
微波检测	检测复合材料、非金属制品、火箭壳体、航空部件、轮胎等。测量厚度、密度、湿度等	灵敏度高，绝缘好，抗腐蚀，不受电磁干扰	不能检测金属材料内部缺陷，一般不适用于检测小于 1mm 的缺陷，空间分辨率较低
光纤检测	检测锅炉、泵体、铸件、炮筒、压力容器、火箭壳体、管道内表面的缺陷及焊缝质量和疲劳裂纹等	灵敏度高，绝缘好，抗腐蚀，不受电磁干扰	仪器成本较高，不能检测结构内部缺陷
涡流检测	检测导电材料表面或接近表面的裂纹、夹杂、折叠、凹坑、疏松等缺陷，能确定缺陷的位置和相对尺寸	经济、简便，可自动对准工件探伤，不需耦合	仅限于导电材料，穿透浅，要有参考标准，难以判断缺陷种类，不适用于非导电材料
X 射线检测	检测焊缝中未焊透、气孔、夹渣，铸件中缩孔、疏松、热裂等，并能确认缺陷的位置、大小及种类	功率可调，照相质量比γ射线高，可永久记录	仪器成本较高，不易携带，有放射危险，要素质高的操作人员，较难发现焊缝裂纹和未熔合缺陷，不适用于锻件和型材
γ射线检测	检测焊接不连续（包括裂纹、气孔、未熔合、未焊透及夹渣）以及腐蚀和装配缺陷。最易检查厚壁体积型缺陷	获得永久记录。γ源可以定位在诸如钢管和压力容器之类的物体内	不安全，要保护被照射的设备。要控制检验源的曝光能级和剂量，对易损耗的辐射源必须定期更换，γ源输出能量（波长）不能调节，成本高，要有素质高的操作和评价人员

续表

方法	用途	优点	局限性
磁粉检测	检测铁磁性材料和工件表面或近表面的裂纹、折叠、夹层、夹渣等，并能确定缺陷的位置、大小和形状	简单、操作方便、速度快、灵敏度高	限于磁性材料，探伤前必须清洁工件，涂层太厚会引起假显示，某些应用要求探伤后要退磁，难以确定缺陷深度
渗透检测	能检测金属和非金属材料的裂纹、折叠、疏松、针孔等表面开口缺陷，并能确定缺陷的位置、大小、形状	对所有材料都适用，投资相对较少，探伤简便，结果易解释	涂料、污垢及涂覆金属等表面层会掩盖缺陷，孔隙表面的漏洞也能引起假显示，探伤前后必须清洁工件，难以确定缺陷的深度，不适于疏松多孔材料
目视检测	检测表面缺陷、焊接外观和尺寸	经济、方便、设备少	只能检查外部(表面)损伤，要求检验员视力好
工业 CT 检测	缺陷检测、尺寸测量、装配结构分析、密度分布表征	能给出检测试件断层扫描图像和空间位置、尺寸、形状，成像直观，分辨率高，不受试件几何结构限制	仪器成本高

(2)无损检测方法的选用

由于被检测对象非常复杂，不同的材料、不同的加工方法在构件中形成的缺陷也不同，同时无损检测的方法种类多，所以选择无损检测方法、设计无损检测方案是无损检测工作中的重要环节。只有选择了正确的方法，才能进行有效的无损检测。因此，必须在掌握各种无损检测方法的特点、适用范围及它们之间的相互关系之后，在综合分析、评价的基础上，对具体的检测对象选择恰当的无损检测方法及检测方案。

一般，选择无损检测方法首先必须搞清楚选择无损检测的原因。主要考虑：①检测什么？②检测对象工件的材质、成型方法、加工过程、使用经历、缺陷的可能类型、部位、大小、方向、形状等。③选择哪种方法能达到目的？应用无损检测的原因确定后，选择无损检测方法要考虑的主要因素是：缺陷的类型、缺陷在工件中的位置、工件的形状、大小材质。材料与加工工艺中的常见缺陷见表 4-3。

表 4-3　各种加工工艺和材料中常见的缺陷

材料与工艺		常见缺陷
加工工艺	铸造	疏松、裂纹、缩孔、气孔、冷隔、夹渣、夹砂
	锻造	疏松、白点、裂纹、偏析、夹杂、缩孔
	焊接	裂纹、夹渣、气孔、未熔合、未焊透
	热处理	开裂、变形、脱碳过烧、过热等
	冷加工	表面粗糙、深度缺陷层、组织转变、晶格扭曲等
金属型材	板材	裂纹、夹杂、皮下气孔、龟裂等
	管材	裂纹、折叠、夹杂翘皮、划痕
	棒材	裂纹、夹杂、皮下气孔、缩孔、折叠、皱纹等
	钢轨	裂纹、白核、黑核
非金属型材	橡胶	气泡、分层、裂纹等
	塑料	气孔、夹杂、分层、粘合不良等
	陶瓷	夹杂、气孔、裂纹等
	混凝土	空洞、裂纹等
维修检查		疲劳裂纹、应力腐蚀、摩擦腐蚀等
复合材料		未粘合、粘合不良、脱粘、树脂开裂、水溶胀、柔化等

就缺陷类型来说，通常可分为体积型和面积型两种。表 4-4 为不同的体积型缺陷及

其可采用的无损检测方法，表 4-5 为不同的面积型缺陷及其可采用的无损检测方法。一般来说，射线检测对体积型缺陷比较敏感，超声波检测对面积型缺陷比较敏感，磁粉检测只能用于铁磁性材料的检测，渗透检测则用于表面开口缺陷的检测，而涡流检测对开口或近表面缺陷、磁性和非磁性的导电材料都具有很好的适用性。就检测对象来说，尽管目前被检测对象中仍然以金属材料（或构件）为主，但无损检测技术在非金属材料中的应用越来越多。例如复合材料无损检测、陶瓷材料无损检测、钢筋混凝土构件的无损检测等亦已全面展开。当然合理地掌握无损检测的实施时间也十分重要，无损检测应该在对材料（或构件）的质量有影响的各工序之后进行，仅以焊缝的检测为例，在热处理前应视为对原材料和焊接质量的检查；而在热处理后则是对热处理工艺的检测。另外高合金钢焊缝有时会发生延迟裂纹，因此这种焊缝通常至少要在 24～78h 之后再进行无损检测。

表 4-4 不同的体积型缺陷及其可采用的无损检测方法

缺陷类型	可采用的检测方法
夹杂、夹渣、疏松	目测检测(表面)、渗透检测(表面)、磁粉检测(表面及近表面)、涡流检测(表面及近表面)
缩孔、气孔、腐蚀坑	微波检测、超声检测、射线检测、中子照相、红外检测、光全息检测

表 4-5 不同平面型缺陷可采用的无损检测方法

缺陷类型	可采用的检测方法
分层、黏结不良、折叠	目测检测、磁粉检测、涡流检测、超声检测
冷隔、裂纹、未熔合	微波检测、声发射检测、红外检测

不同的无损检测方法对构件材料的特征也有不同的要求，如表 4-6 所示。

表 4-6 不同检测方法对应的不同材质

方法	材质
渗透	缺陷必须延伸到表面，非多孔材料
磁粉	必须是磁性材料
涡流	必须是导电材料
微波	能透入微波
X 射线检测	与工件厚度、密度及化学成分有关
计算机层析成像	与工件厚度、密度及化学成分有关
中子照相	与工件厚度、密度及化学成分有关
全息干涉检测	表面光学性质
散斑干涉检测	表面光学性质

被检测构件的尺寸不同，适用的无损检测方法也不同。表 4-7 所示为不同厚度的构件可采用的无损检测方法。

表 4-7 不同工件厚度可采用的无损检测方法

被测工件厚度	方法
仅检测表面(与壁厚无关)	目测检测、渗透检测
最薄件(壁厚≤1mm)	磁粉检测、涡流检测
较薄件(壁厚≤3mm)	微波、光全息、声全息、声显微镜、红外检测
较厚件(壁厚≤50mm)	X 射线检测计算机层析成像检测
厚件(壁厚≤250mm)	中子射线检测、γ 射线检测
最厚件(壁厚≤10m)	超声检测

表 4-7 使用时应注意以下几点：

① 由于不同材料的构件物理性质不同，表中的壁厚是一个近似值；

② 除中子射线检测外，其他适合于厚壁检测的方法都适合于薄壁构件的检测；

③ 适合于薄壁检测的方法都适合于厚壁构件的表面或近表面缺陷的检测；

④ 当采用高能直线加速器作为射线源时，X 射线、计算机层析成像检测可检测壁厚数百毫米的构件。

4.2 涡流检测

4.2.1 涡流检测的基础知识

涡流检测技术的应用可追溯到 1879 年。当时，英国人休斯利用感生涡流的方法对不同的合金进行了判断实验。但是，在以后的很长一段时间内，涡流检测技术发展缓慢。20 世纪 50 年代初，德国的福斯特等人提出了利用阻抗分析方法来鉴别涡流实验中各个影响因素的新见解，为涡流检测技术的结果分析和设备研制提供了新的理论依据，涡流检测技术的发展得到了实质性的突破，步入实用化的阶段。

迄今为止，涡流仪器的发展经历了三代。第一代是模拟式机器，体积庞大、操作复杂、运行故障多、抗干扰能力差，而且模拟显示、读数不直观。第二代为数字式仪器，其基本原理是将模拟信号测量转化为数字信号测量，并以数字形式显示或打印最终结果。这种仪器具有测量精度高、响应速度快、读数直接准确的优点。随着微型计算机的广泛应用，20 世纪 70 年代后期出现了第三代仪器——智能仪器。这种仪器内部含有微处理器，具有数据采集、数据处理、显示记录、传输和测试过程自动控制等一系列功能，甚至还能辅助专家分析和进行决策。20 世纪 90 年代以来，计算机技术和电子技术的发展日新月异，使涡流检测技术又有了很快的进步，如计算机技术实现参数控制数据分析和图形处理等。

目前国内广泛使用的涡流探伤仪几乎都是利用差分式线圈进行检测，得到缺陷的阻抗平面图（即“8”字形图），然后用当量比较法进行人工识别，所以对检测员要求比较高，容易造成漏判和误判，影响检测质量。

当前，涡流检测技术的研究主要集中在以下几个方面：

(1) 多频涡流检测技术

多频涡流检测技术是 Libby（美）于 1970 年首先提出的。该方法采用几个频率同时工作，能成功地抑制多个干扰因素，提取有用信号。20 世纪 70 年代后期国外就已成功地应用这项技术进行核电站蒸汽发生器管段的在役检查。80 年代初，我国引进了多频涡流检测设备，并开展了自行设计研制的工作。目前，我国多频检测技术的研究与应用已基本达到国际同类水平。

(2) 远场涡流技术

远场涡流技术是一种能穿过金属管壁的低频涡流检测技术。当用一个激励线圈和一个距激励线圈约二倍管内径的较小的测量线圈同时放入被检管内时，测量线圈能有效地接受穿过管壁后返回管内的磁场，从而检测管子内壁的缺陷与腐蚀。该技术于 20 世纪 50 年代提出，但直到 80 年代中期才得到实际应用。我国对远场涡流技术的研究开始于 80 年代末。

（3）深层涡流技术

深层涡流技术实际上是低频涡流和多频涡流技术的综合。它是采用较低的工作频率来增大涡流渗透深度，用多个工作频率来抑制不要的信息而提取有用的检测信号，从而达到检测较深部位缺陷的目的。目前，航空部门已利用深层涡流技术来检测飞机结构中的内表面缺陷。

（4）磁光/涡流成像技术

磁光/涡流成像技术是近十年来出现的一种无损检测技术，可对表面及亚表面的疲劳裂纹和腐蚀探伤进行实时成像检测，具有快速准确、结果直观、便于采用录像或摄影等方式保存检测结果等特点。

涡流检测（eddy current testing，ET）是建立在电磁感应原理基础之上的一种无损检测方法。它适用于导电材料。当导体置于变化的磁场中或相对于磁场运动时，在导体中就有感应电流存在，即产生涡流。由于导体自身各种因素（如电导率、磁导率、形状、尺寸和缺陷等）的变化，会导致感应电流的变化，利用这种现象而判知导体性质及状态的检测方法叫作涡流检测方法，主要应用于金属材料和少数非金属材料（如石墨、碳纤维复合材料等）的无损检测。图 4-13 为金属试件中产生涡流的示意图。

图 4-14 所示为涡流在检测工件上流动的示意图。垂直于涡流流向的裂纹阻挡了涡流的流动，使工件上反射磁场随之发生变化，进而可以探测出检测线圈阻抗和电压；若裂纹走向和涡电流平行，缺陷不易被发现，因此一般涡流检测时必须从多个方向进行。

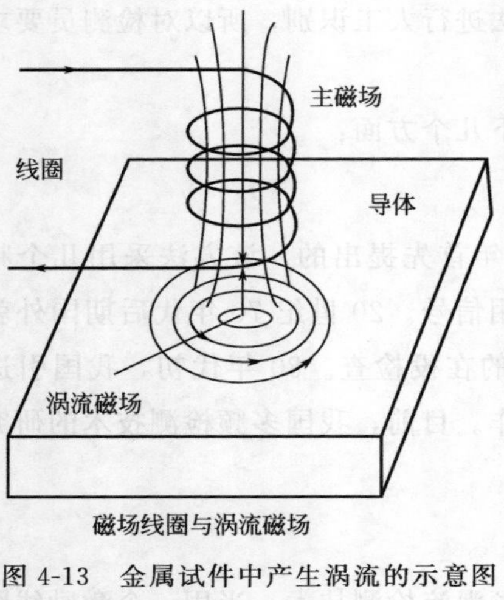

图 4-13　金属试件中产生涡流的示意图

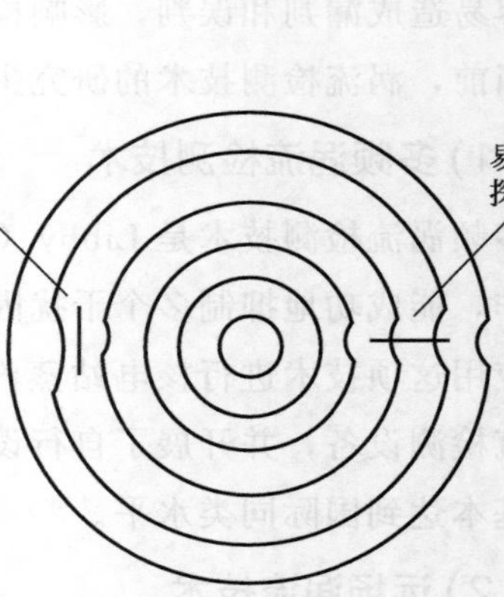

图 4-14　涡流流动示意图

4.2.2 涡流检测的特点

在工业生产中，涡流检测被广泛用于各种金属、非金属导电材料及其制件的成品、工艺和维修检验等各个质量控制环节。由于涡流因电磁感应而生，故而进行涡流检测时，检测线圈不必与被检材料或工件紧密接触，不需用耦合剂，检测过程也不影响被检材料或工件的使用性能。表 4-8 中列举的是影响感生涡流特性的几种主要因素以及常规涡流检测的主要用途。

表 4-8 影响感生涡流特性的几种主要因素以及常规涡流检测的主要用途

检测目的	影响涡流特性的因素	用途
探伤	缺陷的形状、尺寸和位置	导电的管、棒、线材及零部件的缺陷检测
材质分选	电导率	混料分选和非磁性材料电导率的测定
侧厚	检测距离和薄板厚度	覆膜和薄板厚度的测量
尺寸检测	工件的尺寸和形状	工件尺寸和形状的控制
物理量测量	工件与检测线圈之间的距离	轴向位移及运动轨迹的测量

与其他无损检测方法比较，涡流检测的主要特点有：

① 对导电材料表面和近表面缺陷的检测灵敏度较高。

② 应用范围广，对影响感生涡流特性的各种物理和工艺因素均能实施检测。

③ 在一定条件下，能反映有关裂纹深度的信息。

④ 不需用耦合剂，易于实现管、棒、线材高速、高效的自动化检测。

⑤ 可在高温、薄壁管、细线、零件内孔表面等其他检测方法不适用的场合实施检测。

虽然涡流检测有着上述诸多优点，但同时也存在一定的局限性，当需要对形状复杂的机械零部件进行全面检测时，涡流检测的效率则相对较低。此外，在工业探伤中，仅依靠涡流检测通常也难以区分缺陷的种类和形状。其局限性主要有以下几个方面。

① 涡流检测的对象必须是导电材料，且只适用于检测金属表面缺陷，不适用于检测金属材料深层的内部缺陷。

② 金属表面感应的涡流渗透深度随频率而异。激励频率高时金属表面涡流密度大，随着激励频率的降低，涡流渗透深度增加，但表面涡流密度下降。所以探伤深度与表面伤检测灵敏度相互矛盾。

③ 采用穿过式线圈进行涡流检测时，线圈获得的信息是管、棒或线材一段长度的圆周上影响因素的累积结果，对缺陷所处圆周上的具体位置无法判定。

④ 旋转探头式涡流检测方法可准确探出缺陷位置，灵敏度和分辨率也很高，但检测区域狭小，全面扫描检验速度较慢。

⑤ 涡流检测至今处于当量比较检测阶段，对缺陷做出准确的定性定量判断尚待开发。

尽管涡流检测存在一些不足之处，但其独特之处是其他无损检测方法无法取代的。因此，涡流检测在无损检测技术领域中具有重要的地位。

4.2.3 涡流检测的基本原理

在线圈中通以交变电流，就会产生交变磁场 H_p。若将试件（导体）放在线圈磁场附近，或放在线圈中（图 4-15），试件在线圈中产生的交变磁场作用下，就会在其表面感应出旋涡状的电流，称为涡流。

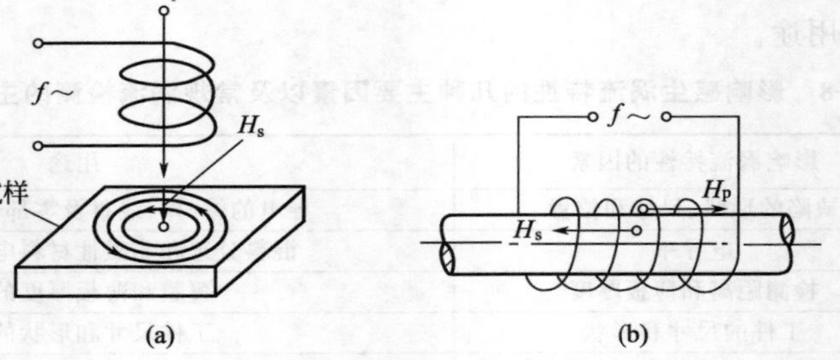

图 4-15 探测线圈与试件放置

a—探头线圈放置于试件上；b—试件放置于穿过式线圈内；

H_p—线圈在未放置试件时的初级磁场；H_s—试件中由涡流产生的次级磁场

涡流又产生一交变反磁场 H_s。根据楞次定律，H_s 的方向与原有激励磁场 H_p 的方向相反。H_p 和 H_s 两个交变磁场叠加形成一个合成磁场，使线圈内磁场发生了变化。因而流经线圈的电流 I 也跟着变化。如果加于线圈两端的电压 U 恒定，则

$$I=\frac{U}{Z} \tag{4-1}$$

式中 I——流过线圈的电流，A；

Z——线圈阻抗，Ω。

由公式（4-1）可知电流 I 随线圈阻抗 Z 而变化。而

$$Z=R+\mathrm{j}2\pi fL \tag{4-2}$$

式中 f——线圈中交变电流频率，Hz；

R——线圈直流电阻，Ω；

L——线圈电感，H。

如在线圈中没有放置试件，它在空气中的阻抗为 Z_0（在图 4-16 中以 P_0 点表示）：

$$Z_0=R_0+\mathrm{j}\omega L_0 \tag{4-3}$$

当线圈放置有试件时其阻抗为 Z_1，以 P_1 点表示：

$$Z_1=R_1+\mathrm{j}\omega L_1 \tag{4-4}$$

图 4-16 为试验线圈阻抗平面图。线圈阻抗由 P_0 点变至 P_1 点是和空载线圈的磁场 H_p 与涡流产生的反磁场 H_s 叠加之后的变化相一致的。磁场的改变导致了试验线圈阻抗改变，涡流磁场的大小与试件电导率 σ、试件直径 d、磁导率 μ 以及试件中的缺陷（裂纹或气孔等）有关。由此可见涡流磁场就直接反映出材料内部性能的信息，只要测量出线圈阻抗的变化也就可以测量出材料有关信息（如电导率、磁导率和缺陷等信息）。

但涡流检测线圈测出的阻抗变化是各种信息的综合。若需要测出材料内部某一特定信息（如裂纹），就必须依靠线圈的设计以及仪器的合理组成，抑制掉不需要的干扰信息，突出所需要检测的信息。一般是将探头线圈接收到的信号变成电信号输入到涡流仪中，进行不同的信号处理，在示波器或记录仪上显示出来，以表示材料中有无缺陷。如试件表面有裂纹会阻碍涡流流过或使它流过的途径发生扭曲，最终影响了涡流磁场。使用探测线圈便可把这些变化情况检测出来。

（1）趋肤效应和渗透深度

当激励线圈中通以交流电流时，在试件某一深度上流动的涡流会产生一个与原磁场反向的磁场，减少了原来的磁通，并导致更深层的涡流减少，所以涡流密度随着离表面距离的增加而减小，其变化取决于激励频率、试件的电导率和磁导率。在试件中感应出的涡流集中在靠近激励线圈的材料表面附近，这种现象叫**趋肤效应**。

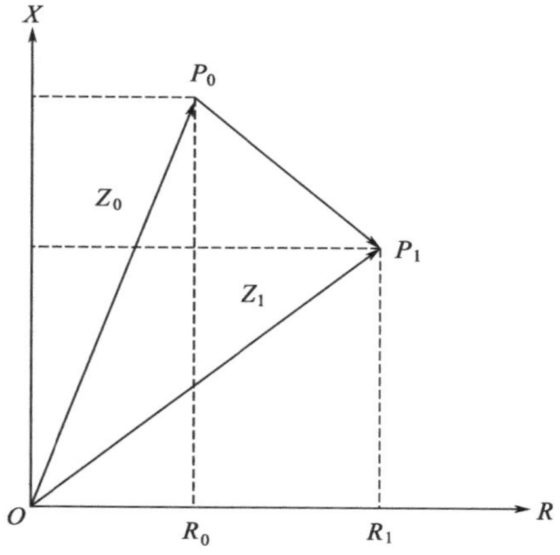

图 4-16　试验线圈阻抗图

P_0—试验线圈中未放入试件时的阻抗；

P_1—试验线圈中放有试件时的阻抗

在平面电磁波进入半无穷大金属导体的情况下，涡流的衰减公式如下：

$$J_x = J_0 e^{-x\sqrt{\pi f \mu \sigma}} \tag{4-5}$$

式中　J_x——离工件表面 x 深度（m）处工件中的涡流密度；

J_0——工件表面的涡流密度；

μ——磁导率，H/m，$\mu=\mu_0$（对于非磁性材料）或 $\mu=\mu_0\mu_r$（对于铁磁性材料），μ_0 为真空磁导率，μ_r 为相对磁导率；

f——测试线圈的电流频率，Hz；

σ——被检材料的电导率，S/m。

在涡流检测中，通常将涡流密度衰减为其表面密度的 1/e（36.8%）时对应的深度定义为**渗透深度**，用 δ 表示。由式（4-5）可知：

$$J_\delta / J_0 = e^{-\delta\sqrt{\pi f \mu \sigma}} = 1/e \tag{4-6}$$

则

$$\delta = \frac{1}{\sqrt{\pi f \mu \sigma}} \tag{4-7}$$

式中　δ——渗透深度，m。

由式（4-7）可见，f、μ 和 σ 越大，δ 则越小。渗透深度是反映涡流密度分布与被检材料的电导率、磁导率及激励频率之间基本关系的特征值。由式（4-7）可知，对于给定的材料，应根据检测深度的要求合理选择涡流检测频率。在涡流探伤中，若渗透深度 δ 太小，则只能检测浅表面缺陷。

由于被检工件表面以下 3δ 处的涡流密度仅约为其表面密度的 5%，因此通常将 3δ 作为实际涡流探伤能够达到的极限深度。涡流密度的不同表明在表层以下不同深度的缺陷将以不同的程度改变探头的阻抗，表层以下大缺陷产生的信号幅度有可能和表面小缺陷产生的相同，所以不能单凭信号幅度值的改变来判断缺陷的严重性。

图 4-17 为不同电导率的一些金属的标准渗入深度与频率的关系。

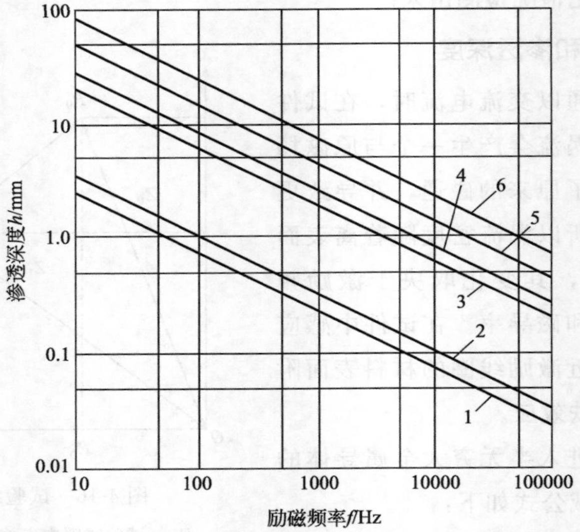

图 4-17 不同电导率的几种金属的标准渗入深度与频率的关系

1—铁（$\mu_r=2000$，$\sigma=2\times10^6$S/m）；2—铁（$\mu_r=200$，$\sigma=10\times10^6$S/m）；

3—铜（$\sigma=56\times10^6$S/m）；4—铝（$\sigma=35\times10^6$S/m）；

5—黄铜（$\sigma=12\times10^6$S/m）；6—铁（$\mu_r=2\sigma=2\times10^6$S/m）。

（2）检测线圈的阻抗和阻抗归一化

在涡流检测过程中，检测线圈与被检对象之间的电磁联系可以用两个线圈的耦合（被检对象相当于次极线圈）来类比。为了了解涡流检测中被检对象的某些性质与检测线圈（相当于初级线圈）电参数之间的关系，就需要对检测线圈进行阻抗分析。

阻抗分析法是以分析涡流效应引起线圈阻抗的变化及其相位变化之间的密切关系为基础，从而鉴别各影响因素效应的一种分析方法。从电磁波传播的角度来看，这种方法实质上是根据信号有不同相位延迟的原理来区分工件中的不连续性。因为在电磁波的传播过程中，相位延迟是与电磁信号进入导体中的不同深度和折返来回所需的时间联系在一起的。

① 检测线圈的阻抗　涡流检测中，要用许多阻抗平面图来描述缺陷、电导率、磁导率和尺寸变化与线圈阻抗的关系。因此首先需要了解两个线圈相距很近而又有互感的情况，如图 4-18 所示。

金属导线绕成的线圈，除了具有电感、导线还有电阻外，各匝线圈之间还会有电容。因此，一个线圈不会是一个纯电感，而是用电阻、电感和电容组合成的等效电路表

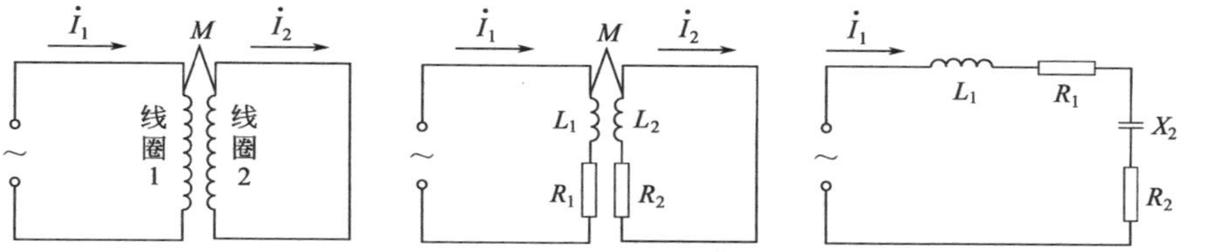

(a) 耦合线圈电路　(b) 互感作用电路　(c) 耦合线圈等效电路

图 4-18　耦合线圈的互感电路

示。一般，当忽略线圈匝间分布的电容时，线圈自身的复阻抗可表示为：

$$Z = R + j\omega L \tag{4-8}$$

② 视在阻抗和归一化阻抗　当两个线圈耦合时，如果给一次线圈通以交变电流 I，由于互感的作用，会在闭合的二次线圈中产生感应电流。同时，这个感应电流又通过互感的作用影响一次线圈中电流与电压的关系，这种影响可以用二次线圈中的阻抗通过互感折合到一次线圈电路的折合阻抗来体现。图 4-19 为交流电路中电压和阻抗平面图。

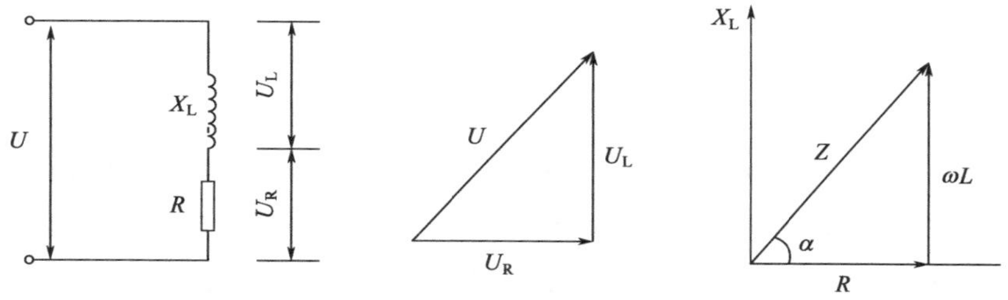

(a) 线圈等效电路　(b) 电压向量图　(c) 阻抗向量图

图 4-19　交流电路中电压和阻抗平面图

此时线圈 1 的阻抗发生变化，其变化量用折合阻抗 Z_z 来表示，且有

$$Z_z = R_z + X_z \tag{4-9}$$

$$R_z = \frac{X_M^2}{R_2^2 + X_2^2} R_2, X_z = -\frac{X_M^2}{R_2^2 + X_2^2} X_2 \tag{4-10}$$

式中，$X_2 = \omega L_2$，$X_M = \omega M$。

折合阻抗与一次线圈本身的阻抗之和称为视在阻抗 Z_s，且有

$$Z_s = R_s + X_s \tag{4-11}$$

$$R_s = R_z + R_1 \tag{4-12}$$

$$X_s = X_z + X_1 \tag{4-13}$$

式中，$R_1 + X_1 = R_1 + j\omega L_1$ 为一次线圈的视在阻抗。

应用视在阻抗的概念，就可以认为一次线圈电路中电流和电压的变化，是由于电路中视在阻抗的变化引起的。这样一来，只要根据一次线圈电路中这种阻抗的变化就可以知道二次线圈对一次线圈的效应，从而推出二次线圈中阻抗的变化。

当线圈 2 不计负载时，即 $I_2 = 0$，相当于探测线圈未放置于金属工件上。线圈 1 的等效阻抗为线圈 1 原有的阻抗 Z_1($Z_1 = R_1 + j\omega L_1$)。而当线圈 2 负载短路时，即 $R_2 = 0$，

线圈 1 的等效阻抗为 $R_1+j\omega L_1(1-k^2)$，即比线圈 1 的原有阻抗减少了 $j\omega L_1k^2$（其中 k 为涡流耦合系数）。

如将线圈 1 的阻抗作一复数阻抗平面，即以电阻 R 为横坐标，以感抗 X 为纵坐标并以负载 R_r 为参变数作出的曲线，如图 4-20 所示。它是一个近似半圆（在右边），这个半圆的直径为 ωL_1k^2。线圈 1 的感抗减少到 $(1-k^2)\omega L_1$ 时，电阻 R 由 R_1 增加到最大值 $(R_1+\omega L_1k^2/2)$ 之后再减小回到 R_1。

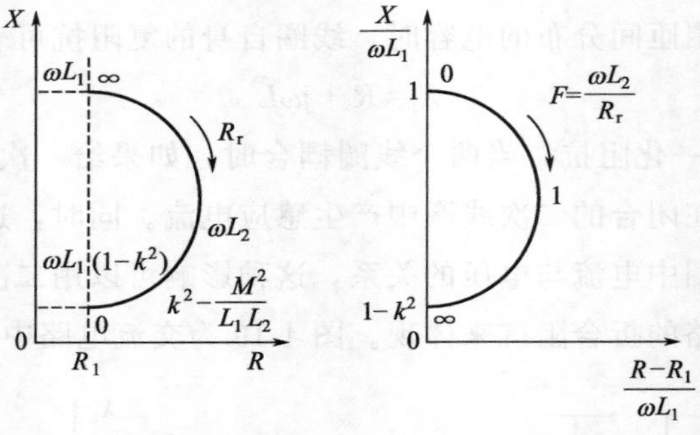

(a) 线圈阻抗平面　　(b) 归一化阻抗曲线

图 4-20　阻抗平面图

用阻抗平面来了解线圈阻抗变化要比公式直观得多，容易理解。但是由于不同的线圈阻抗和不同的电流频率有不同的半圆直径和位置，而且有时线圈阻抗的轨迹曲线不是半圆，因此要进行相互比较有困难。为了解决这个问题，通常是采用阻抗归一化处理的方法，如图 4-20（b）所示。归一化阻抗图是以 $(R-R_1)/\omega L_1$ 为横坐标、以 $X/\omega L_1$ 为纵坐标得到的，其中 R_0 为线圈空载时的电阻，L_0 为空载时的电感。

这样半圆上端坐标为（0，1），下端坐标为（0，-1），其直径为 k^2。于是这个半圆的存在取决于耦合系数 k，曲线上点的位置依然取决于参变量 R_r。设归一化的频率 $F=\omega L_2/R_r$，则半圆上端 F 等于 0，中间 F 等于 1，下端 F 为无穷大。

归一化阻抗图消除了一次线圈电阻和电感的影响，具有通用性；归一化阻抗图的曲线簇以一系列影响阻抗的因素（如电导率、磁导率等）作参量；归一化阻抗图形象、定量地表示出各影响阻抗因素的效应大小和方向，为涡流检测时选择检验的方法和条件，减小各种效应的干扰提供了参考依据；对于各种类型的工件检测线圈，有各自对应的阻抗图。

在涡流检测时，若通交变电流的线圈中没有试样，则可以得到空载的阻抗 $Z_0=R_0+j\omega L_0$；若在线圈中放入试样，则线圈的阻抗将变为 $Z_1=R_1+j\omega L_1$。随着工件材料性质的不同，对检测线圈的影响也不一样，因而工件性质的变化可以用检测线圈阻抗特性的变化来描述。

（3）特征频率和有效磁导率

① 特征频率　为便于穿过式线圈的涡流检测分析，可以选择试验频率 f 使贝塞尔函数变量（$\sqrt{-jkr}$）的模为 1 的频率定义为特征频率，可推导出其计算公式为：

$$fg=\frac{1}{2\pi\mu\gamma r^2}=\frac{1}{2\pi\mu_0\mu_r\gamma r^2} \tag{4-14}$$

式中，r 为圆柱体半径，m。

对于特定试件，特征频率既非试验频率的上限或试验频率下限，也并非是应采用的最佳试验频率，它只是一个参考数或特征值，它含有除缺陷外棒材尺寸和材料性能的全部信息。实际的涡流试验频率 f 可以用特征频率 f_g 作为一个参考值，表示为 f/f_g。

特征频率是工件的固有特性，取决于工件的电磁特性和几何尺寸。下面给出穿过式线圈和内通式线圈对应厚壁管和薄壁管时的特征频率。

a. 穿过式线圈。薄壁管的特征频率为

$$f_g=\frac{506\ 606}{\mu_r\gamma d_i\delta} \tag{4-15}$$

式中　d_i——管件内径，m；

δ——管件壁厚，m；

μ_r——管材的相对磁导率；

γ——管材的电导率，S/m。

厚壁管件的阻抗曲线位于圆柱体和薄壁管两者的阻抗曲线之间。

b. 内通式线圈。薄壁管件的阻抗可借助穿过式线圈的阻抗图加以分析。

$$f_g=\frac{506\ 606}{\mu_r\gamma d_i} \tag{4-16}$$

式中　d_i——管件内径，m；

μ_r——管材的相对磁导率；

γ——管材的电导率，S/m。

② 有效磁导率　在绕有线圈的圆棒中，磁场强度随与表面距离的增大而减弱，事实上在圆棒的中心线上没有涡流流动。为了简化涡流检测的分析，假定外加的磁场强度在试件的整个截面上是均匀、无扰动的，而磁导率在截面上沿径向变化，它所产生的磁通量等于圆柱体内真实的物理场产生的磁通量。这样，就可以将事实上变化着的磁场强度和恒定不变的磁导率由一个虚构的恒定磁场强度和变化着的磁导率取代，这一变化着的磁导率定义为有效磁导率，是复数，对于非铁磁性材料其模数小于 1。μ_{eff}的数值实际上随 $k_r=\sqrt{f/f_g}$变化。圆柱体有效磁导率的实部（Re）和虚部（Im）与频率比 f/f_g 的关系见表 4-9 和图 4-21。

由于 μ_{eff}反映的是圆柱体内涡流和磁感应强度的分布，因此可以推论：对于两个不同试件，只要频率比 f/f_g 相同，则两个不同工件内的有效磁导率、涡流密度和磁感应强度的分布也相同，此即涡流检测的相似律。

表 4-9　f/f_g 实部与虚部对照表

f/f_g	μ_{eff}(Re)	μ_{eff}(Im)	f/f_g	μ_{eff}(Re)	μ_{eff}(Im)
0.00	1.0000	0.0000	0.25	0.9989	0.0311

续表

f/f_g	μ_{eff}(Re)	μ_{eff}(Im)	f/f_g	μ_{eff}(Re)	μ_{eff}(Im)
0.50	0.9948	0.0620	12	0.4202	0.3284
1	0.9798	0.1216	15	0.3701	0,3004
2	0.9264	0.2234	20	0.3180	0.2657
3	0.8525	0.2983	50	0.2007	0.1795
4	0.7738	0.3449	100	0.1416	0.1313
5	0.6992	0.3689	150	0.1156	0.1087
6	0.6360	0.3770	200	0.1001	0.09497
7	0.5807	0.3757	400	0.7073	0.06822
8	0.5361	0.3992	1000	0.04472	0.04372
9	0.4990	0.3599	10000	0.01414	0.01404
10	0.4678	0.3494			

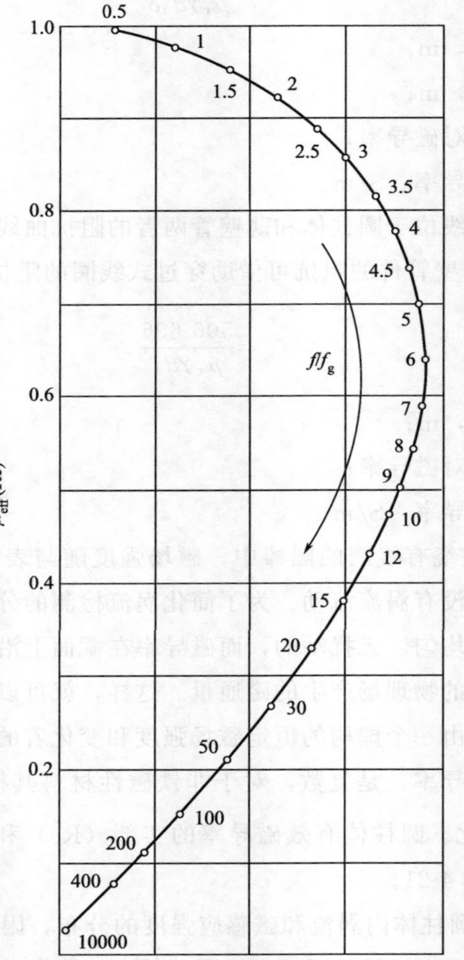

图 4-21 μ_{eff}与 f/f_g 的关系曲线

根据相似定律，可通过对比试验，判定工件中缺陷的深度和尺寸。涡流检测的相似律为模拟试验的合理性提供了理论依据。根据涡流检测的相似律，只要频率比相同，几何相似的不连续性缺陷将引起相同的涡流效应和磁导率变化，因此，可以通过模型试验测得有效磁导率的变化值与带有人工缺陷工件的缺陷深度、宽度以及位置的依从关系，作为实际进行涡流检测、评定缺陷影响的参考依据。在涡流检测中，对于那些不能直接精确实测，专用数学计算提供理论分析结果的问题，可以根据相似律建立模型试验推测检测结果。

(4)涡流检测仪器及设备

涡流检测仪器的种类很多，按检测目的不同，可分为导电仪、测厚仪和探伤仪，它们的电路形式也各不相同。但在检测时它们需要完成一些相同的任务：①产生激励信号；②检测涡流信息；③鉴别影响因素；④指示检测结果。因此，其基本组成大致相同，如图 4-22 所示。

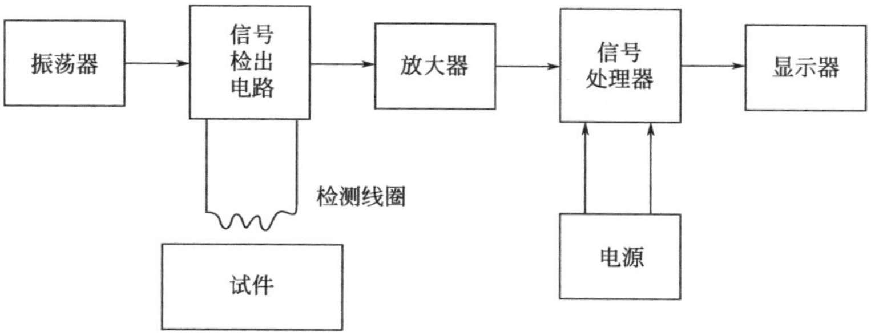

图 4-22　涡流检测仪基本组成示意图

涡流检测的电子电路主要分为基本电路和信号处理电路两大部分。基本电路包括振荡器、信号检出电路、放大器、显示器和电源，这些几乎是所有涡流检测仪都具有的信号处理电路，是鉴别影响因素和抑制干扰的电路，随检测目的不同而不同。

① 振荡器　振荡器的作用是给电桥电路提供电源，当作为电桥桥臂的检测线圈移动到有缺陷的部位时，电桥输出信号，信号经放大后输入检波器进行相位分析，再经滤波和幅度分析后，送到显示和记录装置。根据振荡器的输出频率可分为高频与低频。高频振荡频率为 2～6MHz，适合于检测表面裂纹；低频振荡频率为 50～100Hz，穿透深度较大，适合于检测表面下缺陷和多层结构中第二层材质的缺陷。振荡器常配以功率放大器，用以向激励线圈提供所需频率及幅度的电流，以便在试件中感生所需强度的涡流。

② 放大器　正常情况下涡流检测线圈产生的信号（载波信号）在出现有关参量变化时其幅度及/或相位可作相应的改变（调制），但这种调制量一般很小，信号必须经相当大的放大，于是就必须有放大器。对放大器的要求是：输入级有低的噪声、宽的动态范围以及低的畸变。放大器常是分立元件和集成电路的组合，集成电路具有高而稳定的增益、尺寸小、直流漂移小等优点，但缺点是较之分立元件噪声比较高。

③ 抑制电路　为抑制无关信号可采用很多方法，例如信号插入法可将三个不同信号相加，使所得的净信号为零。

④ 检出电路　线圈信号放大到合适大小后，必须予以处理，以提取出由有关参量施加的调制，即需要用检出电路来解调。这可用幅度探测器、相敏探测器来实现。最普通的幅度探测器是二极管探测器。简单二极管探测器的动态范围在低端受限于非理想的限幅响应，在高端则受限于驱动电路所提供的最大电压。在涡流检测系统中相敏探测器可用于辨别由不同源引起的信号改变。典型的相敏涡流检测系统常采用两个相敏探测器，如图 4-23 所示。可调移相器使提供给相敏探测器的参考电压的相位提前或滞后，从而抑制无关信号；分相器用于产生两个相位探测器的参考信号，两者的相位分离 90°，当此两相位探测器的输出加到示波器的两对偏转板上时，荧光屏直接显示电相位角，这种两维的信号相位显示即为阻抗平面图或称相位显示图。

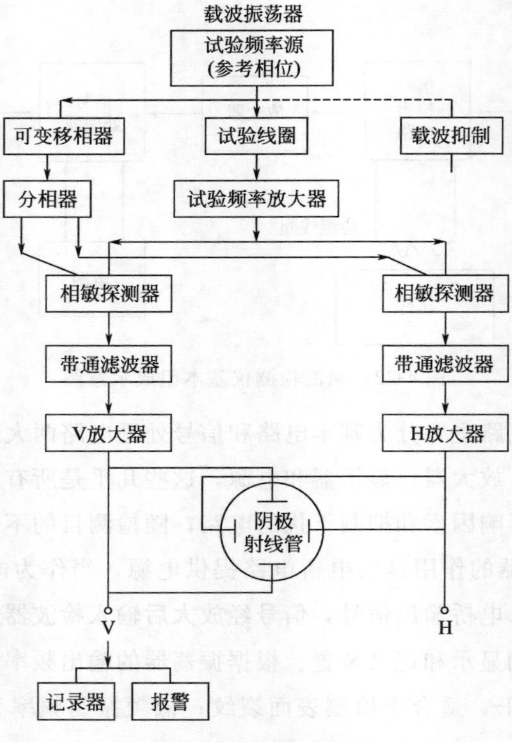

图 4-23　相敏涡流检测系统

⑤ 信号显示　涡流信号显示装置主要有电流表、示波管和计算机的 CRT 三类。电流表显示一般用于便携式小型涡流探伤仪中。当缺陷出现、电桥失去平衡时，电流表指针偏转。电表读数与缺陷大小和缺陷深度有关。对于表面缺陷，电表读数与缺陷的大小呈线性关系。例如，裂纹测深时可从电表直接读出裂纹深度，涂层厚度测量时可从电表直接读出厚度，电导率检测时可直接读出电导率等。随着电子技术的发展，目前已有用数码显示代替电表显示，这样可避免人为误差。

示波管显示一般多用于较大的涡流检测仪器。它可以把探头检测到的阻抗在阻抗平面上的二维分量以图形显示出来。检测线圈的阻抗特性如图 4-24 所示。当线圈远离工件时，空载阻抗 Z_0 在阻抗平面上对应于 P_0 点，阻抗角为 α_0；当线圈靠近工件检测时，由于受工件和涡流的影响，线圈阻抗变为 Z_1 在阻抗平面上对应于 P_1 点，阻抗角为 α_1。随着工件缺陷以及探头距缺陷位置的不同，P_1 点会在阻抗平面上以一定轨迹变动。

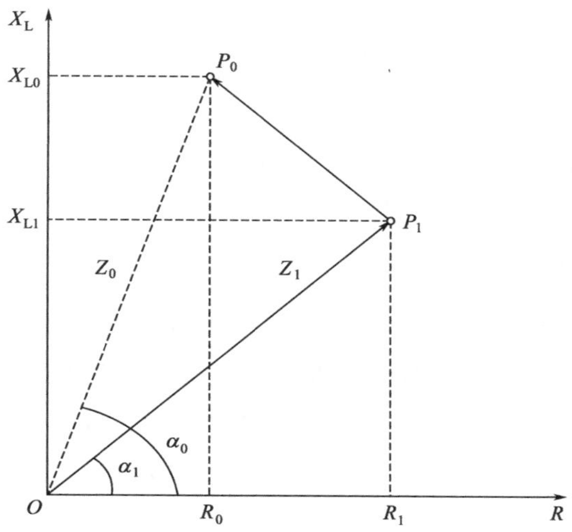

图 4-24　检测线圈的阻抗特性

计算机数据处理可将几个通道来的数据直接进入在线实时处理，并将结果在 CRT 上进行实时显示。

4.2.4　检测线圈的分类及一般工艺程序

检测仪中，激励线圈和测量线圈可以分开放置，也可以由一个线圈兼具激励和测量的作用。在不需要区别线圈功能的场合，可把激励线圈和测量线圈统称为检测线圈。按照涡流检测的目的和技术要求的不同，可将检测线圈分为不同类型。

(1) 根据探测仪与试样的位置关系分类

根据检测时探测仪与试样的位置关系，检测线圈可分为穿过式线圈、内通过式线圈和放置式线圈三类。

① 穿过式线圈。穿过式线圈［图 4-25(a)］是将导电的工件或材料从线圈内部通过检测工件。穿过式线圈容易对小直径管棒、线材表面质量进行高速、大批量自动化检测。

② 内通过式线圈。内通过式线圈［图 4-25(b)］是将线圈本身插入工件内部检测工件。内通过式线圈可以检测安装好的管件、小直径的深钻孔、螺纹孔或者厚壁管的内壁表面质量。

③ 放置式线圈（探头式线圈）。探头式线圈［图 4-25(c)］是放置在材料表面检测工件质量的。探头式线圈的体积小，线圈内部一般带有铁芯。探头式线圈检测灵敏度高，适用于各种板材、带材和大直径管材、棒材的表面检测。

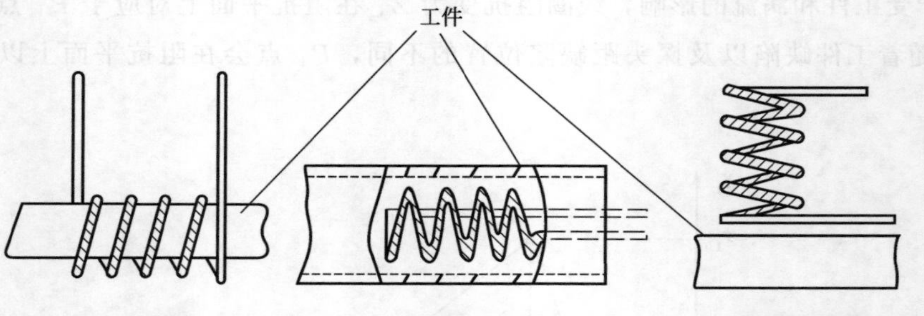

图 4-25　检测时线圈和试样的位置关系

(2)根据电连接方式不同分类

根据电连接方式的不同，可将检测线圈分为绝对式和差动式两种使用方式。

① 绝对式线圈。只用一个检测线圈进行涡流检测的方式称为绝对式线圈［见图 4-26（a）］。用这种方式进行检测时，要先将标准试样放入线圈，调节仪器使线圈的信号输出为零，然后再将被检工件或材料放入线圈进行检测。

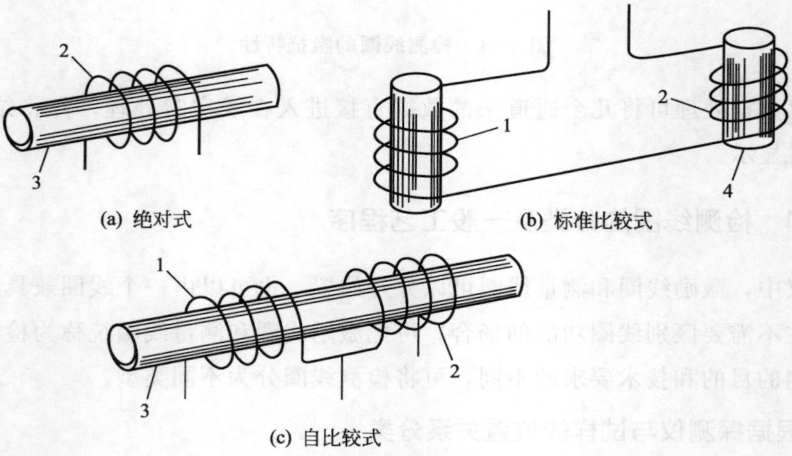

图 4-26　检测线圈的连接方式

1—参考线圈；2—检测线厦；3—管材；4—棒材

② 差动式线圈。两个检测线圈反接在一起进行工作的方式称为差动式线圈［见图 4-26（b）、（c）］。按线圈放置方式不同，差动式线圈又可分为标准比较式线圈和自比较式线圈。

a. 标准比较式线圈：两个参数完全相同、反向连接的线圈分别放置在标准试样和被检工件或材料上，根据两个检测线圈的输出信号有无差异来判断被检工件或材料的性能。

b. 自比较式线圈：自比较式线圈是标准比较式线圈的特例，比较的标准为同一被检工件或材料上的不同部分。用两个参数完全相同、差动连接的线圈同时对同一工件或材料的相邻部分进行检测时，被检部位材料的物理性能及工件几何参数的变化对线圈阻抗的影响通常较为微弱，一旦被检部位存在裂纹，线圈经过裂纹时就会感应出急剧变化的信号。自比较工作方式特别适用于检测管、棒材表面的局部缺陷。

（3）根据检测磁场的不同分类

根据检测磁场的不同，可分为透过式线圈和反射式线圈。

① 透过式线圈由激励线圈产生磁场，磁场穿过被检工件后，由位于被检工件另一边的测量线圈检测出来。

② 反射式线圈的激励线圈和测量线圈都位于被检工件的同一侧，测量线圈仅检测经被检工件反射回来的磁场。

（4）涡流测量的一般工艺程序

① 试件的表面清理　金属屑中会激励出涡流，氧化皮中会有剩磁场通过，因而试件表面应平整、清洁，各种对检测有影响的附着物均应清除干净。

② 检测仪器的稳定　检测仪器通电后应经过一定时间的预热稳定，同时注意检测仪器。探头、标样所处的环境以及在此环境中的试件应有一致的温度，否则会产生较大的检测误差。

③ 检测规范的选择　涡流检测中的干扰因素很多，为了保证能正确地检测，需要在检测前对检测仪器和探头正确设定和校准，主要包括：

a. 工作频率的选定。被检材料一定，工作频率的高、低会影响涡流的透入深度，因此，必须选择适当的工作频率，即激励电流的频率。

b. 探头选择。探头的几何形状与尺寸，如穿过式线圈的内径大小、探头式线圈的直径和长度等，应适合被检工件并且能达到要求的检测目的。

c. 检测灵敏度的设定。首先应对检测仪器的电表指示进行“调零”，然后采用规定的参考标样或标准试块把检测仪器的灵敏度调整到设定值。包括相位角选定、杂乱干扰信号的抑制调整等。

d. 检测操作。在涡流检测的操作中，应经常校核检测灵敏度的变化，试件与探头的间距是否稳定，自动化检测中的试件传送速度是否稳定等。对在有变化情况下检测的试件进行复检，提高检测结果的可靠性。

4.3　磁粉检测

磁粉检测是利用磁现象来检测铁磁材料工件表面及近表面缺陷的一种无损检测方法，能直观显示缺陷的形状、位置、大小，并可大致确定其性质，可检出的缺陷最小宽度约为 1μm，具有高的灵敏度。磁粉检测几乎不受试件大小和形状的限制，检测速度快、工艺简单、费用低廉，但局限于检测铁磁体材料及其合金（铁、钴、镍及其合金），不适用于非铁磁体材料（如奥氏体钢、铜、铝等）。对于表面和近表面缺陷，可探测的深度一般在 1～2mm，随着缺陷埋藏深度的增加，检测灵敏度迅速下降。磁化场的方向应与缺陷的主平面相交，夹角应在 45°～90°，当缺陷的延伸方向和磁力线平行时，漏磁很小，不易发现，需从不同方向进行多次磁化。

（1）金属的铁磁性

在外磁场作用下，铁磁性材料会被强烈磁化，根据磁滞回线形状的不同，可以把铁磁性材料划分为软磁性和硬磁性材料两类。软磁性材料的磁滞特性不显著，矫顽力很小，剩磁非常容易消除；硬磁性材料的磁滞特性则非常显著，矫顽力和剩磁都很大，适合制造永久磁铁。

铁磁性材料的晶格结构不同，其磁性会有显著改变。在常温下，面心立方晶格的铁是非磁性材料，体心立方晶格的铁则是铁磁性材料。碳含量、合金化、冷加工及热处理状态都会影响钢材的磁特性。

① 随着含碳量的增加，碳钢的矫顽力几乎呈线性增大，而最大的相对磁导率却随之下降。

② 合金化将增大钢材的矫顽力，使其磁性硬化。正火状态的 40 钢和 40Cr 钢的矫顽力分别为 584A/m 和 1256A/m。

③ 退火和正火状态的钢材磁特性的差别不大，而淬火则可以提高钢材的矫顽力，随着淬火以后回火温度的提高，矫顽力又有所降低。

④ 晶粒越粗，钢材的磁导率越大，矫顽力越小，反之亦然。

⑤ 钢材的矫顽力和剩磁场将随压缩变形率的增加而增加。

（2）磁感应线的折射

在磁路中，磁感应线通过同一介质，它的大小和方向是不变的。但从一种磁介质通向另一种磁介质时，如果两种磁介质磁导率不同，那么，这两种磁介质中磁感应强度将发生变化，即磁感应线在两种介质的分界面处发生突变，产生折射现象。这种折射现象与光波或声波传播现象相似，并且遵从折射定律，图 4-27 表示这种折射情况。折射定律表明，在两种磁介质的分界面处磁场将发生改变，磁感应线不再沿着原来的路径行进而发生折射。折射的倾角与两种介质的磁导率有关。当磁感应线由磁导率较大的磁介质通过分界面进入磁导率较小的磁介质时，例如从钢进入空气，磁感应线将折向法线，而且变得很稀疏。

$$\frac{\tan \alpha_1}{\tan \alpha_2}=\frac{\mu_1}{\mu_2} \tag{4-17}$$

式中 α_1——磁感应线从第一种介质中到第二种介质界面处与法线的夹角；

α_2——磁感应线在第二种介质中与法线的夹角；

μ_1——第一种介质的磁导率；

μ_2——第二种介质的磁导率。

（3）漏磁场

漏磁场是指被磁化物体内部的磁力线在缺陷或磁路界面发生突变的部位离开或进入物体表面所形成的磁场。漏磁场的成因在于铁磁材料制件表面和近表面处缺陷的磁导率

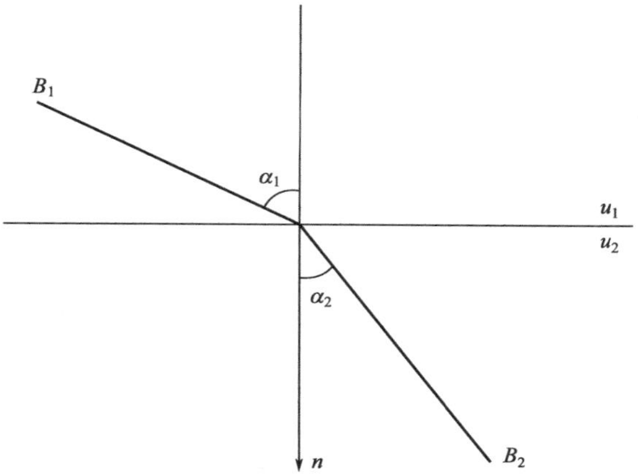

图 4-27　磁感应线的折射

与基体磁导率不同，磁化后磁感应线的分布在此畸变折射，在基体与空气交界处逸出，从而形成漏磁场，如图 4-28 所示。

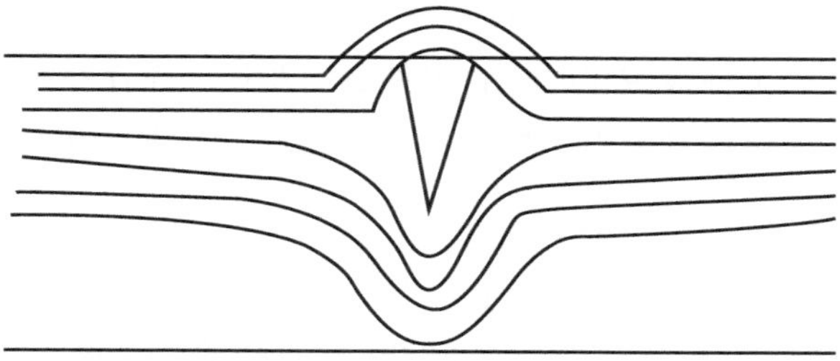

图 4-28　漏磁场的形式

(4)退磁场

由于磁力线在工件中不能形成闭合磁路，因此形成退磁场，又称反磁场。凡是具有磁极的磁体都具有退磁场，在磁粉探伤中，铁磁材料表面和内部具有空隙或夹杂物，磁化这些地方将出现磁极而产生退磁场。

对被检零件采用通电线圈磁化法（纵向磁化）时产生的是纵向感应磁场，在零件形状的端头或尖端部位将有磁极产生，存在退磁场；而对被检零件直接通电磁化（周向磁化）时产生的是环形感应电场，在零件上不会产生磁极，此时不存在退磁场。

退磁场与磁化场反向，使磁化的磁体有效磁场减小，使工件中的磁感应强度 B 也减小，直接影响缺陷的显现。为了克服退磁场对试件的影响，磁化时应适当增大磁化磁场的数值或改变试件的形状以适应试件检测的需要。

4.3.1　磁粉检测的特点

磁粉检测的优点主要有：

① 对于铁磁性材料，其表面和近表面的开口和不开口的缺陷都可以检测出来。

② 具有很高的检测灵敏度，能检测出微米级宽度的缺陷。

③ 直观地显示出缺陷的大小、位置、形状和严重程度，并可大致确定缺陷性质。

④ 检查结果的重复性好。

⑤ 单个工件检测速度快、工艺简单、成本低、污染小。

⑥ 综合使用多种磁化方法，则工件各个方向的缺陷都可以检测出来，几乎不受工件大小和几何形状的影响。

⑦ 利用磁粉探伤-橡胶铸型法，可间断检测小孔内壁早期疲劳裂纹的产生和扩展速率。

磁粉检测的局限性如下：

① 只能检测铁磁性材料以及表面、近表面缺陷。

② 单一的磁化方法检测受工件几何形状影响（如键槽），会产生非相关显示。

③ 通电法和触头法磁化时，易产生打火烧伤。

4.3.2 磁粉检测的基本原理

磁粉检测是利用磁现象来检测铁磁材料工件表面及近表面缺陷的一种无损检测方法。其基本原理是：当工件被磁化时，若工件表面及近表面存在裂纹等缺陷，就会在缺陷部位形成漏磁场；漏磁场将吸附、聚集施加的磁粉，形成具有一定图案的磁痕。

(1) 磁化的分类

根据用于磁化的电流类型分类，磁化可分为直流磁化、交流磁化和半波整流磁化。

① 直流磁化　采用直流或交流电经全波整流的脉动直流作为磁化电源。直流磁化的优点是能够获得较大的检验深度；缺点是检验后的工件退磁困难，需要专门的低频直流退磁装置。

② 交流磁化　以工频（50Hz/60Hz）交变电流作为磁化电流。交流磁化的优点是电流的波动特性带来的振动作用促使磁粉在被检工件表面跳动集聚，因此磁痕形成速度较直流磁化的情况要快，并且退磁容易；缺点是由于趋肤效应，其检验深度较小（0.5～1mm）。

③ 半波整流磁化　将单相工频与交流电经过半波整流后作为磁化电流。半波整流磁化综合了直流磁化的优点，检验深度一般可达到2～4mm，同样能促使磁粉在被检工件表面跳动聚集，因此磁痕形成速度快，退磁容易。由于同样存在电流从零到峰值的波动变化，因此仍必须注意控制断电相位。此外对磁化设备要求高，也较为昂贵。

(2) 磁化方法

选择磁化方法的前提：

a. 磁场方向与缺陷延伸方向垂直时，缺陷处的漏磁场最大，检测灵敏度最高；

b. 磁场方向与缺陷延伸方向夹角为45°时，缺陷可以显示，但灵敏度低；

c. 磁场方向与缺陷延伸方向平行时，不产生磁痕显示，不能发现缺陷。

选择磁化方法时应该考虑的因素：

a. 被检零件的外形结构、尺寸大小与要检测的部位、检查的数量；

b. 现有设备能力和检测操作的位置；

c. 被检零件的材质、表面状态、热处理状态（影响材料的磁导率）；

d. 同类零件的常用磁化规范要求，预计零件可能产生缺陷的方向等；

e. 对被检零件的磁化方式按磁场产生方式进行分类，分为周向磁化、纵向磁化和复合磁化。

周向磁化易于检测纵向缺陷，纵向磁化易于检测横（周）向缺陷，对垂直于磁场的缺陷有很好的检测效果。

① 周向磁化　在被检工件上直接通电，或让电流通过平行于工件轴向放置的导体的磁化方法称为周向磁化。其目的是在工件中建立一个沿圆周（与轴线垂直）方向的磁场，主要用于发现纵向（轴向）和接近纵向（夹角小于 45°）的缺陷。

a. 直接通电法。使电流直接通过被检零件的全部或局部以形成磁场，所形成的方向按电流方向以右手定则确定，如图 4-29 所示。直接通电法包括对零件整体通电（轴向通电法、直角通电法、夹头通电法）和局部通电（触头法、尖锥法、手持电极法、磁锥法）。直接通电法是一种最常用的、有效的磁化方法，这种方法多数情况下都能使磁场与缺陷方向成一个角度，对缺陷反应灵敏，具有方便、快速的特点，特别适用于批量检验。只要控制通入工件电流的大小，就可以控制产生磁场的大小。

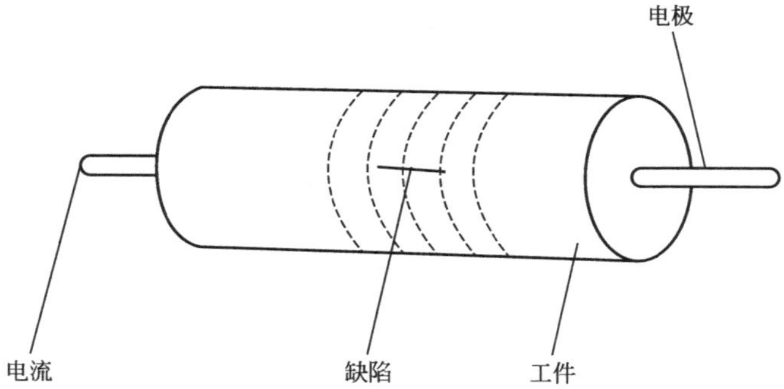

图 4-29　直接通电法

b. 中心导体通电法。中心导体通电法也称穿棒法或芯棒法，如图 4-30 所示。电流不直接通过被检测零件，而是通过穿过环形或筒形零件中的导体（多用黄铜或紫铜棒）。利用通电铜棒产生的磁场磁化套在铜棒上形成的环形或筒形零件，它产生的磁场与直接通电一样为周向磁场，用于检查管、环件内、外表面轴向缺陷和端面的径向缺陷。

当导体在环形或筒形零件中偏心位置时称为偏置芯棒法，如图 4-31 所示；用于大直径空心工件的轴向与径向缺陷，采用适当电流（根据壁厚查表），有效检测范围为芯棒直径的 4 倍。使用中心导体法磁化时，零件上最强的感应强度在零件内壁。

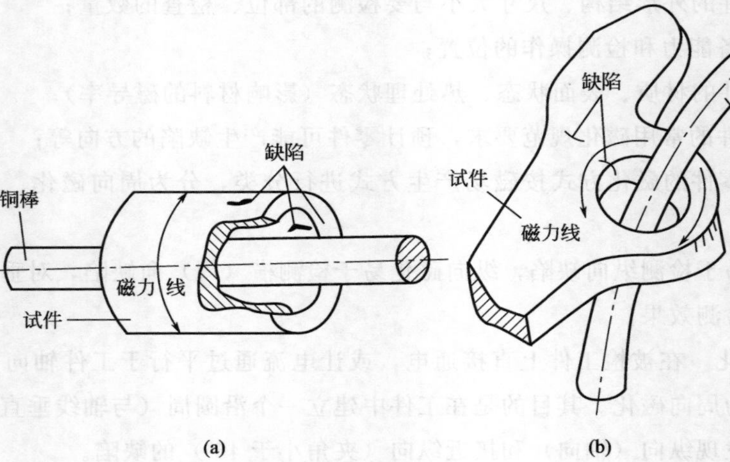

图 4-30　中心导体通电法

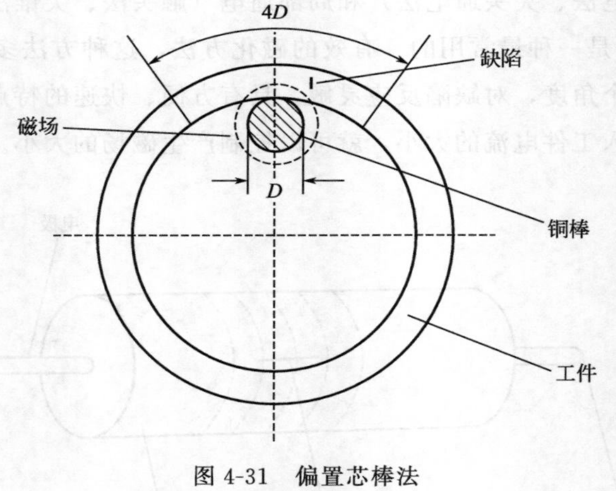

图 4-31　偏置芯棒法

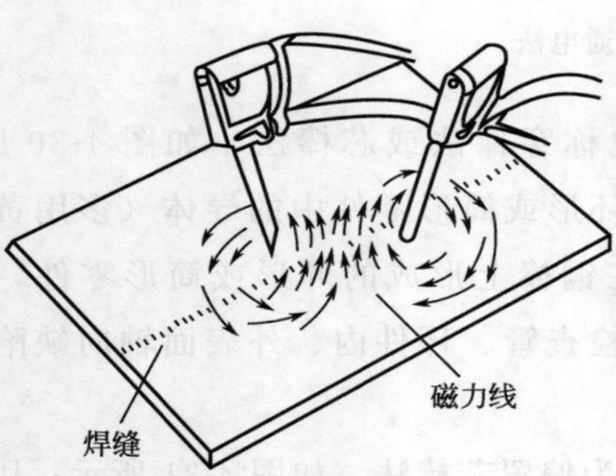

图 4-32　触头法检测

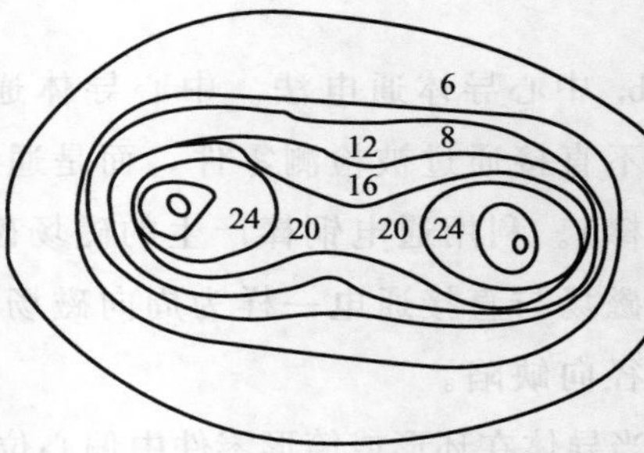

图 4-33　触头法检测的磁场强度

c. 触头法。触头法（见图 4-32）是通过两支杆电极将磁化电流引入工件，在电极之间的工件中形成磁场进行局部检验的磁化方法，触头法也叫支杆法和刺入法。触头法在钢板上形成的感应磁场强度等值线如图 4-33 所示。由图 4-33 可见，在该磁感应磁场中，两触点连线上的磁场强度最大。

采用触头法作为局部检测时，应根据被检测部位的实际情况及灵敏度要求来确定触头间距和电流大小。为避免因缺陷取向不利造成漏检，对同一被检部位应通过改变触头连线方法，至少进行两次相互垂直的检测。为保证人身安全，触头法检测的开路电压不应该超过 24V。触头在接触和离开被检查表面时，必须先通过触头手柄上的遥控开关断电，以避免烧伤触头部位。

d. 平行电缆法。用与被检焊缝平行的电缆产生的磁场对焊缝作周向磁化，检验该焊缝内存在的纵向裂纹。采用平行电缆法磁化工件时，为避免有效磁场被干扰，应注意让返回电流的电缆尽可能远离被检区域，该距离应大于被检区域宽度的 10 倍。平行电缆法的优点是可以用 300～500A 的交流弧焊机替代专用的磁粉检测电源。但为安全起见，每次通电时间不宜超过 2～3s。观察磁痕显示也应该在断电后进行。平行电缆法检测焊缝如图 4-34 所示。

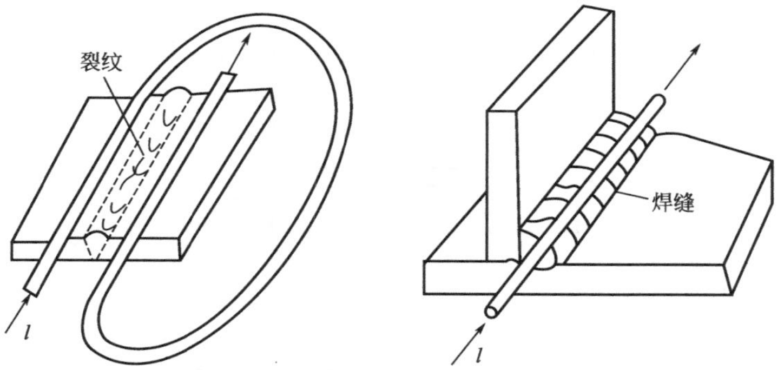

(a) 对接焊缝　　(b) 角焊缝

图 4-34　平行电缆法检测焊缝

② 纵向磁化　纵向磁化的目的是用环形被检工件或磁轭铁芯的励磁线圈在工件中建立起沿其轴向分布的纵向磁场，以发现取向基本与工件轴向垂直的缺陷。较常用的磁化方法有磁轭法和线圈法。

a. 磁轭法。利用电磁轭与工件组成闭合磁路，从而对工件实施纵向磁化的方法称为磁轭法。磁轭的有效检测范围与设备性能、检测条件以及工件的形状有关，一般情况下是一连线为短轴的椭圆。当电流通过电磁轭的励磁线圈时，铁芯磁轭两极与工件形成闭合磁路，工件中形成一个纵向磁场使工件磁化。如果工件表层存在横向缺陷，就可以形成缺陷磁痕，显示缺陷。在磁轭法磁化工件中，由于磁力线在工件和轭铁中形成闭合回路，磁通损失很少，几乎不存在退磁场，磁化效果好，灵敏度高，同时电流不与工件接触，不会烧伤工件。便携式电磁轭（见图 4-35）轻便、小巧，不受使用场合、工件复杂程度的限制，检测过程中，磁极间距常控制在 50～200mm 以内，检测区域应限制在磁极连线两侧相当于 1/4 最大磁极间距的范围内。在同一被检部位必须作至少两次方位相互垂直的检测以检出各取向的缺陷。移动磁轭时，有效磁化区域应至少重叠 25mm 以上，以避免缺陷漏检。便携式电磁轭两极间的磁力线如图 4-36 所示。

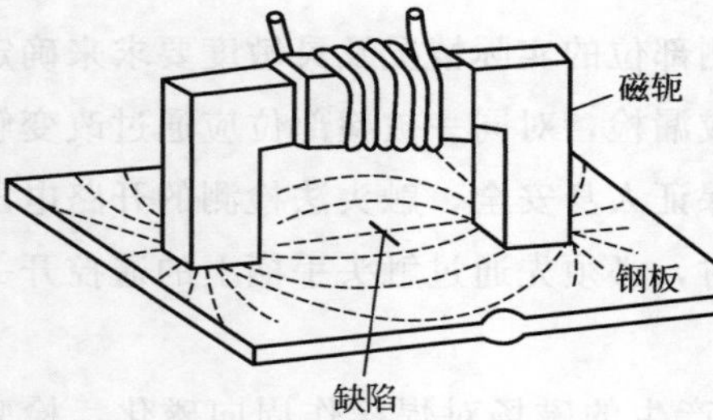

图 4-35 便携式电磁轭

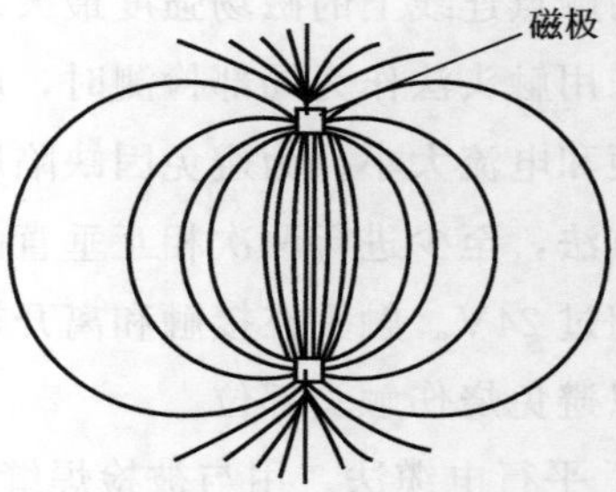

图 4-36 便携式电磁轭两极间的磁力线

使用磁轭法时，应注意使工件与磁轭有良好的接触。接触不良，随着接触面气隙的增大，对工件表面磁场强度的损失较为严重。同时还会在接触部位产生相当强的漏磁场，它会吸附磁粉，使得所在区域内缺陷磁痕无法辨认，形成盲区。使用固定式电磁轭（见图 4-37）时，要注意工件与轭铁接触截面面积上的匹配，面积相差悬殊时对工件端部的检测会带来不利影响。工件截面大于轭铁截面，工件端部磁化不充分；工件截面小于轭铁截面，接触部位漏磁严重，使工件两端检测灵敏度下降。

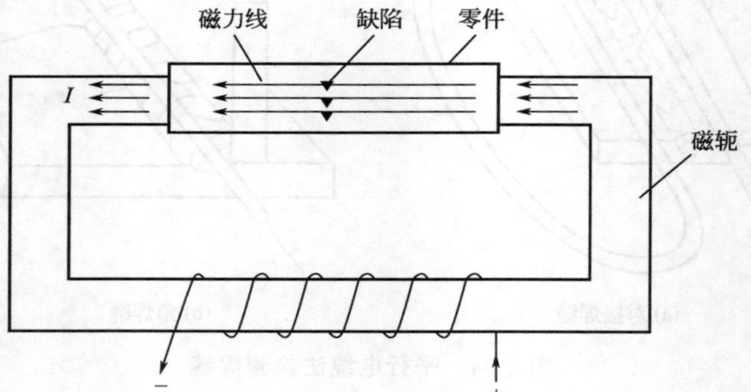

图 4-37 固定式电磁轭

b. 线圈法。用螺旋管线圈对被检工件作纵向磁化的方法称为线圈法。用线圈法可以对管道环焊缝作磁粉检测，方法是用电缆在被检焊缝的附近缠绕 4～5 匝以进行纵向磁化，如图 4-38 所示。这种磁化方法可以检测焊缝及热影响区内的纵向裂纹。

③ 复合磁化　有多个磁场同时对工件进行多方向的磁化，称复合磁化或多向磁化。为了保证检测的可靠性和检测其他种类的缺陷，一般认为，缺陷和磁化方向的夹角应大于 45°。采用单方向的一次磁化，不可能把所有方向的缺陷都检测出来，而实际工件的缺陷取向可能是很不规则的，如要检出所有取向的缺陷，单向磁化至少得进行两次不同方向上的磁化才能解决问题。复合磁化能同时对工件施加两个（或两个以上）不同方向上的磁化，这样一次磁化可以检出所有方向上的缺陷。

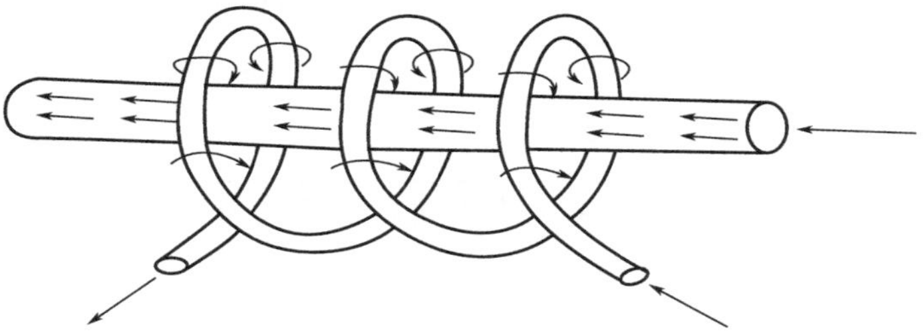

图 4-38　线圈法

在多种复合磁化方法中，交叉电磁轭复合磁化在磁粉检测中得到了广泛的应用，其主要优点是灵敏可靠、检测效率高。如图 4-39 所示，交叉电磁轭由两个参数相同的单磁轭交叉而成，交叉角度一般为 90°，用幅值相等、相位相差 120°的交流电分别对两个单磁轭励磁。由磁场的矢量叠加原理可知，在 4 个磁极包围的被测表面上将产生方向随时间变化的椭圆形旋转磁场，为此又称这种磁化方法为旋转磁化。

与前述磁化方法固定位置的检测方式不同，使用交叉电磁轭时通常是在被检表面上作连续行走检测。交叉电磁轭在被检工件上移动，实际上是椭圆形旋转磁场的移动。由于被检表面上有效磁化场内任意取向的缺陷都有与旋转磁场最大幅值方向正交的机会，因此使用交叉电磁轭能获得最强的缺陷漏磁场。

为了使交叉电磁轭能够在被检表面上连续行走，磁极的端面与被检表面之间要留有一定的间隙。在不妨碍行走的前提下，该间隙越小越好，以避免在间隙处产生较大的漏磁场。交叉电磁轭的行走速度一般是 2～3m/min。在实际检测中，可以根据具体情况酌定，一般原则是若检测灵敏度要求高，那么行走速度就要相应减慢。

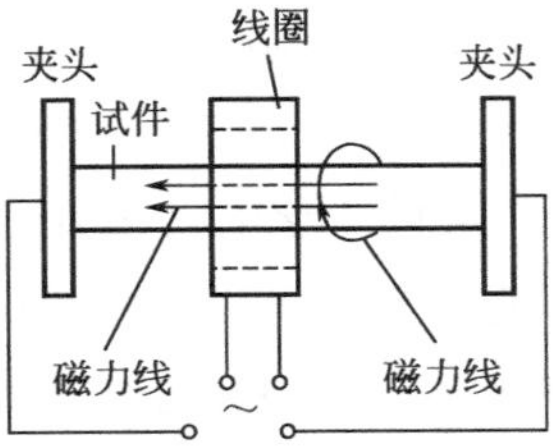

(a) 复合磁化-综合磁化
周向、纵向同时磁化

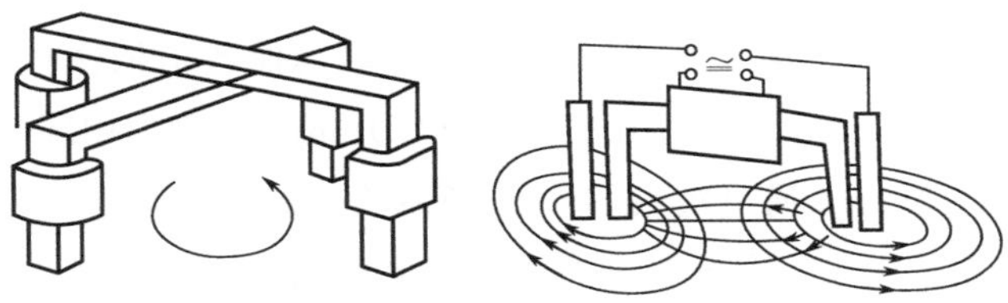

(b) 复合磁化-旋转磁场磁化
左—交叉磁轭；右—直线磁轭+交流直杆

图 4-39　复合磁化方式

(3) 磁化规范

为获得较高的磁粉检测灵敏度，在被检工件上建立的磁场就必须具有足够的强度。使用电磁轭的纵向磁场进行检测时，可以通过测量其提升力确定被磁化区域的磁场强度是否满足要求。当使用最大的磁极间距时，要求交流电磁轭至少应具有 44N 的提升力；直流电磁轭至少应具有 177N 的提升力。

使用触头法的周向磁场进行检测时，电极间距控制在 75～200mm 之间。此时推荐使用的磁化电流见表 4-10。

表 4-10　触头法的磁化电流值（交流有效值、直流）

材料厚度 t/mm	电流值/电板网重/(A/mm)
<19	3.5～4.5
$\geqslant 19$	4～5

使用直流或整流励磁的缠绕电缆法作纵向磁化检验管道环焊缝时（见图 4-9），推荐使用的安匝数（NI）可按下式估算：

$$NI=\frac{35000}{(L/D)+2}(\pm 10\%),L/D\geqslant 3 \tag{4-18}$$

式中，I—电流，A；N—匝数；L—被检管道的长度，mm；D—管道直径，mm。对于 $L/D>15$ 的情况，使用式（4-18）时一律取 $L/D=15$。式（4-18）的有效检测范围为缠绕电缆区域的两端再各加上一个管道半径的长度。用交流励磁的继绕电缆法检测时，实际需要的安匝数（NI）要使用人工缺陷试板或磁场指示器测定。

(4) 系统性能与灵敏度评价

在磁粉检测中，要使用标准试板、试环和磁场指示器评价磁粉检测系统的综合性能及检测的灵敏度。其中试板和试环主要用于评价磁粉检测系统的综合性能，并间接地考察检测的操作方法是否合理。磁场指示器除具有上述用途以外，还可以定性地反映被检表面的磁场分布特征，确定磁粉检测的磁化规范。

① 标准试板　通过观察图 4-40 所示试板上最浅的磁痕，可以比较和评定用磁轭法或触头法检测时磁粉材料与检测系统的灵敏度。试板的厚度、宽度和长度可以根据实际需要变更。试板材料应与被检材料相同，所有低合金钢材料可用一种低合金钢材料代替。被检材料厚度在 19mm 以下时，试板厚度应在 6.4mm 以内；被检材料厚度在 19mm 以上时，试板厚度取为 19mm。试板上的 10 个小槽用电火花切制机床加工，每个槽长 3mm。第一个槽深 0.125mm，其他各槽依次按 0.125mm 的增量加深，第十个槽深 1.25mm。小槽宽(0.125±0.025)mm。小槽内用环氧树脂一类的不导电材料填满。

② 试环　通过观察图 4-41 所示人工缺陷试环上显示的缺陷磁痕，可以比较和评定用中心导体法及直流或全波整流励磁检测时磁粉材料与检测系统的灵敏度。试环的材料为 MnCrWV 冷作模具钢，硬度为 90～95HRC。试板上依次排列着 12 个 $\phi 1.8$mm 的通

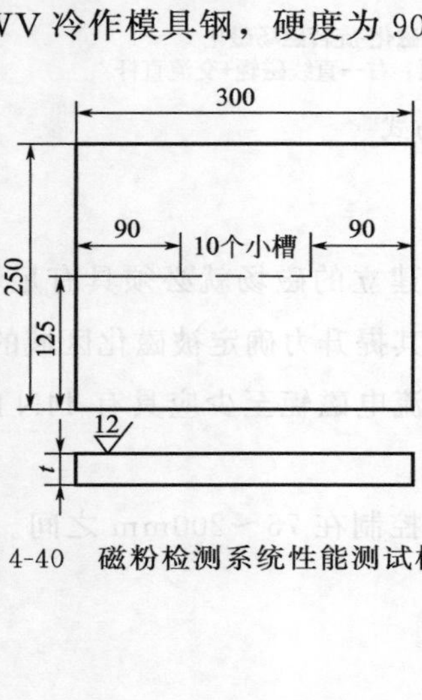

图 4-40　磁粉检测系统性能测试板

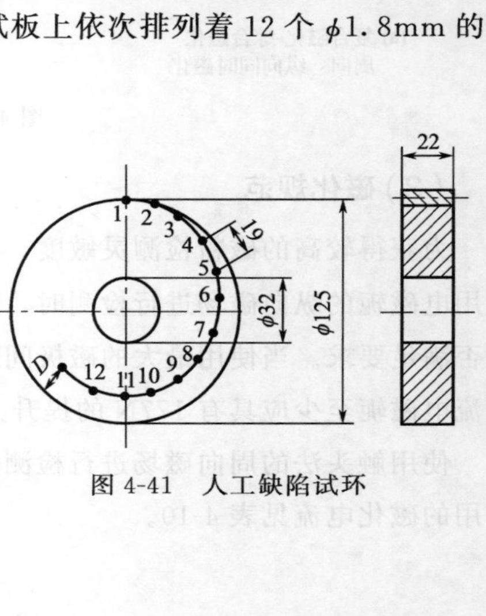

图 4-41　人工缺陷试环

孔。第一个通孔中心至试环外缘的距离（D）为 1.8mm，其他各孔中心至试环外缘的距离均在前一孔的基础上递增 1.8mm，即第 2 孔的 D 为 3.6mm，第 3 孔的 D 为 5.4mm。依此类推，第 12 孔的 D 为 21.6mm。测试时，用直径约为 32mm 的铜质中心导体对试环作周向磁化。在不同的磁化电流下，试环外缘上应显示的最小磁痕数目见表 4-11 和表 4-12。若磁痕数目达不到表中的规定值，就应校正所采用的检测系统。

表 4-11　湿磁粉试环的磁痕显示（见 JB 4730）

磁悬液类型	磁悬液类型全波整流或直流磁化的电流值/A	近表面孔显示的最小数目
荧光或非荧光	1400	3
	2500	5
	3400	6

表 4-12　干磁粉试环的磁痕显示（见 JB 4730）

全波整流或直流磁化的电流值/A	近表面孔显示的最小数目	全波整流或直流磁化的电流值/A	近表面孔显示的最小数目
500	4	2500	6
900	4	3400	7
1400	4		

③ 磁场指示器　用磁场指示器（见图 4-42）可以直接考察磁粉检测条件与操作方法是否适当。测试时，将磁场指示器的薄钢板朝上放在被检表面上。在进行磁化的同时向指示器的铜板表面上施加磁悬液，并观察磁痕显示。在测试条件下，如果磁场指示器上没有形成磁痕或没有在所需的方向上形成磁痕，就应考虑修改磁化规范或改换磁化方法。

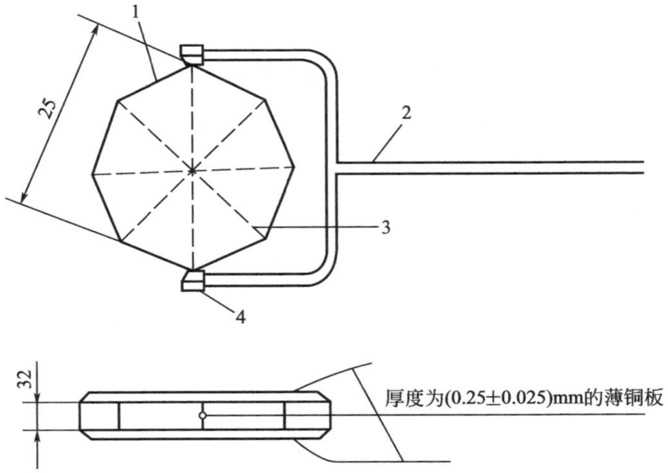

图 4-42　磁场指示器

1—8 块低碳铜片；2—无磁性手柄；3—人工缺陷；4—非金属转轴

4.3.3　磁粉检测技术

(1) 表面预处理

被检工件的表面状态对磁粉检测的灵敏度有很大的影响，例如，光滑的表面有助于磁粉的迁移，而锈蚀或油污的表面则相反。为能获得满意的检测灵敏度，检测前应对被检表面作如下预处理：

① 被检表面应充分干燥。

② 用化学或机械方法彻底清除被检表面上可能存在的油污，铁锈、氧化皮、毛刺、焊渣及焊接飞溅等表面附着物。

③ 必须采用直接通电法检测带有非导电涂层的工件时，应预先彻底清除掉导电部位的局部涂料，以避免因触头接触不良而产生电弧，烧伤被检表面。

(2)施加磁粉的方法

① 干法。用干燥磁粉（粒度范围以 10～60μm 为宜）进行磁粉检测的方法称为干法。干法常与电磁轭或电极触头配合，广泛用于大型铸、锻件毛坯及大型结构件焊缝的局部磁粉检测。用干法检测时，磁粉与被检工件表面先要充分干燥，然后用喷粉器或其他工具将呈雾状的干燥磁粉施于被检工件表面，形成薄而均匀的磁粉覆盖层，同时用干燥的压缩空气吹去局部堆积的多余磁粉。此时应注意控制好风压、风量及风口距离，不能干扰真正的缺陷磁痕。观察磁痕应与喷粉和去除多余磁粉的操作同时进行，观察完磁痕后再撤除外磁场。

② 湿法。磁粉（粒度范围以 1～10μm 为宜）悬浮在油、水或其他载体中进行磁粉检测的方法称为湿法。与干法相比较，湿法具有更高的检测灵敏度，特别适合于检测如疲劳裂纹一类的细微缺陷。湿法检测时，要用浇、没或喷的方法将磁悬浮液施加到被检表面上。浇磁悬浮液的液流要微弱，浸磁悬浮液要掌握适当的浸没时间。二者比较，浸法的检测灵敏度较高。

使用水磁悬液时，若施加在被检工件表面上的磁悬液薄膜能保持连续并覆盖上全部被检表面，这表明水中已含有足够的润湿剂。反之，需要在水中加入更多的润湿剂，但注意不能让磁悬液的 pH 值超过 10.5。

(3)检测方法

① 连续法在有外加磁场作用的同时向被检表面施加磁粉或磁悬液的检测方法称为连续法。使用连续法检测时，既可在外加磁场的作用下，也可在撤去外加磁场以后观察磁痕。低碳钢及所有退火状态或经过热变形的钢材均应采用连续法，一些结构复杂的大型构件也宜采用连续法检测。连续法检测的操作程序是：

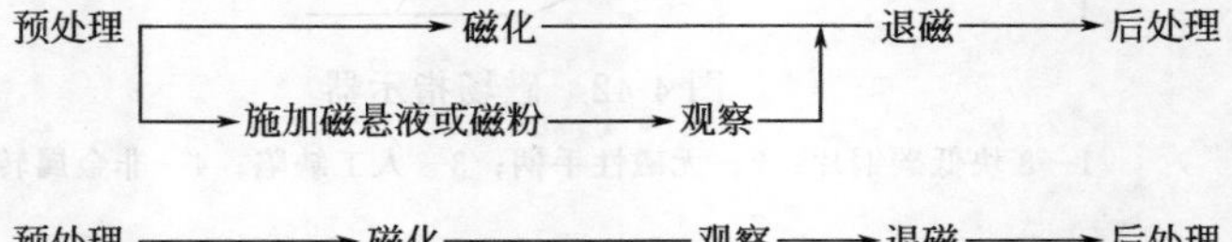

或者是：

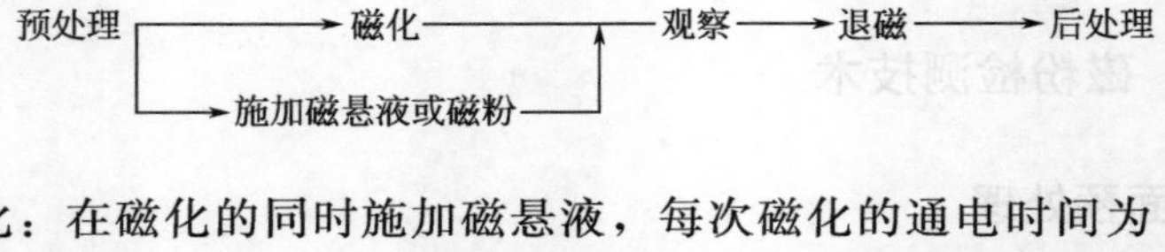

a. 湿粉连续磁化：在磁化的同时施加磁悬液，每次磁化的通电时间为 0.5～2s，磁化间歇时间不应超过 1s。至少在停止施加磁悬液 1s 以后才可停止磁化。

b. 干粉连续磁化：干粉连续磁化的原则是先磁化后喷粉，待吹去多余的磁粉以后才可以停止磁化。连续法检测的灵敏度高，但检测效率较低，而且易出现干扰缺陷评定的杂乱显示。此外，复合磁化方法只能在连续法检测中使用。

② 剩磁法利用磁化过后被检工件上的剩磁进行磁粉检测的方法称为利磁法。在经过热处理的高碳钢或合金钢中，凡剩余磁感应强度在 0.8T 以上，矫顽力在 800A/m 以上的材料均可用剩磁法检测。

剩磁法的检测程序是：预处理→磁化→施加磁悬液→观察→退磁→后处理。剩磁的大小主要取决于磁化电流的峰值，而通电时间原则上控制在 1/4～1s 的范围内即可。用交流励磁时，为保证得到稳定的剩磁，应配备断电相位控制装置。剩磁法的检测效率高，其磁痕易于辨别，并有足够的检测灵敏度，但复合磁化方法不能在剩磁法检测中使用。一般情况下，剩磁法检测也不使用干粉。

（4）磁痕分析与记录

① 磁痕观察　磁粉在被检表面上聚集形成的图像称为磁痕。观察磁痕应使用 2～10 倍的放大镜。观察非荧光磁粉的磁痕时，要求被检表面上的白光照度达到 1500lx 以上；观察荧光磁粉（在磁性氧化铁粉或工业纯铁粉外面再涂覆上一层荧光染料制成的磁粉）的磁痕时，要求被检表面上的紫外线（黑光）照度不低于 970lx，同时白光照度不大于 10lx。

② 磁痕分析　在实际的磁粉检测中，磁痕的成因是多种多样的。例如，被检表面上残留的氧化皮与锈蚀或涂料斑点的边缘，焊缝熔合线上的咬边、粗糙的机加工表面等部位都可能会滞留磁粉，形成磁痕。这类磁痕的成因与缺陷的漏磁场无关，是假磁痕，在干粉检测中较为多见。此外被检表面上如存在金相组织不均匀、异种材料的界面、加工硬化与非加工硬化的界面、非金属夹杂物偏析、残余应力或应力应变集中区等磁导率发生变化或几何形状发生突变的部位，则磁化后这些部位的漏磁场也能不同程度地吸附磁粉形成磁痕，出现所谓无关显示。观察磁痕时，应特别注意区别假磁痕显示、无关显示和相关显示（即缺陷磁痕）。在有些情况下，正确识别磁痕需要丰富的实践经验，同时还要了解被检工件的制造工艺。如不能判断出现的磁痕是否为相关显示时，应进行复验。

磁粉检测中常见的相关磁痕主要有：

a. 发纹：发纹是一种原材料缺陷。钢中的非金属夹杂物和气孔在轧制、拉拔过程中随着金属的变形伸长形成发纹。发纹的磁痕特征为：磁痕呈细而直的线状，有时微弯曲，端部呈尖形，沿金属纤维方向分布；磁痕均匀而不浓密；擦去磁痕后，用肉眼一般看不见发纹；发纹长度多在 20mm 以下，有的呈连续，也有的呈断续分布。

b. 非金属夹杂物：非金属夹杂物的磁痕显示不太清晰，一般呈分散的点状或短线状分布。

c. 分层：分层是板材中常见的缺陷。钢板切割下料的端面上若有分层，经磁粉探伤后就会出现呈长条状或断续分布的、浓而清晰的磁痕。

d. 材料裂纹：材料裂纹的磁痕一般呈直线或一根接一根的短线状，磁粉聚集较浓且显示清。

e. 锻造裂纹：锻造裂纹的磁痕浓密、清晰，呈直的或弯曲的线状。

f. 折叠：折叠是一种锻造缺陷。其磁痕特征为：磁痕多与工件表面成一定角度，常出现在工件尺寸突变处或易过热部位；磁痕有的类似淬火裂纹，有的呈较宽的沟状，有的呈鳞片状；磁粉聚集的多少随折叠的深浅而异。

g. 焊接裂纹：焊接裂纹产生在焊缝金属或热影响区内。其长度可为几毫米至数百毫米；深度较浅的为几毫米，较深的可穿透整个焊缝或母材。焊接裂纹的磁痕浓密清晰，有的呈直线状，有的弯曲，也有的呈树枝状。

h. 气孔：气孔的磁痕呈圆形或椭圆形。磁痕显示不太清晰，其浓度与气孔的深度有关。埋藏气孔一般要使用直流磁化才能检测出来。

i. 淬火裂纹：淬火裂纹的磁痕浓密清晰。其特征是：一般呈细直的线状，尾端尖细，棱角较多；渗碳淬火裂纹的边缘呈锯齿形；工件锐角处的淬火裂纹量弧形。

j. 疲劳裂纹：疲劳裂纹磁痕中部聚集的磁粉较多，两端磁粉逐渐减少，显示清晰。

磁粉探伤中发现的相关磁痕有时要作为永久性记录保存。常用的记录磁痕的方法有照相、用透明胶带贴印、涂层剥离或画出磁痕草图几种。

（5）退磁

在大多数情况下，被检工件上带有剩磁是有害的，故需退磁。所谓退磁就是将被检工件内的剩磁减小到不妨碍使用的程度。退磁原理如图 4-43 所示。

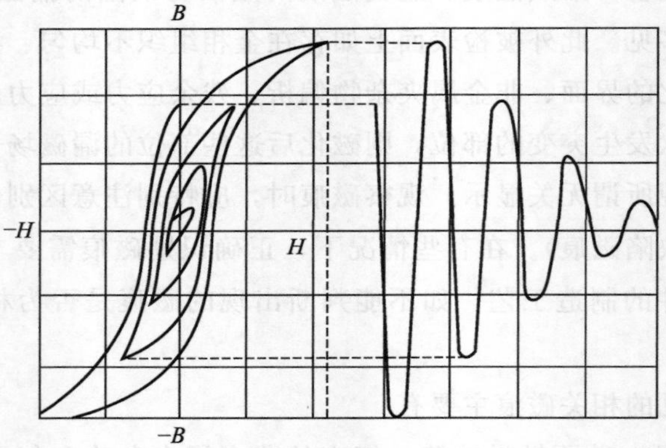

图 4-43　退磁原理

① 交流退磁常用的交流退磁法是将被检工件从一个通有交流电的线圈中沿轴向逐步撤出至距离线圈 1.5m 以外，然后断电。将被检工件放在线圈中不动，逐渐将电流幅值降为零也可以收到同样的退磁效果。用交流电磁轭退磁时，先把电磁轭放在被检表面上，然后在励磁的同时将电磁轭缓慢移开，直至被检工件表面完全脱离开电磁轭磁场的有效范围。用触头法检测后，可再将触头放回原处，然后让励磁的交变电流逐渐衰减为零即可实现退磁。

② 直流退磁在需要退磁的被检工件上通以低频换向，幅值逐渐递减为零的直流电可以更为有效地去除工件内部的剩磁。用磁强计可以测定退磁的效果。退磁指标视产品性能要求而定。例如航空导航系统零件的剩磁要求小于 0.1mT；内燃机的曲轴、凸轮和连杆的剩磁要求小于 0.2mT；压力容器退磁以后的剩磁不能超过 0.3mT。

(6)后处理

磁粉检测以后，应清理掉被检表面上残留的磁粉或磁悬液。油磁悬液可用汽油等溶剂清除；水磁悬液应先用水进行清洗，然后干燥。如有必要，可在被检表面上涂覆防护油。干粉可以直接用压缩空气清除。

(7)磁粉检测实例

磁粉检测的应用是多方面的，磁粉探伤在钢结构制造业中的应用是常规检测项目之一。焊接是制造钢结构的主要工艺，钢板在焊接以前一般需要先开坡口。一般而言，分层和裂纹是坡口上可能存在的主要缺陷（分层是钢板的轧制缺陷）。裂纹一般有两类：一类是沿着分层端部开裂的裂纹，其走向大多与板面平行；一类是气体火焰切割裂纹。坡口磁粉检测的范围包括整个坡口面和钝边。用交叉电磁轭的旋转磁场检测坡口缺陷的方法如图 4-44 所示。检测时把交叉电磁轭放在靠近坡口的钢板表面上，沿着坡口连续行走，用磁轭外侧磁化坡口。

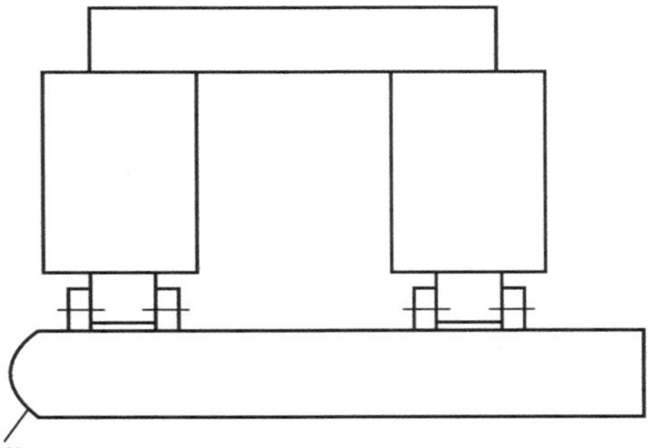

图 4-44　交叉电磁轭检验坡口

为控制检测灵敏度，通常在背离交叉磁轭一侧的坡口面上贴附 A 型灵敏度试片，以验证磁化规范是否合理。A 型灵敏度试片是一面刻有一定深度的直线或圆形细槽的纯铁薄片，其规格见表 4-13，形状和尺寸如图 4-45 所示。其中槽深为 7～15μm 的试片适用于高灵敏度检测；槽深为 30μm 和 60μm 的试片分别适用于中等灵敏度和低灵敏度检测。

表 4-13　A 型灵敏度试片规格　　μm

状态	种类	规格	状态	种类	规格
冷轧退火	A1a	7/50 30/50 15/50	冷轧	A2a	7/50 15/50 30/50
	A1b	15/100 30/100 60/100		A2b	15/100 30/100 60/100

其中：分数的分子为槽深，分母为试片厚度。

将 A 型试片开槽的一面贴在坡口面上用胶带纸粘牢。检测过程中，试片的另一面应出现清晰的磁痕。检测厚度小于 50mm 钢板的坡口时，一般情况下可达到 30μm/100μm

试片的灵敏度。对于更厚的钢板，为保证有足够的检测灵敏度，可在坡口的两面各进行一次检测。检测结束后，用照相、贴印、涂层剥离或画草图的方法记录缺陷磁痕，对钢制压力容器应按 JB 4730《钢制压力容器磁粉探伤》标准验收。

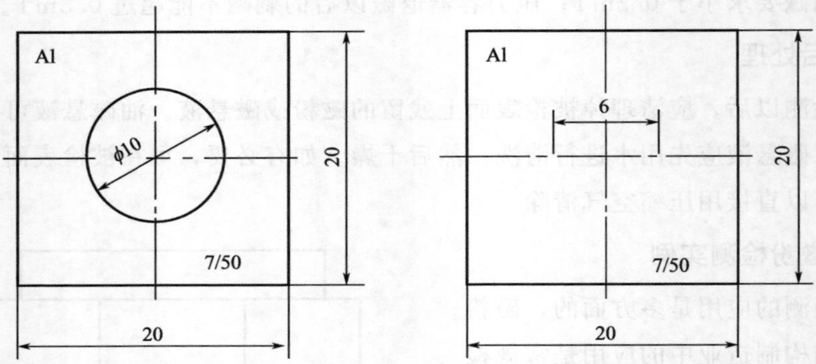

(a) 圆形槽　　(b) 直形槽

图 4-45　A 型灵敏度试片

4.4　渗透检测

渗透检测又称渗透探伤，是一种以毛细作用为基础，检查表面开口缺陷的无损检测方法。渗透检测可广泛应用于检测大部分的非吸收性物体的表面开口缺陷，如钢铁、有色金属、陶瓷及塑料等，对于形状复杂的缺陷也可一次性全面检测。

渗透检测技术始于 20 世纪初，是目视检查以外最早应用的无损检测方法。早期的机械工业中，有经验的检验人员就可以根据铁锈的位置、形状和分布状态来判断钢板是否存在裂纹；因为钢板在存放的过程中，水可以渗入裂纹中，从而造成电化学腐蚀，故裂纹上的铁锈比其他地方多。这可以说是渗透检测技术的雏形。而“油-白垩”法是公认的最早应用的渗透检测方法，其检测步骤如下：首先将重油和煤油的混合液施加到被检测材料的表面，几分钟后，将表面的油抹去，然后再涂以“乙醇-白粉”混合液；乙醇挥发后，在有裂纹的地方，裂纹中的油将被吸附到白色的涂层上，形成显示，这就是“油-白垩”渗透检测方法，被广泛应用在工业部门的检测中。

为使“油-白垩”检测方法更加可靠，人们对这种方法进行了改进。首先是把染料加入渗透剂中去，使缺陷显示更加清晰；后来荧光染料也被加入渗透剂中，并采用显像粉显像，在紫外线照射下检测裂纹，从而极大地提高了检测灵敏度，使渗透检测进入了一个新的阶段。

20 世纪 60～70 年代，西方国家成功研制了闪烁荧光渗透检测材料，显著提高了渗透检测的灵敏度。同时，为减少环境污染，又研制出了水基渗透液、水洗法渗透检测技术和闭路检验技术。另外，为更好地对镍基合金、钛合金和奥氏体不锈钢进行渗透检测，研制出了严格控制硫、氟、氯等杂质元素含量的新型渗透液。

20 世纪 50 年代，我国的渗透检测技术开始起步，当时主要是沿用苏联工业中的成熟技术和材料。20世纪60年代中期，我国的许多大型企业和科研单位纷纷自行研制渗透剂，到70年代后期，已成功研制出基本无毒害、可检测微米级宽表面裂纹的着色剂，并研制出了水洗型和后乳化型荧光渗透剂，这些产品的性能都达到国外同类产品的水平。

低毒高灵敏度的渗透剂研制成功后，检测产品的系列化、特殊用途渗透检测材料的开发以及配方改进、提高渗透检测材料的综合性能等各方面都得到了迅速发展。随着渗透检测技术的发展，国内外相继出现一些公司，专门向用户提供成套渗透检测材料和设备，进一步促进了渗透检测材料和设备的系列化和标准化。

(1) 液体的渗透力

液体的渗透力是指渗透检测中液体向固体孔隙中渗透的能力，渗透力的大小将显著影响发现缺陷的能力。影响液体渗透力的因素主要有液体的表面张力、液体与固体表面间润湿角的大小、缺陷的形状和大小以及渗透液的浓度等。

(2) 液体的润湿作用

润湿是固体表面上的气体被液体取代的过程。润湿角是表征渗透润湿能力的一个主要参数，润湿性能越好润湿角越小。图4-46所示为一液滴在固体表面的受力分析。A点处于液-固-气三相的交界处，有3种界面张力作用于该点：固体与液体之间的表面张力F_{SL}、气体与液体之间的表面张力F_{LG}、固体与气体之间的表面张力F_{SG}。

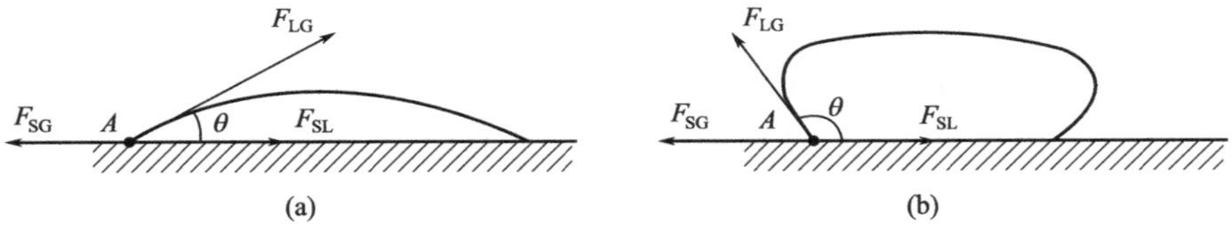

图4-46　液滴在固体表面受力示意图

当液滴处于平衡状态时，有

$$F_{SG}=F_{SL}+F_{LG}\cos\theta \tag{4-19}$$

进而得到

$$\cos\theta=\frac{F_{SG}-F_{SL}}{F_{LG}} \tag{4-20}$$

式中，θ是润湿角。

润湿角的大小反映了液体在固体表面的润湿情况，一般有以下几种情况。

① 当$\theta=0°$时，称液体在固体界面上完全润湿；

② 当$0°<\theta<90°$时，称液体在固体表面部分润湿，θ越小润湿程度越好；

③ 当$180°>\theta\geqslant 90°$时，称液体在固体表面润湿不良；

④ 当$\theta=180°$时，称液体在固体界面上完全不润湿。

从式(4-19)可知，润湿作用与液体的表面张力密切相关。F_{LG}减小，$\cos\theta$增大，则θ减小，即液体对固体的润湿程度增加。因此，要提高润湿能力，可在液体中加入表面活性剂以降低表面张力。

(3)毛细现象

毛细现象是指细管中液面的高度和形状随液体对管壁的润湿情况不同而变化的现象，如图 4-47 所示。

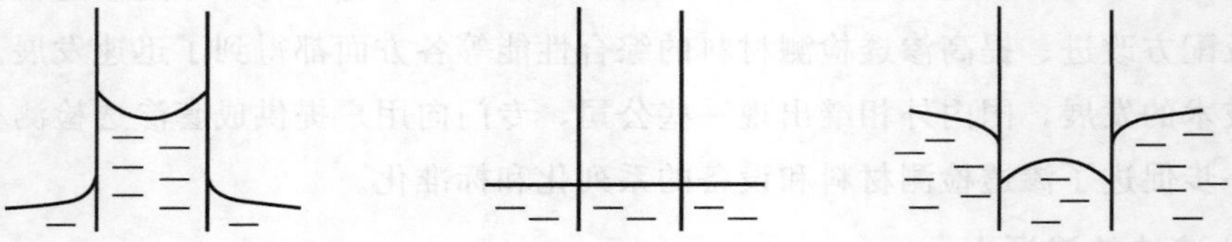

图 4-47 毛细现象

液体在毛细管中，上升的高度 h 可表示为：

$$h=\frac{4\alpha\cos\theta}{d\rho g} \tag{4-21}$$

式中 α——液体表面张力系数；

θ——润湿角；

d——细管直径；

ρ——液体密度；

g——重力加速度。

除了上述细管毛细现象外，润湿液体在间隔距离很小的两平行板之间也会产生毛细现象，其液面上升高度恰为毛细管内同样液体上升高度的一半，即

$$h=\frac{2\alpha\cos\theta}{d'\rho g} \tag{4-22}$$

式中，d'为两平行板之间的距离。

(4)表面活性与表面活性剂

表面活性是指能使溶剂表面张力降低的性质。表面活性剂是指随其浓度增加可使溶剂表面张力下降比较急剧的表面性物质。其是否溶于水，即亲水性大小是一项重要指标。

表面活性剂分离子型和非离子型两类。离子型是指表面活性剂溶于水时，能生成离子的表面活性剂；非离子型是指表面活性剂溶于水时，不能生成离子的表面活性剂。

(5)乳化与乳化剂

乳化是一种液体以极微小液滴均匀地分散在互不相溶的另一种液体中的作用。乳化是液-液界面现象，两种不相溶的液体，如油与水，在容器中分成两层，密度小的油在上层，密度大的水在下层。若加入适当的表面活性剂，在强烈的搅拌下，油被分散在水中，形成乳状液，该过程叫乳化。

乳化剂是乳浊液的稳定剂，是表面活性剂。当它黏附在分散质的表面时，形成薄膜

或双电层，可使分散相带有电荷，这样就能阻止分散相的小液滴互相凝结，使形成的乳浊液比较稳定。

乳化剂从来源上可分为天然品和人工合成品两大类，按其在两相中所形成乳化体系性质又可分为水包油型和油包水型两类。衡量乳化性能最常用的指标是亲水亲油平衡值，即 HLB 值。HLB 值低表示乳化剂的亲油性强，易形成油包水型体系；HLB 值高则表示亲水性强，易形成水包油型体系。

乳化方法通常包括油水混、转相乳化、低能乳化 3 种。

① 油水混　水、油分别在不同容器内进行乳化剂混合，将亲油性的乳化剂溶于油相，将亲水性乳化剂溶于水相，而乳化在第三容器内进行。每一相少量而交替地加于乳化容器中，直至其中某一相已加完，另一相余下部分以细流加入。如使用流水作业系统，则水、油两相按其设定比例连续投入系统中。

② 转相乳化　在一较大容器中制备好内相，将已制备好的外相以细流形式或一份一份地加入内相，比如制备水包油型，水是外相。内相起先形成油包水型乳状液，水相继续增加，乳状液逐渐增稠，但在水相加至 66%以后，乳状液就突然发稀，并转变成水包油型乳状液，继续将余下的水相快速加完，而最终得到水包油型乳状液。此种方法称为转相乳化法，由此法得到的乳状液其颗粒细小，分散均匀。转相乳化缺点是将外相、内相加热到 75～90℃进行乳化，然后进行搅拌、冷却，在这个过程中需要消耗大量的能量。

③ 低能乳化　在转相乳化时，外相不全部加热，而是将外相分成 α 相与 β 相两部分，只对 β 相进行加热，由内相与 β 相进行乳化，制成浓缩乳状液；然后用常温的 α 外相进行稀释，最终得到乳状液。这种方法的优点是节约了能源，提高了乳化速率。

4.4.1　渗透检测的特点

(1) 渗透检测技术的优点

渗透检测方法可检查各种非疏孔性材料的表面开口缺陷，如裂纹气孔、折叠、疏松、冷隔等。渗透检测技术不受材料组织结构和化学成分的限制，不仅可以检查有色金属和黑色金属，还可以检查塑料、陶瓷及玻璃等。渗透检测具有较高的检测灵敏度，超高灵敏度的渗透检测材料可清晰地显示宽 0.5μm、深 10μm、长 1mm 左右的细微裂纹。而且，渗透检测的显示直观，容易判断，操作也非常快速简便，一次操作即可检出一个平面上各个方向的缺陷。此外，渗透检测还具有设备简单、携带方便检测费用低、适应于野外工作等优点。正是由于以上优点，渗透检测技术在工业领域得到了广泛的应用。

(2) 渗透检测技术的局限性

首先是渗透检测不适于检查多孔性或疏松材料制成的工件或表面粗糙的工件，因为检测多孔性材料时，会使整个表面呈现强的荧光背景，以致掩盖缺陷显示；而工件表面太粗糙时，易造成假象，降低检测效果。其次是渗透检测只能检出零部件的表面开口缺陷，被污染物堵塞或经机械处理（如喷丸、抛光和研磨等）后开口被封闭的缺陷则不能被有效检出。另外，渗透检测只能检出缺陷的表面分布，难以确定缺陷的实际深度，因而很难对缺陷做出定量评价。

4.4.2 渗透检测的基本原理

液体渗透检测法的基本原理是以物理学中液体对固体的润湿能力和毛细现象为基础的（包括渗透和上升现象），如图 4-48 所示。将零件表面的开口缺陷看作是毛细管或毛细缝隙，首先将被检工件浸涂具有高度渗透能力的渗透液，由于液体的润湿作用和毛细现象，渗透液便渗入工件表面缺陷中。此时在不进行显像的情况下可直接观察，如果使用显像剂进行显像，灵敏度会大大提高。显像过程也是利用渗透的作用原理，显像剂是一种细微粉末，显像剂微粉之间可形成很多半径很小的毛细管，这些粉末又能够被渗透剂润湿，所以当把工件缺陷以外的多余渗透剂清洗干净，给工件表面再涂一层吸附力很强的白色显像剂时，根据上述的毛细现象，渗入裂缝中的渗透剂就很容易被吸出来，形成一个放大的缺陷显示，在白色涂层上便显示出缺陷的形状和位置的鲜明图案，从而达到了无损检测的目的。

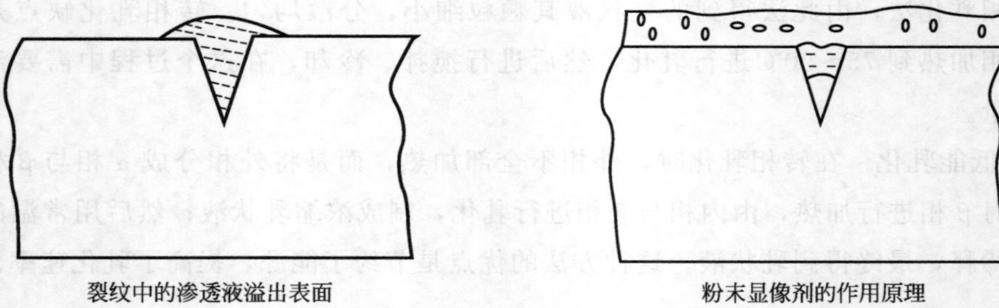

裂纹中的渗透液溢出表面　　　　粉末显像剂的作用原理

图 4-48　液体渗透检测基本原理

渗透剂是渗透检测中最关键的材料，直接影响检测的精度。渗透剂应具有以下性能：

① 渗透性能好。

② 易清洗。

③ 对荧光渗透剂，荧光灰度要高；对着色渗透剂，色彩要鲜艳。

④ 酸碱度要呈中性，对被检部件无腐蚀，毒性小，对人体无害，对环境污染小。

⑤ 闪点高，不易着火。

⑥ 制造原料来源方便，价格低。

渗透剂按显像方式可分为荧光渗透剂和着色渗透剂两种。按清洗方法可分为水洗型渗透剂、后乳化型渗透剂和溶剂去除型渗透剂三种。

水洗型渗透剂是在渗透剂中加入了乳化剂，可直接用水清洗。乳化剂含量高时，渗透剂容易清洗（在清洗时容易将宽而浅的缺陷中的渗透剂清洗出来，造成漏检），但检测灵敏度低。乳化剂含量低时，难以清洗，但检测灵敏度高。

后乳化型渗透剂中不含乳化剂，在渗透完成后，给零件表面的渗透剂加乳化剂。所以使用后乳化型渗透剂进行着色检测时，渗透液保留在缺陷中而不被清洗出来的能力强。

溶剂去除型渗透剂中不用乳化剂，而是利用有机溶剂（如汽油、乙醇、丙酮）来清洗零件表面多余的渗透剂，达到清洗的目的。

4.4.3 渗透检测技术

(1) 渗透检测法分类

按照渗透检测法中所使用的渗透液及观察时光线的不同，渗透检测法大致上可以分成荧光渗透检测法、着色渗透检测法两大类，具体分类如图 4-49 所示。

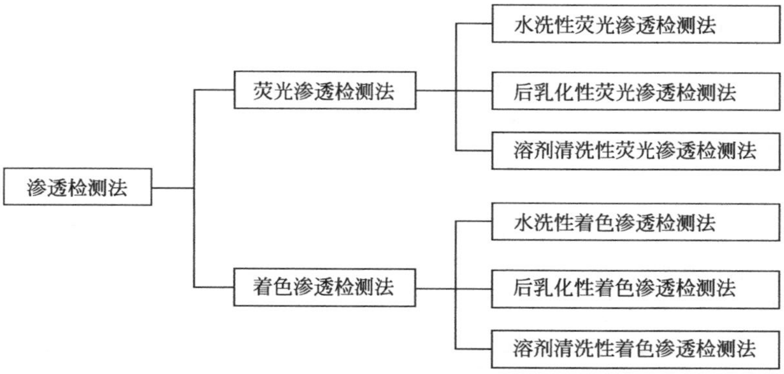

图 4-49　渗透检测法分类

① 荧光渗透检测法　渗透检测液是用黄绿色荧光颜料配制而成的黄绿色液体。荧光渗透检测法的渗透、清洗和显像与着色渗透检测法相似，观察则在波长为 365nm 的紫外线照射下进行，缺陷呈现黄绿色的痕迹。

荧光渗透检测法的优点是检测灵敏度较高，缺陷容易分辨。其缺点是在观察时要求工作场所光线暗淡；在紫外线照射下观察，检测人员的眼睛容易疲劳；紫外线长期照射对人体皮肤有一定的危害；其适应性不如着色渗透检测法。

荧光渗透检测法按清洗方法不同，分为水洗型（自乳化）、后乳化和溶剂清洗型三种荧光渗透检测法。按显像方法不同，每种方法又可以进一步分成干法显像和湿法显像。

② 着色渗透检测法　着色渗透检测法使用的渗透剂是用红色颜料配制成的红色油状液体，在自然光线下观察红色的缺陷显示痕迹。观察时不使用任何辅助光源，只要在明亮的光线照射下便可进行观察。着色渗透检测法较荧光渗透检测法使用方便、适用范围广，但检测灵敏度低于荧光渗透检测法。

着色渗透检测法按使用的渗透剂不同可分成水洗型（自乳化）、后乳化和溶剂清洗型着色渗透检测法。若按显像方法的不同，每种方法又可分成干法显像和湿法显像。

(2)渗透检测方法的选择

各种液体渗透检测法都具有一定的独特之处，也有一定的局限性，因此每种渗透检测方法并不能完全适应所有的工件表面质量检验。在具体进行渗透检测时，应视工件表面粗糙度、尺寸、数量、形状、缺陷的种类、检测剂的性能、检测方法的优缺点进行适当的选择，液体渗透检测方法的选择见表 4-14，常用渗透检测法的优、缺点见表 4-15～表4-18。

表 4-14　液体渗透检测方法的选择

检验内容及要求	推荐选用的方法	备注
工件尺寸较小,检测数量较多	W,O	若在流水线上作业,小零件可装在吊篮里进行渗透检测操作
工件尺寸较大,检测数量较多	P,V	用于大型锻件、挤压件
要求检验微小的缺陷	P	缺陷显示痕迹色泽鲜明,检测灵敏度较高
检测刮伤和较浅的缺陷	P,V	乳化程度可得到有效的控制
表面粗糙工件的检测	W,O	易于清洗
检测线材及工件上销槽内的缺陷	W,V,O	若采用方法 P,细小接角处不易清洗干净
表面光滑工件的检测	W,P	按工件数量及灵敏度要求从中选择
检测尺寸的点状缺陷	V	具有较高的检测灵敏度
便携式检测装置现场作业	V	操作方便
现场无水和电源	V	不需要水和电源
检测阳极电化处理的工件	V,P,W	按顺序有目的地选择
检测阳极电化处理后的裂纹	O	要求有较好的凝胶作用
复检及设备维修时渗透的检测	V,P	重复检测次数不得超过 5～6 次
渗透检漏	W,V,O	仅指贯穿性缺陷,要求有较好的渗透性

注：W—水洗性（自乳化）荧光渗透检测法；P—后乳化性荧光渗透检测法；V—溶剂清洗着色渗透检测法；O—水洗性（自乳化）着色渗透检测法。

表 4-15　水洗型（自乳化）荧光渗透检测法优、缺点

优点	缺点
①具有清晰可辨的荧光显示 ②用水清洗,操作方便,检测费用低 ③适用于小型零件、大批量渗透检测 ④适用于粗糙表面工件渗透检测 ⑤适用于窄缝和工件上销槽内缺陷检测 ⑥检验周期较其他方法短,能适应绝大多数类型的缺陷检测	①不宜在复检场合下使用 ②工件表面阳极电化层对检测灵敏度影响较大 ③工件表面镀镍层对检测灵敏度影响较大 ④要求工作场所光线暗淡 ⑤不适合检测刮伤或较浅的缺陷

表 4-16　后乳化型荧光渗透检测法优、缺点

优点	缺点
①具有清晰可辨的荧光显示痕迹 ②具有较高的检测灵敏度,适合检测小缺陷 ③能检测宽度较大、深度较浅的缺陷 ④乳化处理后能方便地用水清洗 ⑤渗透时间短 ⑥检测速度快,尤其适用于大型工件检测 ⑦能应用于阳极电化、镀铬表面的渗透检测 ⑧能对缺陷重复检测	①增加乳化处理步骤 ②要求工作场所的光线暗淡 ③对某些工件清洗困难(如线状工件、沟槽内缺陷、盲孔等) ④检测液中含有可燃性材料 ⑤不适合粗糙表面工件(如铸件的检测) ⑥需要有冲水辅助装置

表 4-17　溶剂去除型着色渗透检测法优、缺点

优点	缺点
①不需要紫外线照射装置，具有最大可携带性 ②适用于大型工件的检测，不需要过多的辅助装置 ③适用于远离电源、水源场所使用 ④能应用于阳极电化的表面检测 ⑤适用于设备维修时的检测 ⑥具有较高的检测灵敏度，可发现微小的缺陷 ⑦抗污染力强，对缺陷内预先渗入的酸、碱物质不敏感	①检测液体中有易燃材料 ②缺陷显示痕迹清晰度较荧光渗透检测法差 ③不适用于粗糙表面的工件（铸件）的检测 ④不能在开放性容器内使用，检测液易挥发干涸 ⑤不能检测宽而浅的缺陷 ⑥生产成本较高

表 4-18　水洗型（自乳化）着色渗透检测法优、缺点

优点	缺点
①不需要紫外线照射装置，可携带性较好 ②适合于粗粒表面工件（铸件）的检测 ③用水清洗方便 ④适用于大型工件的检测 ⑤适合于检测窄缝、销槽、盲孔内缺陷	①需要冲水辅助装置 ②缺陷显示痕迹清晰度较差 ③检测灵敏度较低，不适合检测微小缺陷 ④不宜在重复检测场合下使用

（3）渗透检测的基本步骤

渗透检测一般分为 6 个基本步骤：预清洗、渗透、清洗、干燥、显像和检验。图 4-50～图 4-52 描述了几种渗透探伤法的基本操作步骤。

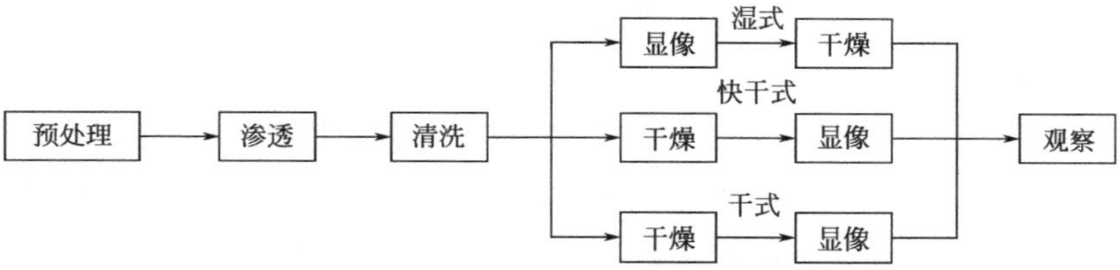

图 4-50　水洗型渗透探伤法步骤

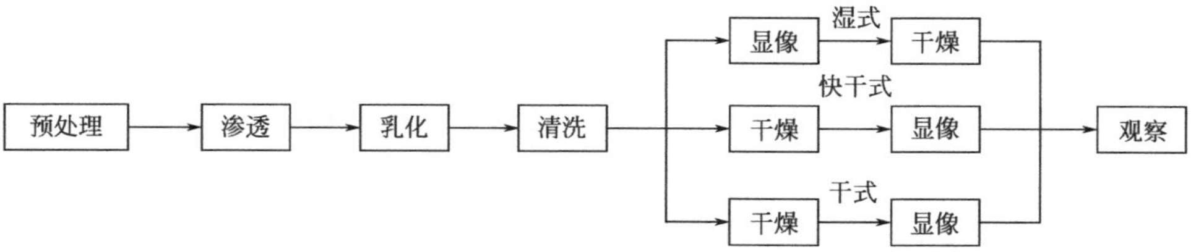

图 4-51　后乳化型渗透探伤法步骤

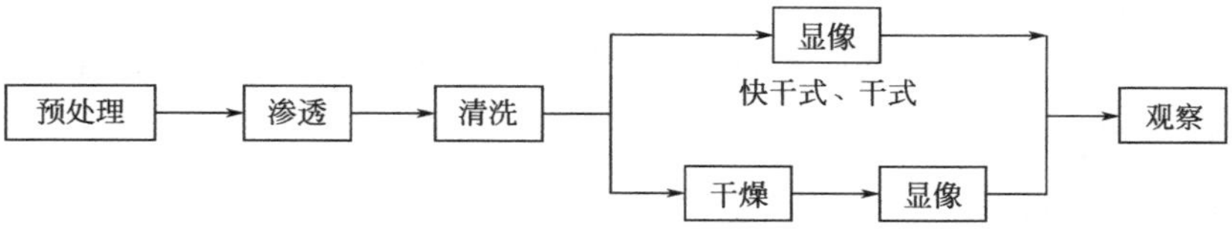

图 4-52　溶剂去除型渗透探伤法步骤

① 预清洗　清洗方法主要有化学法和机械法。化学法即采用酸、碱清洗；机械法即采用滚筒磨蚀、干吹砂、湿吹砂、钢丝刷刷、高压水清洗、蒸洗、超声波清洗等。最

常用的方法是蒸汽除油，去除工件表面的污染。

② 渗透　主要有3种渗透法：

a. 液浸法：渗透比较充分，速度较快，适用于检测批量较大的小型工件。

b. 喷洒法：不受物件大小限制，但容易污染工作环境，应注意通风、防火。

c. 涂刷法：适用于批量、研发型工件检测，速度慢，效率低。渗透时需控制好渗透时间，时间太短，渗透不充分；时间太长，不但降低效率，而且导致大量渗透液挥发，污染环境。

一般渗透时间小于30min，渗透温度低于50℃。

③ 乳化与清洗　乳化处理是后乳化型渗透检测中的一道工序。乳化处理不但有利于工件表面剩余渗透剂的清除，而且由于非离子型乳化剂的胶凝现象而使已渗入表面缺陷内的渗透剂不会被水冲洗掉。

材料或工件被检表面剩余渗透剂的除净与否将直接影响到判伤的正确性。清洗剂一般由水加乳化剂组成。但由于渗透剂的主要成分是油液，油水之间互不相溶，水洗过程常加乳化剂。乳化剂以其亲油基与油相连，亲水基与水相连，乳化剂吸附在油水两相界面上，把油和水连接起来，防止油水相互排斥。

渗透剂在缺陷中的残留性能对检测灵敏度影响很大。在清洗工件表面剩余渗透剂的同时，如果连同已渗入缺陷内的渗透剂也被清洗了，就会影响检测发现缺陷的能力，降低检测灵敏度和可靠性。因此，渗透剂在缺陷中不致被清洗掉的能力越强，则检测灵敏度和可靠性就越高。

显像剂由氧化锌、氧化镁等白色粉末、水或一些容易挥发的溶剂组成。由于白色粉末的颗粒度在几个微米或更小的数量级（0.25～0.70μm），比缺陷缝隙的开口宽度要小得多，当这些粉末微粒覆盖在缺陷缝隙上时，会形成非常细的无规则的毛细通道，缺陷中残留的渗透剂就会向粉末微粒缝隙中渗透。缺陷中的渗透剂被显像微粒吸附上来并在平面内持续润湿，使图像不断扩展，缺陷从而被放大显示。

按显示物质的不同，显示可分为以下几种。

a. 干式：用干燥的白色微细粉末喷洒在表面干燥的工件上，广泛应用于荧光检测法。

b. 湿式：由水、白色粉末、糊精和少量表面活性剂按一定比例组成的悬浊液喷涂在工件表面，再进行干燥处理，加速显像液中水分的蒸发，使缺陷内渗透液被容易被干燥的显像薄膜吸附。

c. 快干式显像法：用白色粉末加易挥发的有机溶剂制成悬浊液喷涂在工件表面。

(4) 缺陷显像判别

① 显像的真实缺陷

a. 连续线状。主要是裂纹、冷隔、铸造及折叠等缺陷。

b. 断续线状。主要是线性缺陷，当零件进行机加工时，表面的线性缺陷有可能被部分堵住，从而显示为断续的线状。

c. 圆形。主要是铸件表面的气孔、针孔或疏松等缺陷。

d. 小点状。主要是针孔、显微疏松等缺陷。

② 虚假的影像　在零件的表面由于渗透剂污染和清洁不干净而产生的显像称为虚假显像。虚假显像从显像特征分析很容易辨别：用乙醇棉球擦拭，虚假显像容易被擦掉，且不再重新显像。

(5)渗透检测装置

渗透检测装置分为适合现场检测的便携式装置和固定式装置。

① 便携式装置

a. 工具箱式的便携式设备。便携式设备一般是小的箱子，里面装有渗透剂、清洗剂、显像剂，以及擦洗构件用的毛刷、金属刷等。如果是荧光法，还配有轻便的携带式紫外灯、电源线及黑布等。

b. 内压式喷罐。渗透剂、清洗剂和显像剂三个喷罐构成一套装置，通常用于溶剂去除型渗透检测，使用和携带以及储存都很方便，操作时不要水、电、气等。

② 固定式装置　固定式装置一般布置在检测车间内的生产流水线上，或是独立的检测车间内，通常用于水洗型和后乳化型渗透检测。其基本结构包括预清洗装置、渗透装置、乳化装置清洗装置、干燥装置、显像装置、观察装置和后处理装置。

a. 预清洗装置。这道工序装置包括蒸汽除油槽、溶剂清洗槽、冲洗喷枪、超声清洗机及喷砂设备等。图 4-53 是使用比较方便的一种蒸汽除油槽，可见底部是加热装置。当温度达到 87℃时，槽底的三氯乙烯溶液开始沸腾，产生蒸汽，蒸汽在槽上部的冷凝器上冷凝，并滴入槽中。

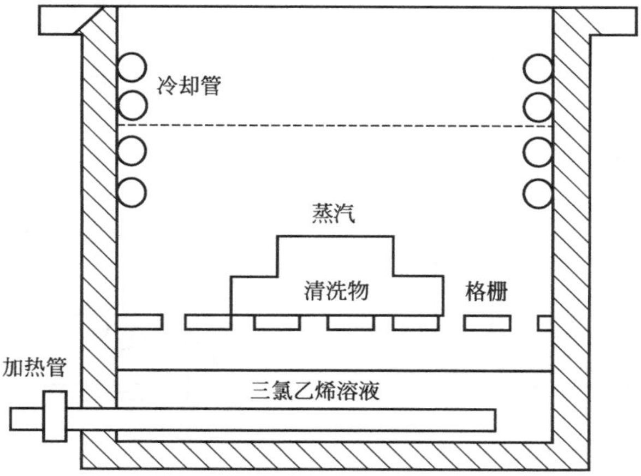

图 4-53　蒸汽除油槽

b. 渗透剂槽。渗透剂槽用以浸渍构件，如图 4-54 所示。槽内装有渗透剂，小型构件可浸渍，然后放到滴落架上让残余的渗透剂滴入槽内。大型构件则可采用喷枪，将渗透剂喷到构件上，多余渗透剂滴入槽内。

c. 乳化装置。乳化装置是采用后乳化型渗透检测的必要设备，其装置与渗透剂槽

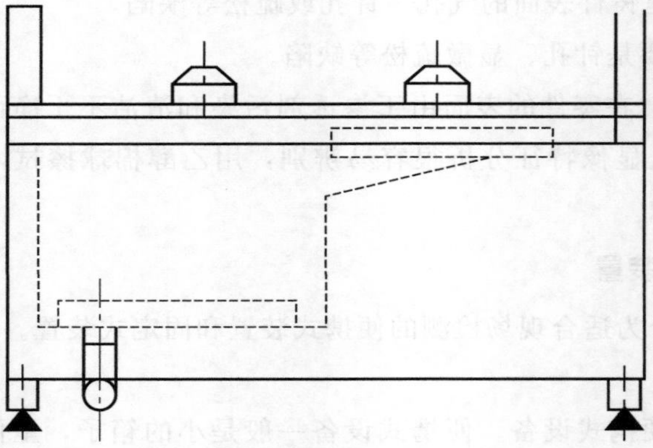

图 4-54　渗透剂槽

基本相同。

d. 清洗装置。如图 4-55 所示是压缩空气搅拌水槽，用以清洗经乳化处理过的或水洗型渗透剂渗透过的构件。除空气搅拌水槽外，也采用多喷头喷洗槽或压缩空气冰喷枪等手工喷洗设备。

e. 干燥装置。多采用热风循环烘箱，带有温度自动调节装置，通常干燥温度不超过 80℃。

f. 显像装置。图 4-56 所示是干式显像粉柜，用电扇或压缩空气搅拌。柜内有放构件的格栅。湿式显像剂要用显像槽，并带有滴落架。

g. 观察装置。在观察室内配有白炽照明灯、紫外灯、排气风扇和观察台等。

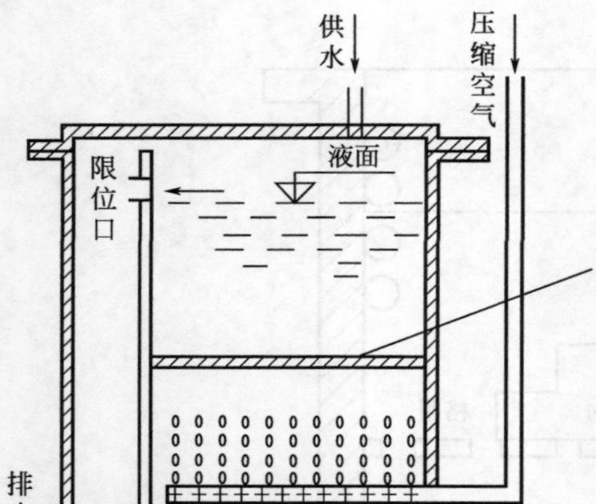

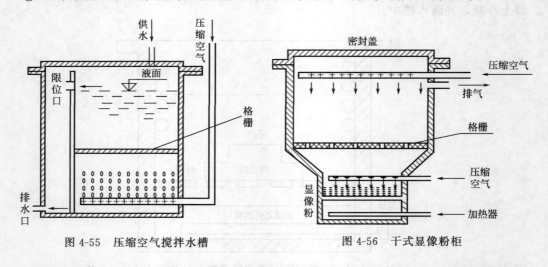

图 4-55　压缩空气搅拌水槽

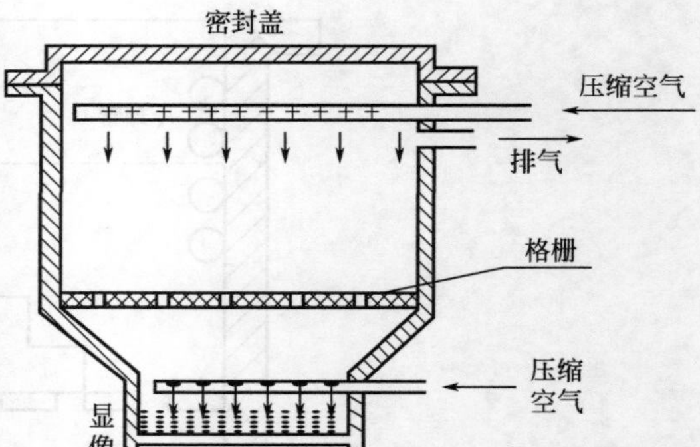

图 4-56　干式显像粉柜

h. 后处理装置。后处理装置包括温水清洗器、超声清洗器等，用以清除附着在构件表面上的显像剂，必要时涂漆、防腐处理等。以上固定式装置按固定方式不同，可分为一体式装置和分离式装置。一体式装置就是以上各种工序的装置都连成一体，全长一般仅 3～4m；而分离式装置是将以上各种工序的装置依次排列在工作场所。

③ 紫外灯　紫外灯是荧光检测的关键装置。荧光检测所用的紫外线波长在 330～

390nm 范围内，中心波长为 365nm。紫外线照射装置由高压水银灯、紫外线过滤器和镇流器组成。紫外灯泡则是将高压水银灯和紫外线过滤器组合在一起的特种灯泡，只要串接一个与灯泡相同功率的镇流器就可接到 220V 交流电源上使用。

紫外灯泡的内管是石英管。石英管内充有水银和氖气，石英管内有两个主电极、一个辅助电极。辅助电极与其中一个主电极靠得很近，开始通电时，这两个电极首先通过氖气产生电弧放电，然后导致两个主电极之间产生电弧放电，产生紫外线。在放电情况下，管内水银蒸气可达（4～5）$\times 10^5$Pa，故内管又称高压水银灯。通电到大量水银蒸气产生并达到稳定放电大约需要 5min，因此根据灯的类型不同，接通电源一般要等 5～15min，待紫外灯放电稳定后，才能开始正常检测。

根据国际标准规定，用于荧光检验的紫外灯，在距光源 40cm 处，紫外线强度应不低于 800～1000μW/cm^2。紫外灯强度用专门紫外灯强度检测仪来进行测量。

④ 对比试块　渗透检测的对比试块是用来检查渗透检测剂的性能及操作方法是否正确的试块，通常有铝合金经淬火制成和不锈钢单面镀铬制成的两种。

图 4-57 所示的 A 型对比试块是铝合金经淬火试片。试片中间有一道沟槽，将试片分为两半，以便进行不同检测剂的对比，不致相互污染。这种试片优点是制作简单、经济，适合于对检测剂进行综合性能比较；缺点是使用多次再现性不良，不能用于高灵敏度检测剂的性能鉴别。图 4-58 所示的辐射裂纹试片是不锈钢单面镀铬试块。在镀面以直径 10mm 的钢球，用布氏硬度法按 750kg、1000kg、1250kg 载荷打 3 个点硬度，便在镀层上形成三处辐射状裂纹，750kg 产生裂纹最小，通用于较高灵敏度的测定。这种试片不像前两种可分成两半来比较，通常是与塑料制品或照片对照使用。

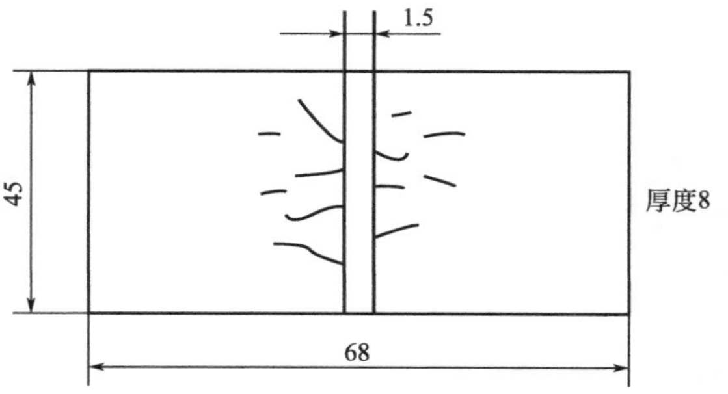

图 4-57　A 型对比试块（单位：mm）

图 4-58　辐射裂纹试片示意图

4.5　射线检测

射线检测是五种常规无损检测技术之一。它依据被检工件由于成分、密度、厚度等的不同，对射线（即电磁辐射或粒子辐射）产生不同的吸收或散射的特性，对被检工件的质量、尺寸、特性等作出判断。

X 射线是 1895 年由德国物理学家伦琴发现的。1912 年，美国物理学家 D·库利吉博士研制出了新型的 X 射线管——白炽阴极 X 射线管，这种 X 射线管可以承受高电压、高管流，从而为 X 射线的工业应用奠定了基础。1922 年，美国马萨诸塞州的 Watertown 陆军兵工厂安装了库利吉管 X 射线机，第一次完成了真正的工业射线照相。从此以后，射线照相检验技术得到了迅速发展。20 世纪 30 年代，射线照相检验技术开始进入正式工业应用。20 世纪 70 年代以后，图像增强器射线实时成像检验技术、射线层析检测技术（CT 技术、康普顿散射成像检测技术）等发展迅速。1990 年以后，射线检测技术进入了数字射线检测技术时代。

（1）射线的基本性质

X 射线、γ 射线和中子射线均可用于固体材料的无损检测，其特性如下：

① 射线是一种波长极短的电磁波，不可见，直线传播。X、γ 射线统称为光子。根据图 4-59 的波谱图可查得：X 射线的波长为 0.1～10nm；γ 射线的波长为 0.001～0.1 nm。

② 不带电，不受电场和磁场的影响。

③ 具有很强的穿透能力，而且波长愈短，穿透能力愈强。根据波长的长短，可以把射线分为硬射线和软射线。硬射线指波长短的射线（即穿透能力强的），如 γ 射线。软射线指波长较长的射线。

④ 能使照相软片感光等光化作用，即具有照相作用。但因为 X 射线和 γ 射线的照相作用比普通光线的照相作用小得多，必须使用特殊规格的 X 光胶片，这种胶片的两面都涂了较厚的乳胶。为了表示底片黑的程度，采用了称为底片黑度 D 的这个参量。对黑化了的底片用强度为 I_0 的普通光线进行照射，设透过底片后的光强度为 I，如图 4-60 所示，则 D 可定义为：

$$D = I_{g}(I_0/I) \tag{4-23}$$

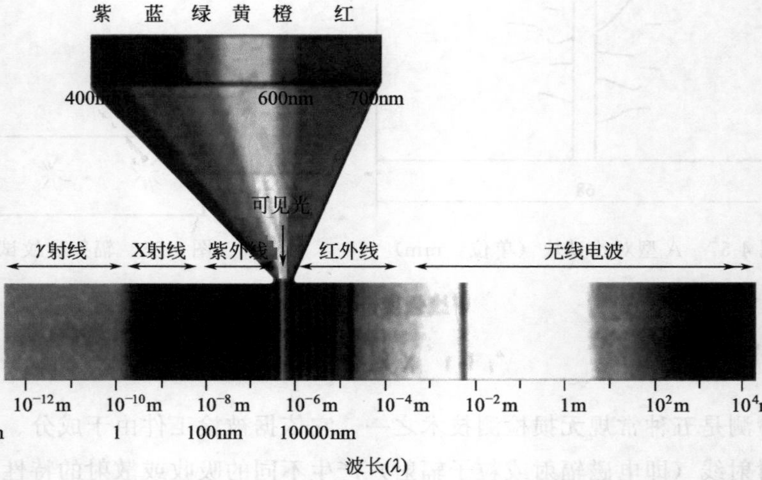

图 4-59 不同光线的波谱

⑤ 荧光作用：某些物质被射线照射以后，就会发出黄的或蓝的可见光。为了增强照相的曝光作用，采用有荧光作用的荧光增感屏。

⑥ 电离作用：当射线照射气体时，电荷呈中性的气体分子吸收了射线的能量而放射出电子，成为正离子，被电离的气体分子数量同照射的射线剂量成正比。直接利用电离作用检测的很少，大多是用作安全管理的测量仪器。

⑦ 生物效应：当生物细胞受到一定量的射线照射以后，将产生损害、抑制，甚至坏死。

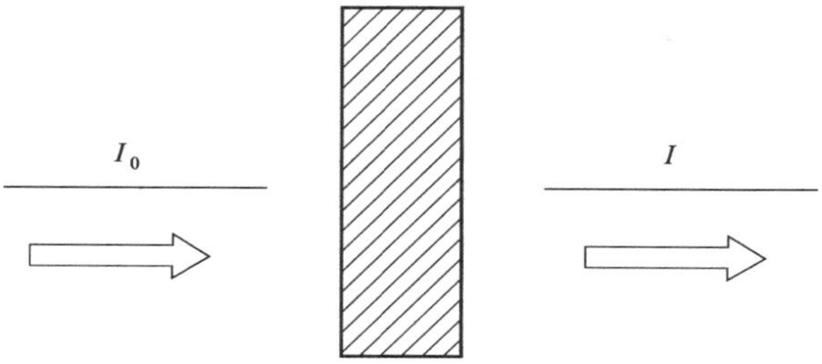

图 4-60 底片黑度原理示意图

(2)射线的产生

① X 射线的产生 产生 X 射线的三个条件：

a. 具有一定数量的电子。

b. 迫使这些电子在一定方向上做高速运动。

c. 在电子运动方向上设置一个能急剧阻止电子运动的障碍物。

② X 射线的发生 利用 X 射线管(如图 4-61 所示)。首先，对灯丝通电预热，产生电子热发射，形成电子云（20min 左右）；然后，对阴极和阳极施加高电压（几百千伏），形成高压电场，加速电子，并使其定向运动；被加速的电子最终撞击到阳极靶上，将其高速运动的动能转化为热能和 X 射线。这里，一般把加在阴极和阳极之间的电压称为管电压，通常为几十千伏至几百千伏，要借助变压器来实现。从阳极向阴极流动的这个电流（电子是从阴极移向阳极的），称为管电流。受电子撞击的地方，即 X 射线发生的地方，称为焦点。对管电流可以调节灯丝加热电流，对管电压可以调整 X 射线装置主变压器的初级电压。

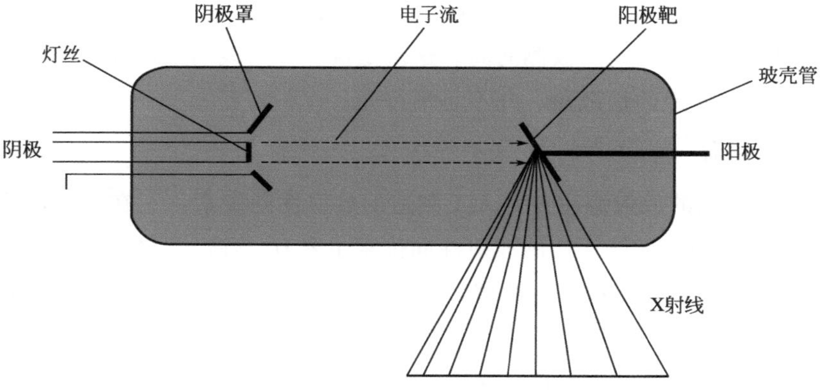

图 4-61 X 射线管结构示意图

③ X 射线谱　从 X 射线管激发出来的 X 射线，产生的射线谱如图 4-62 所示，有些波长范围极狭而强度很大的部分，如 K_{α}、K_{β}，称为线谱或标识 X 射线；而有些则强度不高，如射线中的连续部分，是连续谱或韧致 X 射线。标识 X 射线产生的条件，管电压 $U_{管}$ 要大于靶金属的激发电压 $U_{激}$。连续 X 射线的变化规律是管电压一定时，变动管电流或改变靶金属的种类，只改变 X 射线的相对强度，而 X 射线谱的形状不变。当提高管电压时最短波长和最高强度的波长都向波长短的方向移动。管电压越高，平均波长越短，该现象叫线质的硬化。

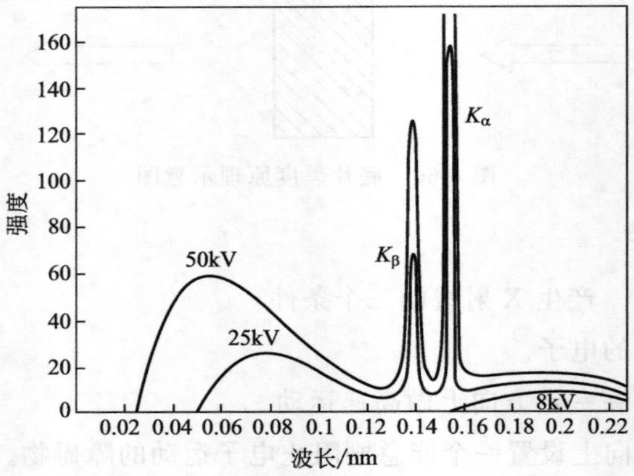

图 4-62　X 射线谱

这里需要强调以下几点：

a. 高速运动电子的能量，绝大多数转换为热能，转化为 X 射线的能量仅占 1%左右；因此阳极靶必须散热和冷却；这个问题应该由 X 射线管的设计人员解决。

b. 产生 X 射线的强度与管电流成正比，与管电压的平方成正比，与阳极靶材料的原子序数成正比。因此，恰当选择管电流、管电压和阳极靶材料至关重要。换言之，X 射线的强度可由管电流和管电压灵活调节。

c. 常用的阳极靶材料为钨，它具有高原子序数和高熔点。

d. X 射线强度的分布规律：在垂直电子束的方向上最强；在平行电子束的方向上最弱。靠近阴极侧的比远离阴极侧的高。这就是说，X 射线的强度在空间中的分布是不均匀的，而且具有一定的扩散角，并不是平行光。

（3）γ 射线源

γ 射线探伤使用的放射源主要是人工制造的放射性同位素，它在自发的衰变过程中就产生 γ 射线。常用于射线探伤的放射性同位素主要有：^{60}钴、^{192}铱、^{170}铥、$^{137/134}$铯等。

γ 射线的谱是线谱，而没有连续谱，放射性元素原子核自发地放射出三种本质不同的射线：

α 射线，带正电荷的氦原子核，穿透能力最弱，不用于探伤。

β 射线，带负电荷的电子流，穿透能力略强。

γ 射线，波长很短的中性电磁波，穿透能力很强。

放射性元素的衰变，不受任何物理、化学条件的影响，仅取决于放射性元素本身的性质。其衰变规律是放射性元素尚未衰变的原子数与原有的原子数比随时间变化呈现负幂指的关系，如式（4-24）所示。

$$N=N_0e^{-Kt} \tag{4-24}$$

式中 N——放射性元素在经过时间 t 后尚未衰变的原子数；

N_0——放射性元素原有的原子数；

K——放射性元素的衰变常数。

在无损检测中应用的射线源，关注的是半衰期（T），即当放射性元素的原子数因衰变而减少到原来的一半时，所经历的时间 T ［见式（4-25）］。半衰期至少几十天，否则无意义。

$$T=0.693/K \tag{4-25}$$

4.5.1 射线检测的特点

相比其他的常规无损检测技术，射线检测技术的主要特点是：

① 对被检验工件无特殊要求，检验结果显示直观；

② 检测结果可以长期保存；

③ 检验技术和检验工作质量可以自我监测。

射线检测技术适用于各种材料的检验，不仅可用于金属材料（黑色金属和有色金属），也可用于非金属材料和复合材料的检验，特别是它还可以用于放射性材料的检验。射线检测对被检工件的表面和结构没有特殊要求，可应用于各种产品的检验。射线检测的原理决定了这种技术最适宜体积型缺陷（即具有一定空间分布的缺陷，特别是具有一定厚度的缺陷）的检测。射线检测的灵敏度与一系列因素相关，除了所采用的射线照相技术外，主要是缺陷的类型、被检工件的材料与结构特点。射线检测技术的常用范围如下。

① 探伤：铸造、焊接工艺缺陷检验，复合材料构件检验等。

② 测厚：厚度在线实时测量。

③ 检查：机场、车站、海关检查，结构与尺寸测定等。

④ 研究：弹道、爆炸、核技术、铸造工艺等动态过程研究，考古研究，反馈工程等。

射线对人体可产生伤害，必须考虑辐射防护问题，必须按照国家和行业的有关标准法规做好辐射防护工作，避免辐射事故。另外，射线照相检测技术对裂纹类缺陷的方向性限制以及较高的检验成本也是射线检测技术存在的主要问题。针对常规射线检测技术存在的一些问题，近年来研究了一系列新技术，研制了新设备，如射线实时成像检测技术、计算机层析（CT）技术、康普顿散射成像检测技术等，这些技术在相当程度上克服了常规射线检测技术的弱点，为射线检测技术的应用开辟了重要的新领域。

4.5.2 射线检测原理

(1) 射线在物质中的衰减定律

射线在穿透物质的同时也会发生衰减现象。其发生衰减的根本原因有两点：散射和吸收。

① 吸收　吸收是一种能量的转换。当 X 射线通过物质时，射线的能量光子与物质中原子轨道上的电子互相撞击，可使得与原子核联系较弱的电子脱离原子，亦即使原子离子化，并且其碰撞情况也可以不同，有的量子在撞击时消耗全部能量，致使飞出的电子带有颇大的速度，这就是光电子；有的量子仅消耗部分能量。而这些逸出的电子，除速度较高者可以超出被照射的物体以外，形成与阳极射线相似的辐射；另一些电子与物质的量子碰撞时，将自己的动能转变为热能。

② 散射　散射减弱时由于部分射线折向旁边，改变了原射线的方向。这种现象与光线通过浑浊介质的散射完全相似。唯一的区别就是 X 射线波长甚小，任何对于光线透明的介质都成为“浑浊”，也就是物质的原子或其本身成了散射中心。

射线穿过物质时，由于康普顿效应（频率改变的散射过程）而被散射。另外，在射线照相时，由于遇到各种障碍产生的乱反射，如图 4-63 所示。

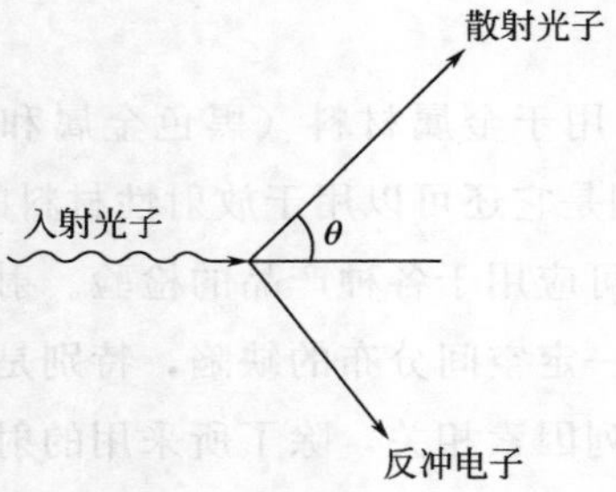

(a) 康普顿效应

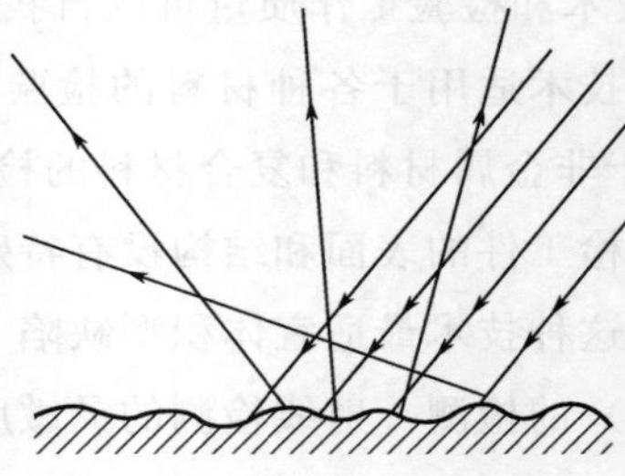
(b) 乱反射

图 4-63　射线碰到物质产生的散射现象

射线在穿透物质的同时发生的衰减定律是射线穿过一定厚度的工件（材料），其强度比与该工件的厚度呈负幂指的关系，见式（4-26）。

$$I_{\delta}=I_{0}\mathrm{e}^{-\mu\delta} \tag{4-26}$$

式中　I_0——射线的初始强度；

I_{δ}——射线的透射强度；

δ——工件的厚度；

μ——线衰减系数。

衰减系数是入射光子在物质中穿行单位距离时，与物质发生相互作用的概率。不同材料具有不同的衰减系数，一般与射线的波长、穿透物质的密度和被检物质的原子序数呈正比，有式（4-27）的关系。

$$\mu = f(\lambda, \rho, z) \tag{4-27}$$

式中　λ——射线的波长；

ρ——材料密度；

z——原子序数。

μ 随射线的种类和线质的变化而变化，也随穿透物质的种类和密度的变化而变化。对电磁波（X 射线和 γ 射线），若穿透物质相同，则波长 λ 增加，衰减系数变大；若波长 λ 相等，则穿透物质的原子序数 z 越大，衰减系数越大，密度越大，衰减越大。

(2) 射线检测的基本原理

射线检测主要是利用它的指向性、穿透性、衰减性等几个基本性质。工件的厚度是 δ，缺陷沿射线入射方向（箭头所示的方向）的厚度是 X，A、B 为工件缺陷上下的厚度，根据示意图有式（4-28）：

$$\delta = A + X + B \tag{4-28}$$

式中　X——缺陷厚度；

A——缺陷上部厚度；

B——缺陷下部厚度。

① 无缺陷区的射线透射强度：

根据衰减定律有：$I_\delta = I_0 e^{-\mu\delta}$

② 有缺陷区的射线透射强度：

$$\begin{aligned} I_x &= I_0 e^{-\mu A} e^{-\mu' X} e^{-\mu B} \\ &= I_0 e^{-\mu A} e^{-\mu B} e^{-\mu X} e^{\mu X} e^{-\mu' X} \\ &= I_0 e^{-\mu\delta} e^{-(\mu'-\mu)X} \\ &= I_\delta e^{-(\mu'-\mu)X} \end{aligned}$$

显然有：

$$I_x / I_\delta = e^{-(\mu'-\mu)X} \tag{4-29}$$

a. 当 $\mu' < \mu$ 时，$I_x > I_\delta$，如钢中的气孔、夹渣就属于这种。

b. 当 $\mu' > \mu$ 时，$I_x < I_\delta$，如钢中的夹铜就属于这种。

c. 当 $\mu' = \mu$ 或 x 很小时，$I_x \approx I_\delta$，几乎没有差异，缺陷则得不到显示。

4.5.3　射线检测技术

(1) 射线照相检测技术

X 射线检测常用的方法是照相法，即利用射线感光材料（通常用射线胶片），放在被透照试件的背面接收透过试件后的 X 射线。胶片曝光后经暗室处理，就会显示出物体的结构图像，如图 4-64 所示。根据胶片上影像的形状及其黑度的不均匀程度，就可以评定被检测试件中有无缺陷及缺陷的性质、形状、大小和位置。

① 灵敏度　灵敏度是指发现缺陷的能力，也是检测质量的标志。通常用两种方式

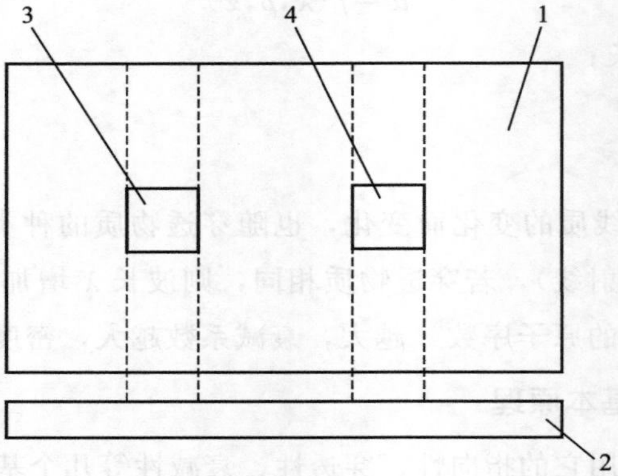

图 4-64 X 射线照相原理示意图

1—被透照试件；2—X 射线感光胶片；3—气孔缺陷；4—夹渣缺陷

表示：一是绝对灵敏度，是指在射线胶片上能发现被检测试件中与射线平行方向的最小缺陷尺寸；二是相对灵敏度，是指在射线胶片上能发现被检测试件中与射线平行方向的最小缺陷尺寸占试件厚度的百分比。若以 d 表示为被检测试件的材料厚度，x 为缺陷尺寸，则其相对灵敏度为：

$$K=\frac{x}{d}\times 100\% \tag{4-30}$$

② 透度计　透度计又称像质指示器，测定射线照相灵敏度的器件，根据在底片上显示的像质计的影像，判断底片影像质量，并可评定透照技术、洗相、缺陷检测能力。在透视照相中，要评定缺陷的实际尺寸非常困难，因此，要用透度计来做参考比较。同时，还可以用透度计来鉴定照片的质量和作为改进透照工艺的依据。透度计要用与被透照工件材质吸收系数相同或相近的材料制成。常用的透度计主要有下述两种。

a. 槽式透度计。槽式透度计的基本设计是在平板上加工出一系列的矩形槽，其规格尺寸如图 4-65 所示。对不同厚度的工件照相，可分别采用不同型号的透度计。

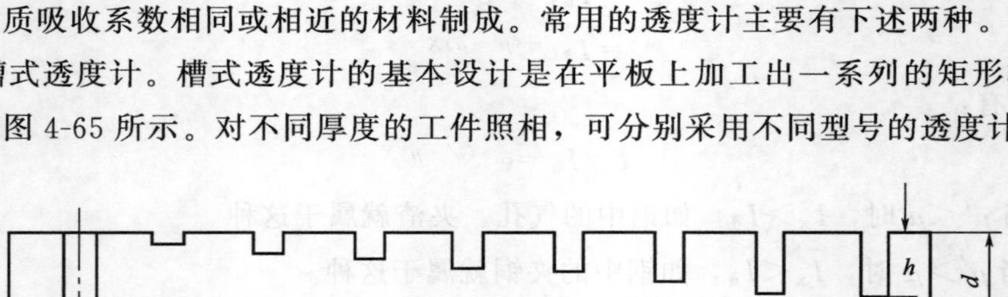

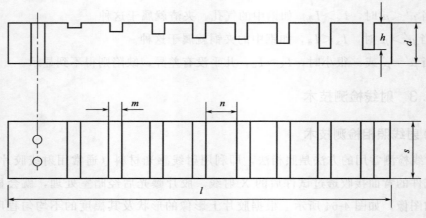

图 4-65　槽式透度计示意图

b. 金属丝透度计。金属丝透度计是以一套不同直径的金属丝均匀排列，黏合于两层塑料或薄橡皮中间而构成的。为区别透度计型号，在金属丝两端摆上与号数对应的铅字或铅点，如表4-19和图4-66所示。金属丝一般分为两类，透照钢材时用钢丝透度计，透照铝合金或镁合金时用铝丝透度计。金属丝透度计因结构简单，已形成国际标准。

表4-19　我国有关标准关于金属丝透度计的规定（CSB 02-1333—2000）

丝号	1	2	3	4	5	6	7	8	9	10
丝径/mm	3.20	2.50	2.00	1.60	1.25	1.00	0.80	0.63	0.50	0.40
偏差/mm	±0.03			±0.02					±0.01	
丝号	11	12	13	14	15	16	17	18	19	
丝径/mm	0.32	0.25	0.20	0.16	0.125	0.100	0.080	0.063	0.050	
偏差/mm	±0.01				±0.005		±0.003			

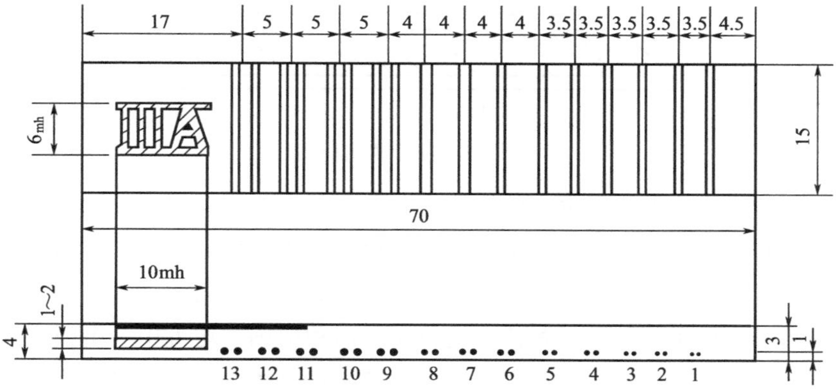

图4-66　金属丝透度计示意图

使用金属丝透度计时，应将其置于被透照工件的表面，并应使金属丝直径小的一侧远离射线束中心，保证整个被透照区的灵敏度达到如下计算数值：

$$K=\frac{\varphi}{d}\times 100\% \tag{4-31}$$

式中　φ——观察到的最小金属丝直径；

　　　d——被透照工件部位的总厚度。

③ 增感屏和增感方式　在射线照相探伤中，虽然射线有荧光作用，但很弱，为了增加照相时对胶片的感光速度，减少透照时间，需要在胶片前或后放置一块类似于纸片的东西，这就是增感屏。

增感屏有荧光增感屏、金属增感屏和金属荧光增感屏三种，但常用的是前两种。荧光增感屏是将钨酸钙、硫化锌镉等荧光物均匀地胶附在一纸板上。金属增感屏是将铝箔或锡箔胶附在纸板上。为了获得较高清晰度和灵敏度的底片时，应采用金属增感屏。采用γ射线透照时必须用金属增感屏，但增感作用弱。采用增感屏主要是为了减少射线的透照时间，为此引入增感因数概念。增感因数（K）指在同一黑度下，用增感屏和不用增感屏时，曝光时间的比值。增感因数 K 取决于射线穿透能力和荧光物质的颗粒度大小。射线愈硬，增感因数愈明显，颗粒度大，增感作用强，但颗粒大会降低缺陷影像的清晰度，从而降低底片灵敏度。在透照中，屏与胶片应该贴紧，否则会大大降低增感效果。

④ 胶片的感光作用及其选择　胶片由片基、乳剂层和保护层构成，乳剂层是溴化银在明胶（动物的皮筋爪骨制成）中的混合液，溴化银颗粒的大小决定着胶片的质量。片基是透明的赛璐珞（我国是涤纶），厚约 150μm，如图 4-67 所示。

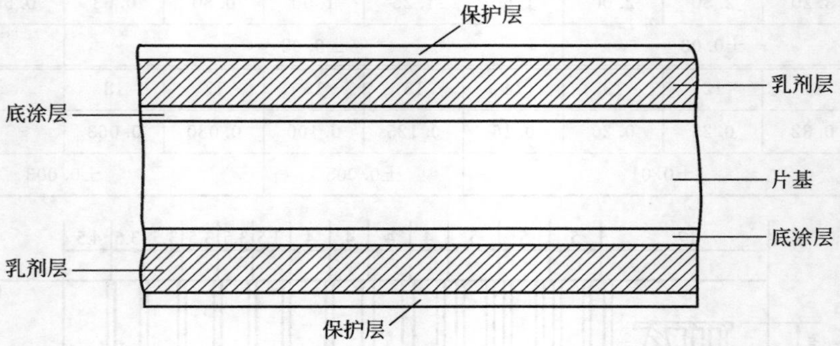

图 4-67　胶片的结构图

胶片按照荧光物质溴化银颗粒的大小，分为超微粒胶片、微粒胶片、细颗粒胶片、粗颗粒胶片。其各自应用的场合分别是：超微粒胶片用于特别重要的零部件，照相速度最慢，用金属增感屏。微粒胶片用于比较重要的零部件，照相速度慢，用金属增感屏。细颗粒胶片用于一般零部件，照相速度比较快，两种增感屏均可用。粗颗粒胶片用于质量要求不高的零部件，照相速度快。确定胶片后，还要关注增大缺陷部位与无缺陷部位的反差，从而可提高照相灵敏度。即要选择底片的黑度 D（反映底片的感光作用）。一般黑度越大，越能提高照相灵敏度。

⑤ 线能量、焦点、焦距的选择　在保证射线能穿透工件的前提下，对 X 射线，应尽量采用比较低的管电压；对 γ 射线，应选用波长较长的 γ 射线同位素源，以便提高底片的灵敏度和射线照相质量。对 X 射线来说，有有效焦点和实际焦点，根据前文已知，有效焦点小，可提高照相灵敏度高；实际焦点大，有利于散射，但是实际焦点大，有效焦点也大。为此，提高缺陷影像的清晰度，用 P（其倒数是不清晰度 u_g）表示，照相时焦点、工件与胶片的位置如图 4-68 所示。

$$P=\frac{a}{bQ} \tag{4-32}$$

式中　Q——焦点的直径；

a——焦点到缺陷的距离；

b——缺陷到底片的距离。

由上式可以看出，为了提高清晰度 P，减小焦点 Q，增加焦点到缺陷的距离 a，让工件与胶片贴紧。

射线照相时，焦点到暗盒之间的距离称为焦距（F）。透照时规定：

$$F \geqslant dQ/N_v + d \tag{4-33}$$

式中　d——工件表面（向射线源的一面）与胶片之间的距离；

N_v——底片和增感屏的性质因数，如表 4-20 所示。

表 4-20　底片和增感屏的性质因数 N_v

胶片种类	不用增感屏	铅箔增感	中速增感	快速增感
普通颗粒胶片	0.2	0.2	0.3	0.4
细颗粒胶片	0.1	0.1	—	—

⑥ 散射线的遮蔽　已知散射线主要是射线穿过物质时，由于康普顿效应和遇到各种障碍产生的乱反射。它不仅会影响射线的照相质量，还会对人体造成一定的伤害，为此，在射线探伤时要严加防范。具体的措施一般有：

a. 胶片应尽可能与工件贴紧。

b. 采用遮蔽限制的线场（见图 4-69）。

•在 X 射线窗口或射线出口处装置铅集光罩；

•在被透照工件面向射线源的一侧放置遮挡板，仅露出需要透照的部分。

c. 暗盒背面加屏蔽，在暗盒背面放置一块 2mm 厚的铅板，防止底片受到杂散辐射。

d. 在工件与暗盒之间放置铅箔，可吸收工件产生的散射线。

e. 适当选择较高能量的射线，可减少散射线的影响。

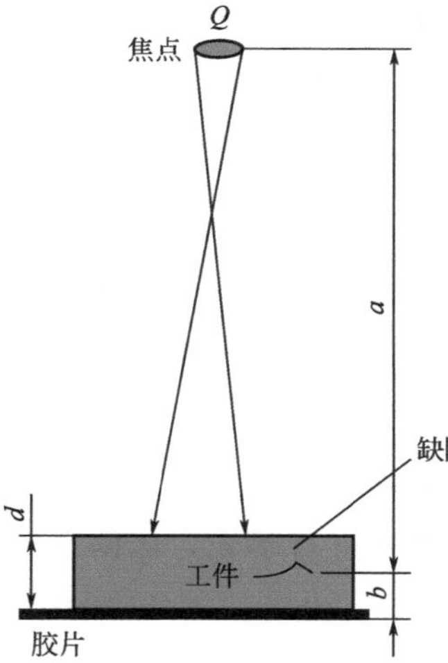

图 4-68　射线照相关键元件位置图

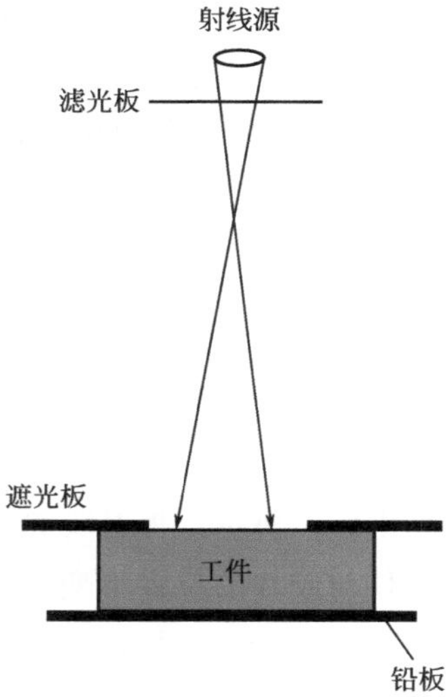

图 4-69　散射线的遮蔽原理图

⑦ 胶片的暗室处理　当射线照相胶片被曝光后，乳剂上产生“潜影”，还需要拿到暗室进行显影→定影→冲洗和干燥等处理。

显影是通过化学反应，使胶片上已感光的“潜影”变成可见影像。胶片在显影液中，是将已曝光的溴化银还原为金属银沉积在胶质中，其离子则生成可溶性的溴化物，溶于显影液中。显影时间越长，生成的金属银越多，底片愈黑，衬度也越高。但时间太长，会对未被曝光的溴化银粒子起作用，产生所谓的“显影雾翳”。如果显影时间过短，则对曝光的溴化银还原不足，使影像衬度降低。显影温度一般在20℃左右，温度高，显影速度加快，显影液的氧化剧增，胶片乳剂膨胀变软，有利于银的颗粒聚合，增大颗粒性，甚至使胶膜脱落或溶解。显影温度低，则显影作用进展缓慢，在10℃以下，显影基本失去作用。显影液与空气中的氧具有很大亲和力，保管期通常不超过三个月。一般1L显影液可显影35.6cm×43.2cm的胶片7～8张。

定影就是把未曝光的卤化银溶解掉，而已显影还原出来的金属银则不被损害。一般定影剂为硫代硫酸盐，又称海波（$Na_2S_2O_3$），为了让胶片定成透明状，通常定影时间为15～20min。

冲洗是在定影后进行，目的是洗去定影后残留在乳剂内被溶解了的银化合物，即银盐作用后所产生的可溶性复银盐，以免日后流离析出，形成硫酸根而使底片变黄。冲洗时间，在流水中约15～20min，静水中需1～2h，水温以18～24℃为宜。底片冲洗后进行干燥，干燥的方法有自然干燥和热风干燥，自然干燥的室温以35℃左右为好。热风干燥要在专用的烘箱中进行，温度控制在50℃左右。

⑧ 底片上缺陷的评定

a. 典型缺陷在底片上的显露和辨认。裂纹是工件中最常见的缺陷之一，在底片上的特征是一条黑色的常有曲折的线条，有时也呈直线状，一般要求射线对裂纹的照射角度小于15%。夹渣是铸件、锻件和焊缝中常见的缺陷。其形状有球状和块状，亦有呈群状和链状出现的。一般球状和条状的夹渣在底片上呈黑色点状和条状的影像，轮廓分明；群状夹渣呈较密的黑点群。气孔一般呈球状，在底片上呈圆形或近圆形的黑点，黑点中心较黑，并均匀地向边缘浅，边缘轮廓不大明显。图4-70给出了一些底片上的缺陷形貌，可以看出裂纹、未焊透、未熔合度为黑色的不规则的线条，夹渣是黑色的点或较为密集的黑点群。

b. 缺陷位置的确定。一般底片上的影像只能确定缺陷的宽度、长度及相对位置，不能表示缺陷的具体形状，即在照射方向上的大小（即缺陷的厚度）和埋藏的深度。若要测定缺陷的厚度和埋藏的深度，可将X光机移动一个角度采用二次拍照的方法。具体办法如图4-71所示，将射线源（X射线管）从一个位置移到另一个位置（假设距离是a），工件与胶片的位置不变，这样分别在不同的位置进行曝光，依据它们之间的关系可以计算出缺陷离工件表面的距离（埋藏的深度x）。

$$\frac{a}{b}=\frac{F-x}{x}\Rightarrow x-\frac{Fb}{a+b} \tag{4-34}$$

式中 a——X光机移动的距离；

b——两个影像在胶片上的距离；

x——缺陷到工件底面的距离；

F——焦距。

c. 缺陷大小的确定。缺陷的性质、位置确定后，有时还需要知道缺陷的大小，以

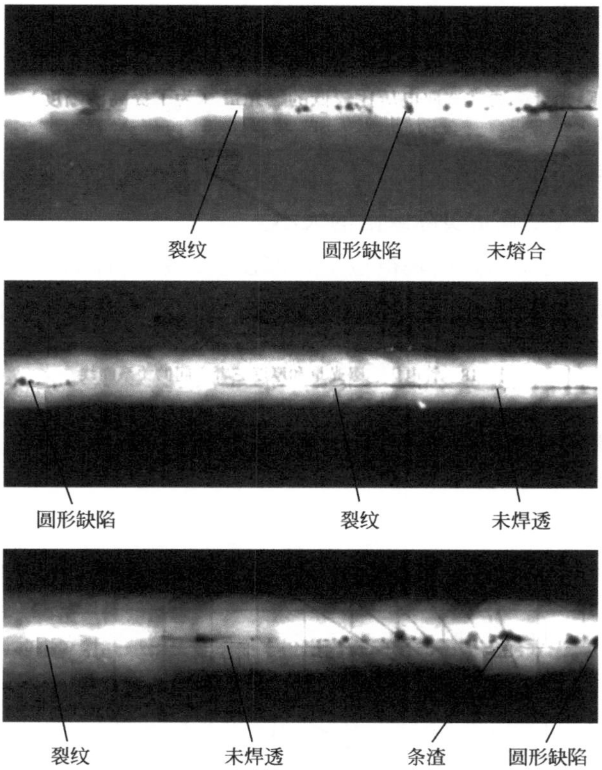

图 4-70 底片上典型缺陷的形貌图

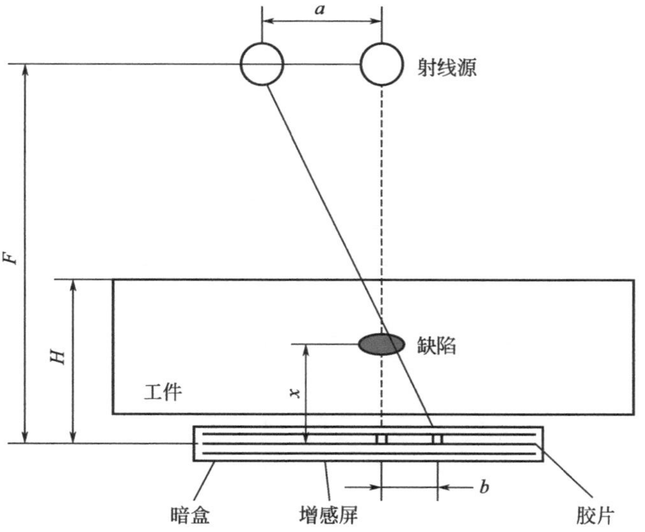

图 4-71 缺陷位置的确定原理图

定量评价对工件使用寿命的影响。确定缺陷大小有两种方法。

一是根据照片上透度计的影像来判断，假如已知透度计 d_0（已知人工缺陷的大小）和相应影像的大小 d（对应已知人工缺陷在底片上的影像），量出缺陷影像的大小 x，则可计算出缺陷的大小 x。

$$x=\frac{d_0}{d'_0}x_0 \tag{4-35}$$

二是根据已知的相对灵敏度来判断，因相对灵敏度为 $K=x/T\times100\%$（一般在测试前会给出，T 是被检工件放置透度计的沿射线透照方向处的厚度），量出底片上缺陷的大小，除以相对灵敏度就是实际缺陷的大小。

⑨ 曝光曲线　曝光曲线是反映被检工件厚度、X 射线管电压与曝光量（为 X 射线管电流与曝光时间的乘积）三者之间的关系曲线，如图 4-72 所示。图 4-73 为实际某型号 X 射线探伤机的曝光曲线。根据曝光曲线可以针对不同厚度的工件选用不同的管电压、管电流和透照时间进行透照。应用曝光曲线时，首先要测出被检工件的厚度，然后在曝光曲线下由相应点找到该厚度工件所需的曝光量。通常选取电压比较低的曝光量(为了提高清晰度)。

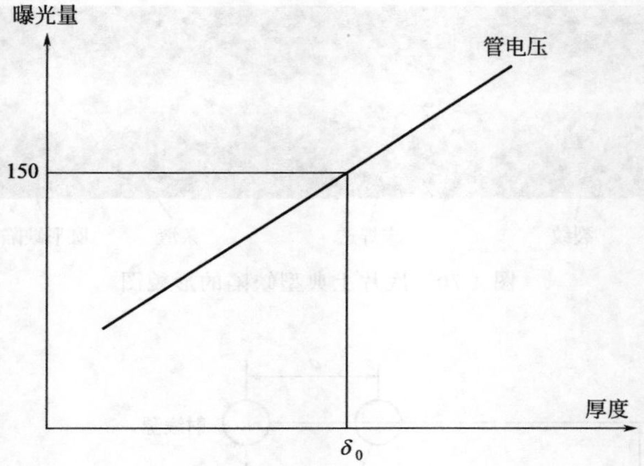

图 4-72　管电压、曝光量和厚度三者之间的关系曲线

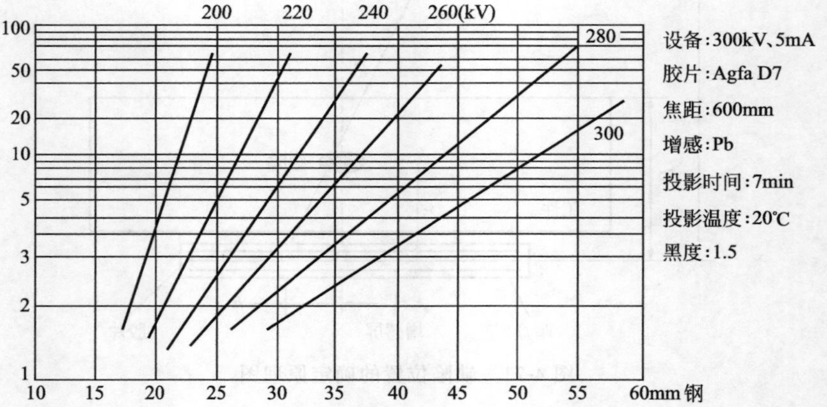

图 4-73　某型号 X 射线探伤机的曝光曲线

⑩ 射线照相法的基本操作和适用范围　射线探伤的基本操作，总体上分为三个阶段，具体操作内容根据具体情况有所删减。首先如图 4-74 所示，把工件、射线源、各

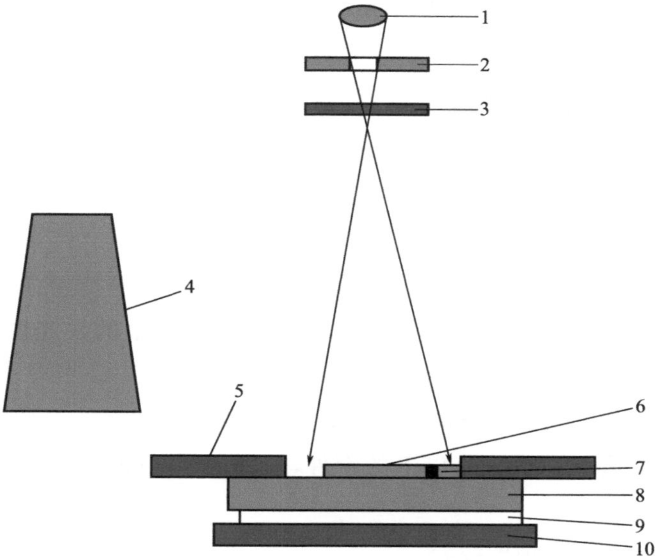

图 4-74　射线照相探伤系统（部件的布置）

1—射线源；2—铅光阑；3—滤板；4—铅罩；5—铅遮板；

6—透度计；7—标记带；8—工件；9—暗盒；10—铅底板

个部件布置妥当，然后进行如下操作。

a. 技术准备阶段。

•了解被检对象：包括材质、壁厚、加工工艺、工件表面状态等。

•设备选择：射线源类型、能量水平、可否移动等。

•选择曝光条件：包括胶片、增感方式、焦距、曝光量、管电压等。

•选择透照方式：定向、周向辐射、布片策略等。

•其他准备：如标记带布置、透度计布置、屏蔽散射线的方法等。

b. 实际透照。

•核对实物，布片贴标；

•屏蔽散射，对位调焦；

•设定参数，设备预热；

•检查现场，开机透照。

c. 技术处理。

•暗室处理：冲洗、干燥。

•底片评定：黑度、像质指数、伪缺陷等；确认合格底片。

•质量等级评定：根据缺陷类别、严重性，确定产品质量级别。

•签发检验报告：资料归档，保存 5～8 年。检验报告有统一格式、规定的内容、质检人员签字、提出返修建议等。

需要明确的是，射线照相法是适用于检出内部缺陷的无损检测方法。它在船体、管道和其他结构的焊缝和铸件等方面应用得非常广泛。对厚的被检物使用硬 X 射线和 γ

射线；对薄的被检物质使用软 X 射线。射线照相能穿透钢铁的最大厚度为 450mm，铜约为 350mm，铝约为 1200mm。

(2) 射线探伤荧光屏观察法

射线探伤荧光屏观察法是将透过被检件后的不同强度的射线，再投射在涂有荧光物质的光屏上，激发出不同强度的荧光而得到工件内部的发光图像。其所用的设备主要有 X 光机、荧光屏、观察记录设备、防护及传送工件的装置。

其主要有以下特点：

① 缺陷的图像不是底片上的黑色影像，而是荧光屏上的发光图像，也不需暗室处理；

② 能对工件进行连续的检查，并能立即得出结果，可节省大量软片和降低工时；

③ 只能检查较薄的（20mm 以下的钢件，50mm 以下的铝、镁件）、结构简单的工件；

④ 与照相法相比，灵敏度较差。

(3) 工业 X 射线电视法

等同于荧光屏的观察法，只不过增加了图像增强器或增晰像管、电视摄像机和电视接收机等设备。

特点是：

① 可提高探伤效率，实现自动化流水作业。

② 灵敏度较低，且只能探伤 40mm 左右的钢件。

③ 成本较高，目前应用较少。

(4) 中子射线检测

中子射线照相检测与 X 射线照相检测和 γ 射线照相检测相类似，都是利用射线对物体有很强的穿透能力，来实现对物体的无损检测。对大多数金属材料来说，由于中子射线比 X 射线和 γ 射线具有更强的穿透力，对含氢材料表现为很强的散射性能等特点，从而成为射线照相检测技术中一个新的组成部分。

中子和质子是构成原子核的粒子（见图 4-75）。质子带正电荷，电子带负电荷，而中子呈电中性，发生核反应时中子飞出核外，这种中子流叫中子射线。

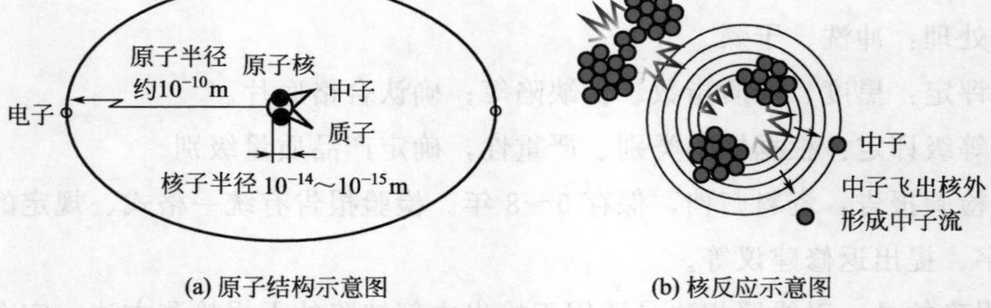

(a) 原子结构示意图　　(b) 核反应示意图

图 4-75　原子结构与核反应示意图

中子射线具有很强的穿透能力，其取决于材料对中子的俘获能力。中子射线与原子序数无关，重金属元素（如 Pb）对中子的俘获能力很小，轻元素（如 H，B，Li 等）对中子的俘获能力很强；中子对照相不敏感，使用时要将转换屏和胶片配合使用。中子射线检测多用于以下几种情况。中子照相用于检测火药、塑料和宇航零件等；检查原子数相近或同元素的不同同位素；检查涡轮叶片孔中含芯砂的清除情况；检查陶瓷中含水情况；检测由含氢、锂、硼物质和重金属组成的物体，检查金属中装有塑料、石蜡等含氢物质的装填情况；检查多层复合材料；检测核燃料元件等。

(5) 电离法检测

电离法检测是利用射线电离作用和借助电离探测器使被电离气体形成电离气流，通过电离电流的大小表示射线的强弱。由于工件存在缺陷则作用到电离箱的射线强度不同，从而发现工件中的缺陷。

在用电离法检测时要将射线源放在工件的一侧。当工件内部有缺陷时，透过工件后的射线强度比工件内部无缺陷时的射线强度大，其作用于电离探测器后，即可从电离探测器的指示器上看出其值比无缺陷时大。电离法检测的特点：

① 能对产品进行连续检测，可实现自动化流水探伤；

② 可在距被检测工件较远的安全地方观察检测结果；

③ 对壁厚的工件，检测时所需时间比照相法短；

④ 灵敏度低，不能反映细小的缺陷，特别不适用于检测焊缝；

⑤ 无法判知工件内部缺陷的性质、形状，只能显示缺陷是否存在和相对大小；

⑥ 对厚度变化的工件不宜检测。

(6) 射线的防护

根据国际放射线委员会（ICRP）的规定，射线检测人员可承受的射线最大允许剂量为每年 5rem，每月 420mrem，每周 100mrem，每日 17mrem（rem＝roentgen equivalent man，雷姆，人体伦琴当量；1rem＝1000mrem）；我国的相关规定和 ICRP 的规定是一致的。射线防护就是通过采取适当措施，减少射线对工作人员和其他人员的照射剂量，从各方面把射线剂量控制在规定范围内。射线防护的方法主要有屏蔽防护、距离防护和时间防护三种。

① 屏蔽防护法　屏蔽防护法是利用各种屏蔽物体吸收射线，以减少射线对人体的伤害。防护材料一般根据 X 射线、γ 射线与屏蔽物的相互作用来选择。对 X 射线和 γ 射线的屏蔽防护材料优先选用密度大的物质，如贫化铀、铅铁、重混凝土、铅玻璃等。但从经济、方便方面考虑，也可以采用普通材料，如混凝土岩石、砖、土、水等。探伤室的门缝及孔道会泄漏射线，这是实际工作中普遍存在的问题，对这种情况要进行妥善处理，防护原则是不留直缝、直孔。在进行一般的防护时，采用的防护板的阶梯不宜太多，一般采用二阶即可；阶梯的阶宽不得小于孔径的二倍，但也不必太大。若采用迷宫式防护，亦可照此原则处理。如果用砖作屏蔽材料，往往由于施工质量不好而产生泄

漏。用来屏蔽直接射线的砖墙，砌砖时一定要用水泥砂浆将砖缝填满，砖墙两侧要有2cm的70号～100号水泥砂浆抹面。

② 距离防护法　在进行野外或流动性射线检测时距离防护是非常经济有效的方法。因为射线的剂量率与距离的平方成反比，因此增加距离可显著降低射线的剂量率。如果距离放射源距离为 R_1 处的剂量率为 P_1，在另一径向距离为 R_2 处的剂量率为 P_2，则 P_1 与 P_2 之间的关系为：

$$P_2 = P_1 \frac{R_1^2}{R_2^2} \tag{4-36}$$

可见，增大距离可有效地降低剂量率。在无防护或护防层不够时，这是一种特别有用的防护方法。

③ 时间防护法　时间防护是指让射线照相检测人员尽可能减少接触射线的时间，以保证其在任一天都不超过国家规定的最大允许剂量当量（17mrem）。

人体接受的总剂量 $D=Pt$，其中 P 是人体接收的射线剂量率，t 是接触射线的时间。可以看出，缩短人员与射线的接触时间亦可达到射线防护的目的。

4.6　超声波检测

超声波检测（ultrasonic testing，UT）技术是应用最广泛、使用频率最高且发展较快的一种无损检测技术。超声波检测是利用材料本身或内部缺陷对超声波传播的影响来检测判断结构内部或表面缺陷的大小、形状及分布情况，并对材料或结构的性能进行评价的一种无损检测技术。它广泛应用于工业及医疗领域。

超声波检测利用超声波在介质中传播的性质来判断工件和材料的缺陷和异常，因此必须了解超声波的基本性质。

4.6.1　超声波的基本性质

超声波是超声振动在介质中的传播，是在弹性介质中传播的机械波。超声波与声波和次声波在弹性介质中的传播类同，区别在于超声波的频率高于20kHz。工业超声检测常用的工作频率为0.5～10MHz。较高的频率主要用于细晶材料和高灵敏度检测，而较低的频率则常用于衰减较大和粗晶材料的检测。有些特殊要求的检测工作，往往首先对超声波的频率作出选择，如粗晶材料的超声检测常选用1MHz以下的工作频率，金属陶瓷等超细晶材料的检测，其频率选择可达10～200MHz，甚至更高。

(1) 超声波的特点

超声波用于无损检测是由其特性决定的：

① 超声波的方向性好。超声波具有像光波一样良好的方向性，经过专门的设计可以定向发射，犹如手电筒的灯光可以在黑暗中帮助人的眼睛探寻物体一样，利用超声波可在被检对象中进行有效的探测。

② 超声波的穿透能力强。对于大多数介质而言，它具有较强的穿透能力。例如在一些金属材料中，其穿透能力可达数米。

③ 超声波的能量高。超声检测的工作频率远高于声波的频率，超声波的能量远大于声波的能量。研究表明，材料的声速、声衰减、声阻抗等特性携带有丰富的信息，并且成为广泛应用超声波的基础。

④ 遇有界面时，超声波将产生反射、折射和波型的转换。人们利用超声波在介质中传播时的这些物理现象，经过巧妙的设计，使超声波检测工作的灵活性、精确度得以大幅度提高，这也是超声波检测得以迅速发展的原因。

⑤ 对人体无害。

(2)超声波的分类

① 描述超声波的基本物理量

声速：单位时间内，超声波在介质中传播的距离称为声速，用符号“c”表示。

频率：单位时间内，超声波在介质中任一给定点所通过完整波的个数称为频率，用符号“f”表示。

波长：声波在传播时，同一波线上相邻两个相位相同的质点之间的距离称为波长，用符号“λ”表示。

周期：声波向前传播一个波长距离时所需的时间称为周期，用符号“T”表示。

角频率：角频率以符号 ω 表示，定义为 $\omega=2\pi f$。

上述各量之间的关系为：

$$T=\frac{1}{f}=\frac{1}{2\pi\omega}=\frac{\lambda}{c} \tag{4-37}$$

② 超声波的分类　超声波有很多分类方法，介质质点的振动方向与波的传播方向之间的关系，是研究超声波在介质中传播规律的重要理论根据，应加以认真地研究。

a. 纵波 L。介质中质点的振动方向与波的传播方向相同的波叫纵波，用 L 表示（见图 4-76）。介质质点在交变拉压应力的作用下，质点之间产生相应的伸缩变形，从而形成了纵波。纵波传播时，介质的质点疏密相间，所以纵波有时又被称为压编波或疏密波。

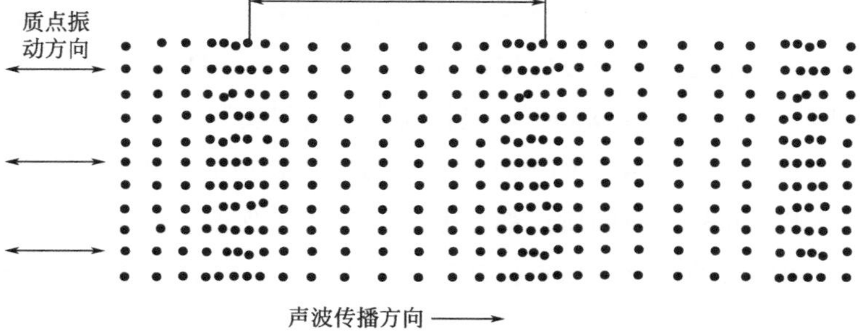

图 4-76　纵波

固体介质可以承受拉压应力的作用，因而可以传播纵波；液体和气体虽不能承受拉应力，但在压应力的作用下产生容积的变化，因此液体和气体介质也可以传播纵波。

b. 横波 S（T）。介质中质点的振动方向垂直于波的传播方向的波叫横波，用 S 或 T（见图 4-77）来表示。横波的形成是由于介质质点受到交变切应力作用时，产生了切变形变，所以横波又叫作切变波。液体和气体介质不能承受切应力，只有固体介质能够承受切应力，因而横波只能在固体介质中传播，不能在液体和气体介质中传播。

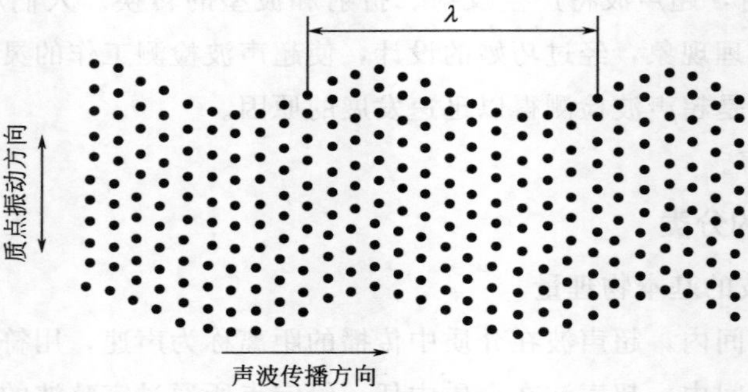

图 4-77　横波

c. 表面波 R。当超声波在固体介质中传播时，对于有限介质而言，有一种沿介质表面传播的波叫表面波（见图 4-78）。1885 年瑞利（Raleigh）首先对这种波给予理论上的说明，因此表面波又称为瑞利波，常用 R 表示。

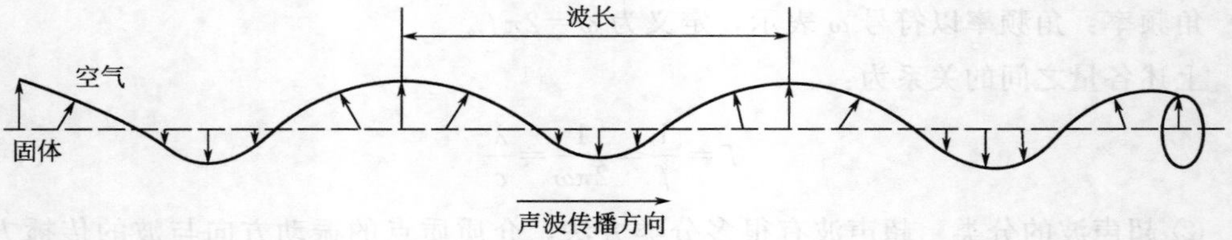

图 4-78　表面波

超声波在介质表面以表面波的形式传播时，介质表面的质点作椭圆运动，椭圆的长轴垂直于波的传播方向，短轴平行于波的传播方向，介质质点的椭圆振动可视为纵波与横波的合成。表面波同横波一样只能在固体介质中传播，不能在液体和气体介质中传播。

表面波的能量随着在介质中传播深度的增加而迅速降低，其有效透入深度大约为一个波长。此外，质点振动平面与波的传播方向相平行时称 SH 波，也是一种沿介质表面传播的波，又叫乐埔波（Love wave)，但目前尚未获得实际应用。

d. 板波。在板厚和波长相当的弹性薄板中传播的超声波叫板波（或兰姆波）。板波传播时薄板的两表面和板中间的质点都在振动，声场遍及整个板的厚度。薄板两表面质点的振动为纵波和横波的组合，质点振动的轨迹为一椭圆，在薄板的中间也有超声波传播（见图 4-79）。

板波按其传播方式又可分为对称型板波（S 型）和非对称型（A 型）板波两种。

S 型：薄板两面有纵波和横波成分组合的波传播，质点的振动轨迹为椭圆。薄板两

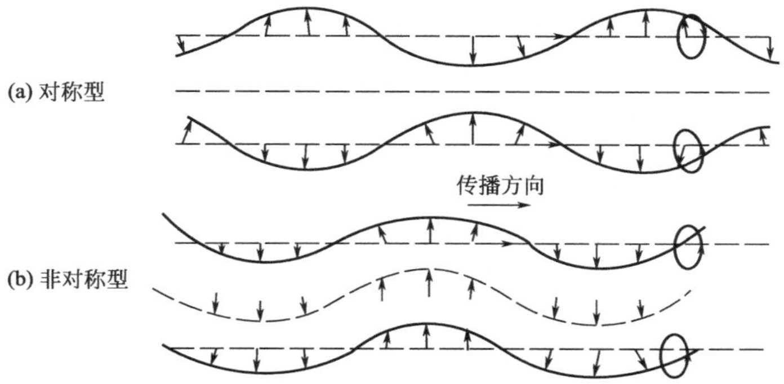

图 4-79　板波（兰姆波）

面质点的振动相位相反，而薄板中部质点以纵波形式振动和传播。

A 型：薄板两面质点的振动相位相同，质点振动轨迹为椭圆，薄板中部的质点以横波形式振动和传播。

超声波在固体中的传播形式是复杂的，如果固体介质有自由表面时，可将横波的振动方向分为 SH 波和 SV 波来研究。其中 SV 波是质点振动平面与波的传播方向相垂直的波，在具有自由表面的半无限大介质中传播的波叫表面波。但是传声介质如果是细棒材、管材或薄板，且当壁厚与波长接近时，则纵波和横波受边界条件的影响，不能按原来的波型传播，而是按照特定的形式传播。超声纵波在特定的频率下，被封闭在介质侧面之中的现象叫波导，这时候传播的超声波统称为导波。

超声波的分类方法很多，主要的分类方法还有按波振面的形状分类、按振动的持续时间分类等（见图 4-80）。

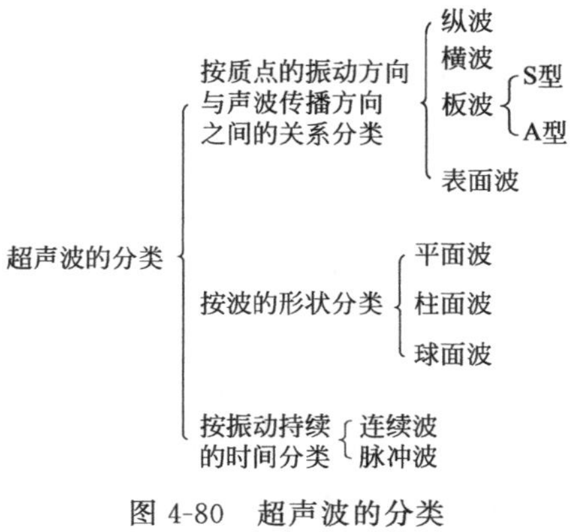

图 4-80　超声波的分类

超声检测过程中，常常采用脉冲波。由超声波探头发射的超声波脉冲，所包含的频率成分取决于探头的结构、晶片形式和电子电路中激励脉冲的形状。当然，脉冲波并非单一频率。可以认为，对应于脉冲宽度为 τ 的脉冲波，约有（$1/\tau$）Hz 的频率范围。仿照傅里叶分析法，脉冲波可视为是由许多不同频率的正弦波组成的，其中每种频率的声波将决定一个声场，总声场为各种频率的声场成分的叠加。

4.6.2 超声场及介质的声参量简介

(1) 描述超声场的物理量

充满超声波的空间，或在介质中超声振动所波及的质点占据的范围叫超声场。为了描述超声波声场，常用声压、声强、声阻抗、质点振动位移和质点振动速度等物理量。

① 声压 p　超声场中某一点在某一瞬间所具有的压强 p_1 与没有超声场存在时同一点的静态压强 p_0 之差叫作该点的声压，常用 p 表示。$p=p_1-p_0$，单位为帕［帕斯卡］，记作 Pa（$1Pa=1N/m^2$）。

② 声强 I　在超声波传播的方向上，单位时间内介质中单位截面上的声能叫声强，常用 I 表示；单位：W/cm^2。

超声波的声强正比于质点振动位移振幅的平方，正比于质点振动角频率的平方，还正比于质点振动速度振幅的平方。由于超声波的频率高，其强度（能量）远远大于可闻声波的强度。例如 1MHz 声波的能量等于 100kHz 声波能量的 100 倍，等于 1kHz 声波能量的 100 万倍。

③ 分贝和奈培的概念　引起听觉的最弱声强 $I_0=10^{-16}W/cm^2$ 为声强标准，这在声学上称为“闻阈”，即 $f=1000Hz$ 时引起人耳听觉的声强最小值。将某一声强 I 与标准声强 I_0 之比 I/I_0 取常用对数得到二者相差的数量级，称为声强级，用 IL 表示。声强级的单位用贝尔（BeL），即 $IL=\lg(I/I_0)$（BeL）。

在实际应用的过程中，认为贝尔这个单位太大，常用分贝（dB）为声强级的单位。超声波的幅度或强度比值亦用相同方法，即分贝（dB）来表示，并定义为：$\frac{p_2}{p_1}=20\lg\frac{p_2}{p_1}$（dB）。因为声强与声压的平方成正比，如果 I_1 和 I_2 与 p_1 和 p_2 相对应，那么 $(I_2/I_1)=10\lg(I_2/I_1)$（dB）。

目前市售的放大线性良好的超声波探伤仪，其示波屏上波高与声压成正比，即荧光屏上同一点的任意两个波高之比（H_1/H_2）等于相应的声压之比（p_1/p_2），二者的分贝差为：

$$\Delta=20\lg\frac{p_1}{p_2}=20\lg\frac{H_1}{H_2}\quad(dB)\tag{4-38}$$

若对（H_1/H_2）或（p_1/p_2）取自然对数。其单位则为奈培（NP）：

$$\Delta=\ln\frac{H_1}{H_2}=\ln\frac{p_1}{p_2}\quad(NP)\tag{4-39}$$

令 $(p_1/p_2)=(H_1/H_2)=e$ 并分别代入式（4-38）与式（4-39），则有：

$$1NP=8.86dB$$

$$1dB\approx0.115NP$$

在实际检测时，常按照式（4-38）计算超声波探伤仪的示波屏上任意两个波高的分贝差。

(2) 介质的声参量

无损检测领域中，超声检测技术的应用和研究工作非常活跃。声波在介质中的传播是由其声学参量（包括声速、声阻抗、声衰减系数等）决定的，因而深入分析研究介质的声参量具有重要意义。

① 声阻抗　超声波在介质中传播时，任一点的声压 p 与该点速度振幅 V 之比叫声阻抗，常用 Z 表示，单位：$g/(cm^2 \cdot s)$；$kg/(cm^2 \cdot s)$。

$$Z=\frac{p}{V} \tag{4-40}$$

声阻抗表示声场中介质对质点振动的阻碍作用。在同一声压下，介质的声阻抗愈大，质点的振动速度就愈小。不难证明 $Z=\rho C$，但这仅是声阻抗与介质的密度和声速之间的数值关系，绝非物理学表达式。同是固体介质（或液体介质）时，介质不同其声阻抗也不同。同一种介质中，若波形不同则 Z 值也不同。当超声波由一种介质传入另一种介质，或是从介质的界面上反射时，主要取决于这两种介质的声阻抗。

在所有传声介质中，气体、液体和固体的 Z 值相差较大，通常认为气体的密度约为液体密度的千分之一、固体密度的万分之一。实验证明，气体、液体与金属之间特性声阻抗之比接近于 1∶3000∶8000。

② 声速　声波在介质中传播的速度称为声速，常用 c 表示。在同一种介质中，超声波的波形不同，其传播速度亦各不相同，超声波的声速还取决于介质的特性（如密度、弹性模量等）。声速又可分为相速度与群速度。

相速度：相速度是声波传播到介质的某一选定的相位点时，在传播方向上的声速。

群速度：群速度是指传播声波的包络上，具有某种特性（如幅值最大）的点上，声波在传播方向上的速度。群速度是波群的能量传播速度，在非频散介质中，群速度等于相速度。

从理论上讲，声速应按照一定的方程式，并根据介质的弹性系数和密度来计算，声速的一般表达式为：

$$声速=\sqrt{弹性系数/密度}$$

③ 声衰减系数　超声波在介质中传播时，随着传播距离的增加能量逐渐减弱的现象叫作超声波的衰减。在传声介质中，单位距离内某一声波能量的衰减值叫作该频率下该介质的衰减系数，常用 a 表示，单位为 dB/m。

a. 扩散衰减：声波在介质中传播时，因其波前在逐渐扩展，从而导致声波能量逐渐减弱的现象叫作超声波的扩散衰减。它主要取决于波阵面的几何形状，而与传播介质无关。对于平面波而言，由于该波的波阵面为平面，波束并不扩散，因此不存在扩散衰减。如在活塞声源附近，就存在一个波束的未扩散区，在这一区域内不存在扩散衰减问题。而对于球面波和柱面波，声场中某点的声压 p 与其至声源的距离关系密切，如公式 $p_{球}=(1/x)$ 和 $p_{料}=(1/x)^{\frac{1}{2}}$ 所示。在探测大型工件时，因探头晶片产生的超声场在

距离大于 $2N$（N：近场区长度）之后，波阵面往往有较明显的扩展，应给予充分的注意。

b. 散射衰减散射：是由物质的不均匀性产生的。不均匀材料含有声阻抗急剧变化的界面，在这两种物质的界面上，将产生声波的反射、折射和波形转换现象，必然导致声能的降低。在固体介质中，最常遇到的是多晶材料，每个晶粒之中，又分别由一个相或几个相组成，加之晶体的弹性各向异性和晶界均使声波产生散射，杂乱的散射声程复杂，且没有规律性。声能将转变为热能，导致了声波能量的降低。特别是在粗晶材料中，如奥氏体不锈钢、铸铁、β黄铜等，对声波的散射尤其严重。

通常超声检测多晶材料时，对频率的选择都要注意使波长远大于材料的平均晶粒度尺寸。当超声波在多晶材料中传播时，就像灯光被雾中的小水珠散射那样，只不过这时被散射的是超声波。当平均晶粒尺寸为波长的 1/1000～1/100 时，对声能的散射随晶粒度的增加而急剧增加，且约与晶粒度的 3 次方成正比。一般地说，若材料具有各向异性，且平均晶粒尺寸在波长的 1/10～1 的范围内，常规的反射法探伤工作就不能进行了。

c. 吸收衰减超声波：在介质中传播时，由于介质质点间的内摩擦和热传导引起的声波能量减弱的现象，叫作超声波的吸收衰减。介质质点间的内摩擦、热传导，材料中的位错运动、磁畴运动等都是导致吸收衰减的原因。

在固体介质中，吸收衰减相对于散射衰减几乎可以忽略不计，但对于液体介质来说，吸收衰减是主要的。吸收衰减和散射衰减使材料超声检测工作受到限制，克服两种限制的方法略有不同。纯吸收衰减是声波传播能量减弱或者说反射波减弱的现象，为消除这一影响，增强探伤仪的发射电压和增益就可以了。另外降低检测频率以减少吸收也可达到此目的。比较难解决的是超声波在介质中的散射衰减。这是由于声波的散射在反射法中不仅降低了声波以及底面反射波的高度，而且产生了很多种各不相同的波形，在探伤仪上表现为传播时间不同的反射波，即所谓的林状回波，而真正的缺陷反射波则隐匿其中。这正如汽车司机在雾中，自己车灯的灯光能够遮蔽自己的视野一样。在这种情况下，由于林状回波也同时增强，不管是提高探伤仪的发射电压，还是增加增益，都将无济于事。为消除其影响，只能采用降低检测频率的方法。但由于声束变钝和脉冲宽度增加，不可避免地限制了检测灵敏度的提高。

④ 衰减系数的测定

a. 厚件衰减系数的测定。当工件厚度 $x \geqslant 3N$，并且有平行底面或圆柱曲底面时，材质的衰减系数为：

$$\alpha = \frac{20\lg\dfrac{B_1}{B_2} - 6}{2x} = \frac{\Delta - 6}{2x} \tag{4-41}$$

当考虑工件底面反射损失时：

$$\alpha = \frac{20\lg\dfrac{B_1}{B_2} - 6 - \delta}{2x} = \frac{\Delta - 6 - \delta}{2x} \tag{4-42}$$

式中，δ 为底面反射损失，是一个与底面光滑程度有关的数值，由专门的实验测定。

b. 薄件衰减系数的测定。薄件衰减只存在介质衰减，因此通常采用比较多次反射回波高度的方法测定衰减。其公式为：

$$\alpha=\frac{(H_{\mathrm{m}}/H_{\mathrm{n}})}{2(n-m)d} \tag{4-43}$$

式中，m、n 为超声波的底面反射次数；H_{m}、H_{n} 为 m 和 n 次底面反射波高度；d 为试块的厚度。

式（4-43）忽略了超声波的反射损失和扩散衰减，只适用于薄试块。实际应用时，还应根据具体情况给予修正。使用这种方法测得的衰减系数，只是同一材料的相对值。

4.6.3 超声检测的特点

与其他无损检测方法相比，超声检测有以下优点与局限性：

① 超声检测的优点：作用于材料的超声强度低，最大作用应力远低于材料的弹性极限，不会对材料的使用产生影响；可用于金属、非金属、复合材料制件的无损检测与评价；对确定内部缺陷的大小、位置、取向、性质等参量，较之其他无损检测方法有综合优势；设备轻便，对人体与环境无害，可作现场检测；所用参数设置及有关波形均可存储供以后调用。

② 超声检测的局限性：对材料及制件缺陷的精确定性、定量表征仍需作深入研究；为使超声波能以常用的压电换能器为声源进入试件，一般需要用耦合剂，要求被测表面光滑，难以探测出细小的裂纹；要求检测人员有较高的素质；工件的形状及表面粗糙度对超声检测的可实施性有较大的影响。

4.6.4 超声检测原理

超声波的实质是以波动的形式在介质中传播的机械振动，超声检测是利用超声波在介质中的传播特性，例如超声波在介质中遇到缺陷时会产生反射、折射等特点对工件或材料中的缺陷进行检测的。其工作原理如图 4-81 所示。

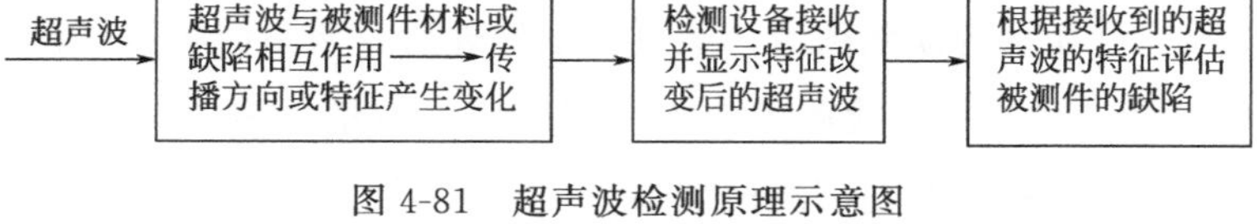

图 4-81 超声波检测原理示意图

通常用来发现缺陷并对缺陷进行评估的信息有：①是否存在来自缺陷的超声波信号及其幅度；②入射超声波与接收超声波之间的时间差；③超声波通过材料后能量的衰减等等。

超声检测的适用范围很广，适用的检测对象包括：①各种金属材料、非金属材料、复合材料；②锻件、铸件、焊接件、胶接件、复合材料构件；③板材、管材、棒材等；

④被检测对象的厚度可小到1mm，大到几米；⑤可以检测表面缺陷，也可以检测内部缺陷。

4.6.5 超声波检测方法

(1)超声检测通用技术

① 仪器选择 选择检测仪器应从被检对象的材质及其缺陷存在的状况来考虑，如果仪器选择不当，不但检测结果不够可靠，在经济上也将蒙受不应有的损失。适当的探伤仪及与之匹配得当的探头是仪器选择工作的主要内容。仪器的选择应从选择最合适的探头开始，因为探头的性能是检测工作得以顺利进行的关键，当然所选的探伤仪也应使探头的性能获得最充分的发挥。与此同时还要决定是否需要自动化，选择标准试块还是自制与被检对象的材质一样的试块，以及辅助工具和耦合介质等。

实际上不可能对每一种被检对象都配备相应的仪器，应主要考虑重复性大的被检材料（或工件）的需要，甚至要为以后可能检测的新对象留有余地。而探头则要尽可能满足专用的需要。在自动检测装置中，仪器和探头的专用性往往都比较突出，即使在这种情况下，仪器的零部件也应尽量具备一定的互换性，以便于管理。

超声波探伤仪是根据超声波传播原理、电声转换原理和无线电测量原理设计的，其种类繁多，性能也不尽相同，脉冲式超声波探伤仪应用最为广泛。脉冲式超声波探伤仪主要可分为A型显示和平面显示两大类，其中A型显示超声波探伤仪具有结构简单、使用方便、适用面广等许多优点，在我国已形成系列产品。A型显示的缺点是难以判断缺陷的几何形状和缺乏直观性。为了更好地进行缺陷的定量和定位，设计了多种检测设备，例如B型显示、C型显示、准三维显示和超声透视等。

B型显示是一种可以显示出工件的某一纵断面的声像显示方法；C型显示是一种可以显示出工件的某一横断面的声像显示方法。C型显示是很直观的显示方法之一，它同时采用高分辨力探头，主要用于要求高的工件的检测。若把接收探头与发射探头分置于被检工件的两侧，所得图像便是超声的投影面。它与X射线检测时对缺陷的显示类似，此即为超声“透视”。在获得B型显示和C型显示的基础上，借助于计算机信号处理技术，可以获得准三维显示的缺陷图像，经过仔细处理后，该图像将具有较好的立体感。

② 探头的选择 目前超声检测工作中应用最广、数量最多的是以压电效应为工作原理的超声波探头（或称之为超声波换能器）。当它用作发射时，是将来自发射电路的电脉冲加到压电晶片上，转换成机械振动，从而向被检对象辐射超声波；反之，当它用作接收时，则是将声信号转换成电信号，以便信号被送入接收、放大电路并在荧光屏上进行显示。可见，探头是电子设备和超声场间联系的纽带，起着“耳目”的作用，是超声检测设备的重要组成部分，而不是检测装置的附件。

在超声检测中，超声波探头大多使用脉冲信号，其脉冲又分为宽脉冲和窄脉冲。宽脉冲是频率近乎单一的脉冲，而宽脉冲探头发射的超声波在声束轴线上声压分布则近似于连续激励的情况。

窄脉冲是包含较多频率成分的谐波，且每一谐波都有自己的近场、远场和声压分布规律。由于高频谐波近场长，低频谐波近场短，各频率谐波的声压叠加后，近场变平滑，故而窄脉冲能减小干涉现象的影响。与宽脉冲相比，其分辨率高。利用窄脉冲发射超声波，联合频谱分析技术，是今后超声检测的发展方向之一。

探头的种类繁多、形式各异，其基本形式是直探头和斜探头。直探头主要用于发射和接收纵波，斜探头常用的有横波探头、表面波探头、板波探头等。其他各种探头（例如聚焦探头、高温探头、高分辨率探头、可变角探头和组合探头等）可以说都是它们的变型。探头的主要使用性能指标除频率外，还有检测灵敏度和分辨力。检测灵敏度是指探头与探伤仪配合起来，在最大深度上发现最小缺陷的能力，它与探头的换能特性有关。一般来讲辐射效率高、接收灵敏度高的探头，其检测灵敏度亦高，且辐射面积越大，检测灵敏度越高。检测分辨力可分为横向分辨力和纵向分辨力，纵向分辨力是指沿声波传播方向对两个相邻缺陷的分辨能力。脉冲越窄，频率越高，分辨能力亦越高。然而其灵敏度越高，则分辨力越低。横向分辨力是指声波传播方向上对两个并排缺陷的分辨能力，探头发射的声波越窄，频率越高，则横向分辨力越高。总之探头的频率和频率特性以及其辐射特性，均对超声检测有很大影响。

在选择探头时，首先必须分清两个问题，即缺陷的检出和缺陷大小与方位的确定。人们总想自己选择的探头能检出以任何形式出现在任意方位的缺陷，并要求探头的声场能够以同样的灵敏度覆盖被检工件的最大范围。一般来讲，当探头的指向角稍大时，上述要求即难以满足。从理论上讲，高强度细声束的探头对于小缺陷具有较强的检出能力，但是被检出的缺陷只限于声束轴线上很小的范围内。因此，使用细声束探头进行超声检测时，必须认真考虑由于缺陷漏检而造成的危害。大多数探头的直径为 5～40mm，直径大于 40mm 时，由于很难获得与之对应的平整的接触面，因而一般不予采用。

众所周知，在近场区内底波高度与探头晶片的面积成正比，但在远场区内则与晶片面积的平方成正比。换言之，在远场区内底波高度是按晶片直径的 4 次方而变化的，所以当晶片直径小于 5mm 时，由于检测灵敏度显著下降而难以采用。基于不同的检测目、使用仪器和环境条件，对探头的要求是不一样的。总之，性能稳定、结构可靠、使用方便，并能满足静压力、温度等条件的要求是探头选择工作中应考虑的基本内容。

③ 试块的选用　在当量法中所采用的具有简单几何形状的人工反射体的试件称为试块。严格来说，试块并不属于仪器范畴，但在超声检测中常用其调整和确定探伤仪的测定范围，确定合适的检测方法、检验仪器和探头的性能以及检测灵敏度、测量材料的声学特性（如声速、声衰减、弹性模量等），因此试块的选用十分重要。试块主要可分两种：即标准试块（简称 STB）和参考试块（简称 RB）。从本质上来说，参考试块和

标准试块所起的作用是一致的，其形状分别如图 4-82 和图 4-83 所示。

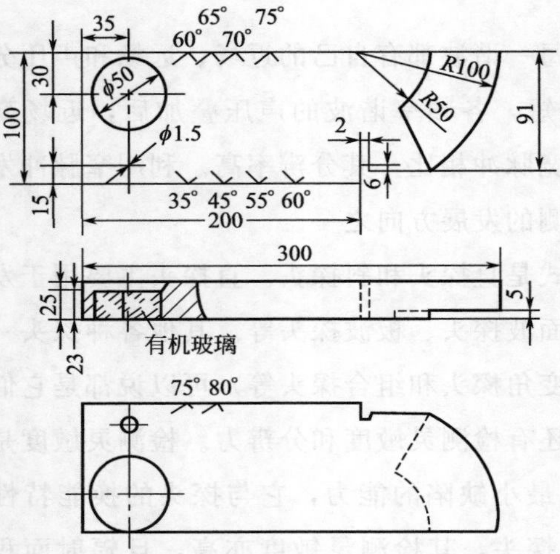

图 4-82　CSK-1 型试块

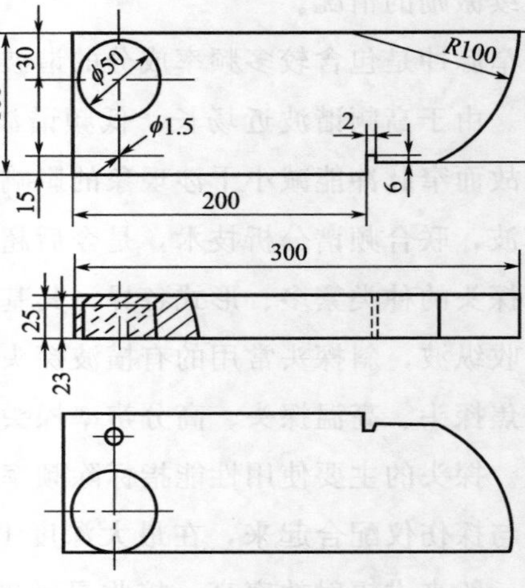

图 4-83　IIW 试块

标准试块可用以测试探伤仪的性能、调整检测灵敏度和声速的测定范围。例如我国的标准试块 CSK-1，国际标准试块 IIW、IIW2 等（IIW 试块是国际焊接协会在 1958 年确定的用于焊缝超声检测的试块，IIW2 试块是国际焊接学会于 1974 年通过的标准试块）。

参考试块是针对特定条件（如特殊的厚度与形状等）而设计的非标准试块，一般要求该试块的材质和热处理工艺与被检对象基本相同。参考试块实际上是一种专用的标准试块，如我国的 RB-1、RB-2 及 RB-3 试块等。

④ 声波的耦合　为了使探头有效地向试件中发射和接收超声波，必须保持探头与试件之间良好的声耦合，即在二者之间填充耦合介质以排除空气，避免因空气层的存在致使声能几乎全部被反射的现象发生。探头与试件之间为排除空气而填充的耦合介质叫耦合剂，耦合剂应具有较好的透声性能和较高的声阻抗等，常用的有甘油、硅油、机油。

根据不同的耦合条件和耦合介质，探头与试件之间的耦合方式可分为直接接触法和液浸法。工件表面的状况、粗糙度以及耦合剂的种类等都将影响超声波的耦合效果。

(2)超声检测方法

① 共振法　应用共振现象对试件进行检测的方法叫共振法。探头把超声波辐射到试件后，通过连续调整声波的频率以改变其波长，当试件的厚度为声波半波长的整数倍时，则在试件中产生驻波，且驻波的波腹正好落在试件的表面上。用共振法测厚时，在测得超声波的频率和共振次数后，可用下式计算试件的厚度 δ：

$$\delta = n\frac{\lambda}{2} = \frac{nc}{2f} \tag{4-44}$$

式中，c 为超声波在试件中的传播速度；λ 为波长。

当在试件中有较大缺陷或壁厚改变时，将使共振点偏移乃至共振现象消失，所以共振法常用于壁厚的测量，以及复合材料的胶合质量、板材点焊质量、均匀腐蚀和金属板材内部夹层等缺陷的超声检测。

② 透射法　透射法又叫穿透法，是最早采用的一种超声检测技术（见图 4-84）。

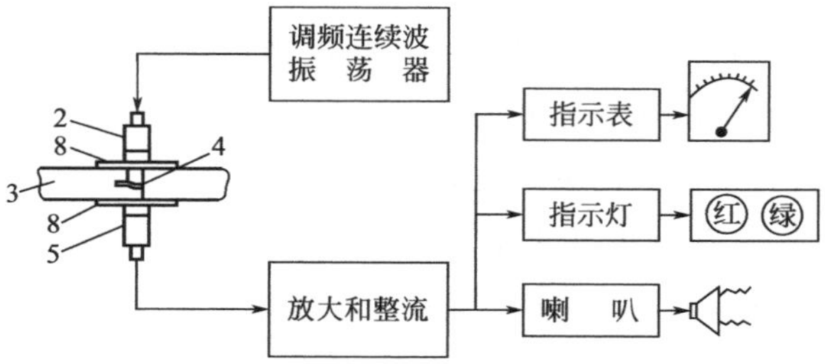

(a) 连续皱穿透法

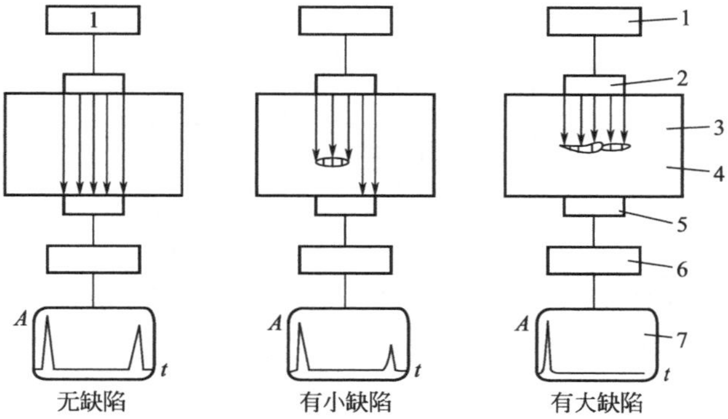

(b) 脉冲波穿透法

图 4-84　穿透法示意图

1—脉冲波高频发生器；2—发射探头；3—工件；4—缺陷；5—接收探头；6—放大器；7—显示屏；8—耦合剂

a. 透射法的工作原理。透射法是将发射探头和接收探头分别置于试件的两个相对面上，根据超声波穿透试件后的能量变化情况，来判断试件内部质量的方法。如试件内无缺陷，声波穿透后衰减小，则接收信号较强；如试件内有小缺陷，声波在传播过程中部分被缺陷遮挡，使之在缺陷后形成阴影，接受探头只能收到较弱的信号；若试件中缺陷面积大于声束截面时，全部声束被缺陷遮挡，接收探头则收不到发射信号。

值得指出的是，超声信号的减弱既与缺陷尺寸有关，还与探头的超声特性有关。此方法除超声信号是衰减而不是增加外，与分贝降低法十分相似。透射法简单易懂，便于实施，不需考虑反射脉冲幅度，而且裂纹的遮蔽作用不受缺陷粗糙度或缺陷方位等因素的影响（这通常是造成检测结果变化的主要原因）。

b. 透射法检测的优缺点。

透射法检测的主要优点是：透射法是根据缺陷遮挡声束而导致声能变化来判断缺陷有无和大小的。当缺陷尺寸大于探头波束宽度时，该方法测得的裂纹尺寸的精度高于±2mm。在试件中声波只做单向传播，适合检测高衰减的材料；对发射和接收探头的相对位置要求严格，需专门的探头支架。当选择好耦合剂后，特别适用于单一产品大批量加工制造过程中的机械化自动检测；在探头与试件相对位置布置得当后，即可进行检测，在试件中几乎不存在盲区。

透射法检测的主要缺点是：一对探头单收单发的情况下，只能判断缺陷的有无和大小，不能确定缺陷的方位；当缺陷尺寸小于探头波束宽度时，该方法的探测灵敏度低。若用探伤仪上透射波高低来评价缺陷的大小，则仅当透射声压变化20%以上时，才能将超声信号的变化进行有效的区分。若用数据采集器采集超声波信号，并借助于计算机进行信号处理，则可大大提高探测灵敏度和精度。

③ 脉冲反射法　脉冲反射法是应用最广泛的一种超声检测方法。在实际检测中，直接接触式脉冲反射法最为常用（见图4-85）。该法按照检测时所使用的波的类型大致可分为：纵波法、横波法、表面波法、板波法。在某些特殊情况下，有的是用两个探头来进行的，有的则必须在液浸的情况下才能进行检测。

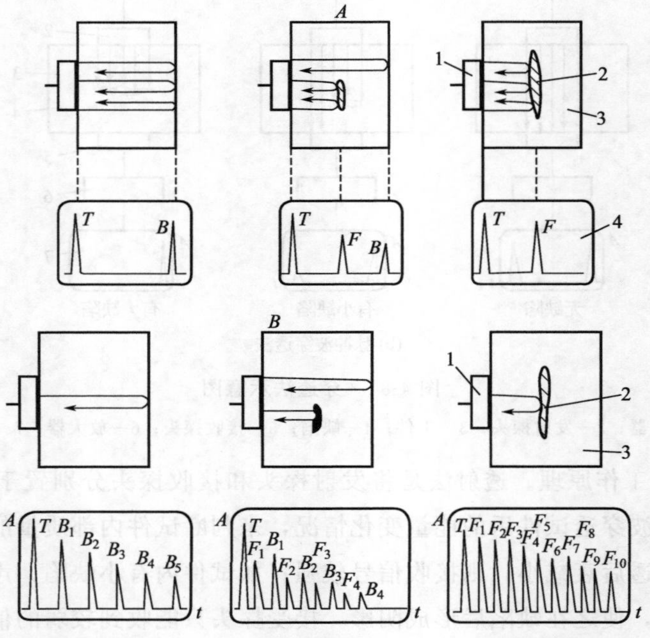

(a) 有缺陷　(b) 有小缺陷　(c) 大缺陷

图4-85　直接接触脉冲反射法

A—一次；B—多次

1—探头；2—缺陷；3—工件；4—显示屏

a. 脉冲反射法的工作原理。脉冲反射法是利用超声波脉冲在试件内传播的过程中，遇有声阻抗相差较大的两种介质的界面时，将发生反射的原理进行检测的方法。采用一个探头兼做发射和接收器件，接收信号在探伤仪的荧光屏上显示，并根据缺陷及底面反射波的有无、大小及其在时基轴上的位置来判断缺陷的有无、大小及其方位。

b. 脉冲反射法的特点。

•优点：检测灵敏度高，能发现较小的缺陷；当调整好仪器的垂直线性和水平线性后，可得到较高的检测精度；适用范围广，适当改变耦合方式，选择一定的探头以实现预期的探测波形和检测灵敏度，或者说，可采用多种不同的方法对试件进行检测；操作简单、方便、容易实施。

•缺点：单探头检测往往在试件上留有一定盲区；由于探头的近场效应，因此不适用于薄壁试件和近表面缺陷的检测；缺陷波的大小与被检缺陷的取向关系密切，容易有漏检现象发生；因声波往返传播，故不适用于衰减太大的材料。

c. 直接接触脉冲反射法。直接接触纵波脉冲反射法是使探头与试件之间直接接触，接触情况取决于探测表面的平行度、平整度和粗糙度，但良好的接触状态一般很难实现。若在二者之间填充很薄的一层耦合剂，则可保持二者之间良好的声耦合，当然耦合剂的性能将直接影响声耦合的效果。直接接触脉冲反射法中，可分为纵波法、横波法、表面波法和板波法等，其中以纵波法应用最为普遍（详细情况请参阅有关资料）。

④ 液浸法　液浸法是在探头与试件之间填充一定厚度的液体介质作耦合剂，使声波首先经过液体耦合剂，而后再入射到试件中去，探头与试件并不直接接触，从而克服了直接接触法的上述缺点。液浸法中，探头角度可任意调整，声波的发射、接收也比较稳定，便于实现检测自动化，大大提高了检测速度。缺点是当耦合层较厚时，声能损失较大。另外，自动化检测还需要相应的辅助设备，有时是复杂的机械设备和电子设备，它们对单一产品（或几种产品）往往具有很高的检测能力，但缺乏灵活性。总之，其与直接接触法相比，各有利弊，应根据被检对象的具体情况（几何形状的复杂程度和产品的产量等）选用不同的方法。

⑤ 声波在标准几何反射体上的反射　在超声检测中常用直探头，一般采用圆形压电陶瓷晶片作为超声波的声源，此时发射探头又称为活塞声源。在确定缺陷当量时，声束轴线上不同位置的入射声压应分两个区域来考虑：当 $N<L\leqslant 6N$ 时，入射声压按活塞近场声压处理；当 $L>6N$ 时，入射声压则应按球面波公式处理。在远场条件下，当声波垂直入射时，几种简单几何反射体上反射回波声压有着较强的规律性，其相对声压可用数学表达式表示和计算。如果给出声压反射系数，便可以由已知基准回波声压或波高，求得未知缺陷的当量大小（详细情况请参阅有关资料）。在工程实践中，该方法已得到广泛的应用。

第 5 章 材料测试分析

材料测试分析技术水平的提高直接推动了人类科学技术的发展，同时人类科学技术的发展进一步促进了材料测试分析技术不断前进。材料测试分析方法主要是以电子、中子、离子、电磁辐射等为探针与样品物体发生相互作用，产生各种各样的物理信号，接收、分析这些信号来分析表征材料的成分、结构、微观组织和缺陷等。概括起来，这些分析方法可以分为热分析方法、衍射法、显微镜法、光谱法、能谱法、电化学法等。本章主要介绍现代的和常用的测试分析方法，主要包括三个部分——热分析方法、X 射线衍射分析方法和扫描电子显微镜的分析方法。

5.1 热分析

热分析方法是利用热学原理对物质的物理性能或成分进行分析的方法的总称。其在材料科学和工程领域有着广泛的应用，是金属材料、无机非金属材料、有机材料的重要研究方法。热分析是在程序控制温度下，测量物质某一物理性质与温度关系的一类方法。测定物质在加热或冷却过程中产生的各种物理、化学变化的方法可分为两大类，即测定加热或冷却过程中物质本身发生变化的方法及测定加热过程中从物质中产生的气体来推知物质变化的方法。热分析技术分类如表 5-1 所示。

表 5-1 热分析技术分类

物理性质	热分析技术名称	简称	物理性质	热分析技术名称	简称
质量	热重法	TG	焓	差示扫描量热法	DSC
	等压质量变化测定	—	尺寸	热膨胀法	—
	逸出气体检测	EGD	力学特性	热机械分析	TMA
	逸出气体分析	EGA		动态热机械分析	DMA
	放射热分析	—	声学特性	热发声法	—
	热微粒分析	—		热声学法	—
温度	加热曲线测定	—	光学特性	热光学法	—
	差热分析	DTA	电学特性	热电学法	—
			磁学特性	热磁学法	—

5.1.1 差热分析

差热分析是在程序控制温度下，测量试样和参比物之间的温度差与温度（或时间）关系的一种技术。描述这种关系的曲线称为差热曲线或 DTA 曲线。差热曲线的纵轴表示温度差 ΔT，横轴表示温度（T）或时间（t）。物质在加热或冷却过程中会发生物理或化学变化，同时往往还伴随吸热或放热现象，改变了物质原有的升温或降温速率。热效应的变化会导致晶型转变、蒸发、升华、熔融等物理变化以及氧化、还原、脱水等化学变化的发生。此外，一些物理变化（如玻璃化转变）虽无热效应的变化，但某些物理性质（如比热容）也会发生变化。物质发生焓变时质量不一定改变，但温度必定会改变。差热分析方法能够测定和记录物质在加热过程中发生的一系列物理化学现象，通过差热分析方法可以判别物质的组成及反应机理。因此，这种方法被广泛应用于无机硅酸盐、陶瓷、冶金、石油、高分子及建材等各个领域的工业生产和科学研究中。

（1）差热分析原理

基于物理学知识，两种不同成分的材质导体组成闭合回路，当两端存在温度梯度时，回路中就会有电流通过，此时两端之间就存在电动势——热电动势。如图 5-1 所示，利用两种能产生显著电现象的金属丝 A 和金属丝 B（如铜和镍铜）焊接后组成闭合回路，两个焊接点的温度分别为 T_1、T_2；当温度 T_1、T_2 不同即存在温度梯度时，两端之间就存在电动势，闭合回路中就有电流流动，检流计指针发生偏转，即构成了热电偶［图 5-1（a）］。若将金属丝 A、B 焊接后其一端置于待测温度处，另一端（冷端）置于恒定的已知温度的物质（如冰水混合物）中。这样，回路中将产生一定的温差电动势，可由电流计直接读出待测温度值，即构成了用于测温的温差热电偶［图 5-1（b）］。

当试样在加热或冷却过程中发生物理或化学变化时，所吸收或释放的热量导致试样和参比物之间产生温度差，使试样温度高于或低于参比物的温度。基于上述原理制成温差热电偶。将两端分别插入被测试样和不发生热效应的参比物中，放置于电炉中的恒温带，试样和参比物同时升温。随着温度升高，当被测试样无热效应变化时，温差热电偶两焊接点温度相等，不产生温差电动势。当试样在某一特定温度下发生物理化学反应引起热效应变化时，即试样侧的温度在某一区间会变化，不随程序温度升高，而是有时高于或低于程序温度，而参比物一侧在整个加热过程中始终不发生热效应，其温度一直跟随程序温度升高，则两焊接点产生温度梯度，闭合回路中有温差电动势产生；然后利用某种方法把这温差记录下来，就得到了差热曲线，再针对该曲线进行分析研究，这就构成了差热分析的基本原理。

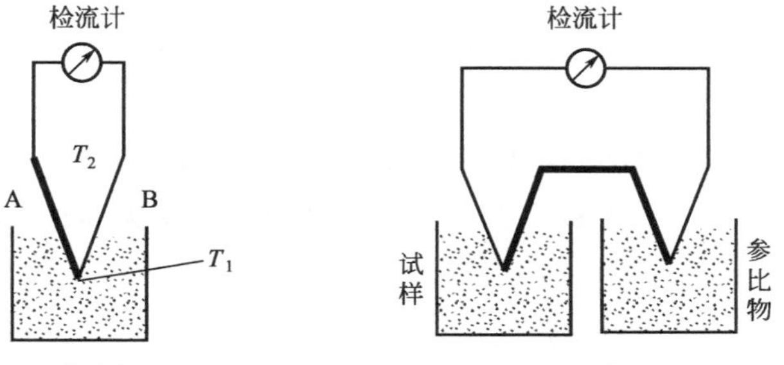

(a) 热电偶　　(b) 温差热电偶

图 5-1　热电偶和温差热电偶

(2) 差热分析仪

差热分析仪一般由加热炉、试样容器、热电偶、温度控制系统及放大、记录系统等部分组成。差热分析装置如图 5-2 所示。

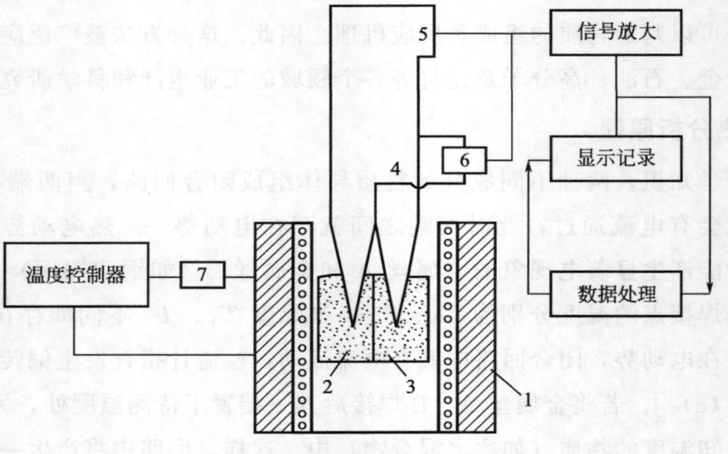

图 5-2　差热分析装置示意图

1—加热炉；2—试样；3—参比物；4—测温热电偶；5—温差热电偶；6—测温元件；7—温控元件

① 加热炉　加热炉主要用于加热试样，根据其热源特性可分为红外加热炉、电热丝加热炉与高频感应加热炉等，其中最常用的是电热丝加热炉。作为差热分析加热炉应满足以下要求：

a. 在炉内应具有一个均匀的温度区，以便试样和参照物均匀受热；

b. 温度程序控制器的精度要高，能达到以一定的速率升温或降温；

c. 炉体的体积要小、质量要小，在低于 770K 时能够拆卸零部件，以便于操作与维护；

d. 加热炉连续工作时，炉子与试样容器相对位置保持不变；

e. 炉子中的线圈应没有感应现象，以防止产生电流干扰测量结果，影响测量精度。

② 试样支撑-测量系统　试样支撑-测量系统主要由热电偶、试样容器、均热板与支撑杆等部件组成，是差热分析的核心。其中，热电偶具有测试温度和传输温差电动势的功能，是试样支撑-测量系统的核心部件。因此，热电偶的材料选择非常重要，一般应具备以下条件：

a. 能产生较高的温差电动势，且与温度保持线性关系；

b. 较好的物理与化学性能稳定性，长时间高温下使用无腐蚀、不被氧化，电阻随温度变化小，热导率大；

c. 价格便宜，有一定的机械强度。

③ 参比物　在差热分析中，参比物一般为惰性材料，在测试温度范围内不发生热效应，另外参比物的比热容与热传导系数应与试样相近，常用的参比物有 α-Al_2O_3、石英、不锈钢、硅油等。通常采用石英作为参比物，其测量温度应低于 570℃。测试金属

试样时一般采用不锈钢、铜或金作为参比物。测试有机物时一般采用硅烷作为参比物。

④ 温度程序控制器 它根据需要对炉子提供能量，以保证获得线性的温度变化速率。温度变化速率一般在 1～20℃/min。

⑤ 记录系统 显示并记录热电偶的热电势信号。目前用微机储存、显示信号，用打印机输出测试结果。

（3）差热分析曲线

根据国际热分析协会 ICTA 的规定，差热分析 DTA 是将试样和参比物置于同一环境中以一定速率加热或冷却，将两者间的温度差对时间或温度作记录的方法。从 DTA 获得的曲线试验数据是这样表示的：纵坐标代表温度差 ΔT，吸热过程显示一个向下的峰，放热过程显示一个向上的峰。横坐标代表时间或温度，从左到右表示增加，如图 5-3 所示。

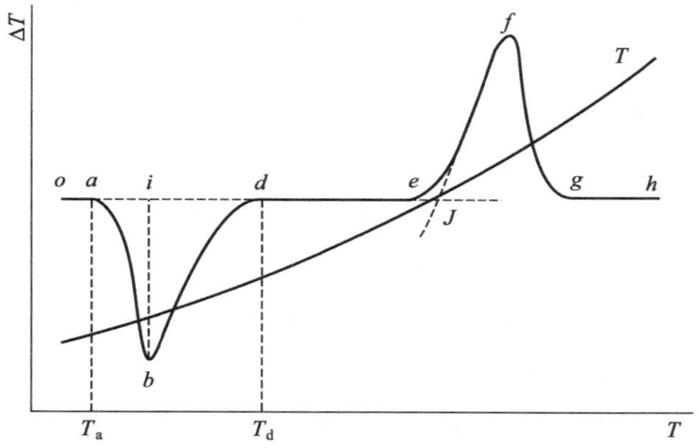

图 5-3 差热曲线形态特征

基线：指 DTA 曲线上 ΔT 近似等于 0 的区段，如 oa、de、gh。如果试样和此外的热容相差较大，则易导致基线的倾斜。

峰：指 DTA 曲线离开基线又回到基线的部分，包括放热峰和吸热峰，如 abd、efg。

峰宽：指 DTA 曲线偏离基线又返回基线两点间的距离或温度间距，如 ad 或 T_d-T_a。

峰高：表示试样和参比物之间的最大温度差，指峰顶至内插基线间的垂直距离，如 bi。

峰面积：指峰和内插基线之间所包围的面积。

外延始点：指峰的起始边陡峭部分的切线与外延基线的交点，如 J 点。

在 DTA 曲线中，峰的出现是连续渐变的。由于在测试过程中试样表面的温度高于中心的温度，所以放热的过程由小变大，形成一条曲线。在 DTA 的 a 点，吸热反应主要在试样表面进行，但 a 点的温度并不代表反应开始的真正温度，而仅是仪器检测到的温度，这与仪器的灵敏度有关。

峰温无严格的物理意义，一般来说峰顶温度并不代表反应的终止温度，反应的终止温度应在 *bd* 线上的某一点。最大的反应速率也不发生在峰顶而是在峰顶之前。峰顶温度仅表示试样和参比物温差最大的一点，而该点的位置受试样条件的影响较大，所以峰温一般不能作为鉴定物质的特征温度，仅在试样条件相同时可作相对比较。

国际热分析协会 ICTA 对大量的试样测定结果表明，外延起始温度与其他实验测得的反应起始温度最为接近，因此 ICTA 决定用外延起始温度来表示反应的起始温度。

(4) 差热分析曲线的影响因素

① 均温块的材质　均温块的主要作用是传热。均温块的材质是影响热分析曲线形状的重要因素之一，目前制作均温块的材料有镍、铝、银、铂、镍铬合金和陶瓷等。

② 热电偶　热电偶以各种方式影响着 DTA 曲线，如热电偶的位置、类型和尺寸。圆柱试样的中心部位与表面有温差，这不仅与材料本身性质有关，并且还与升温速率有关。热电偶在试样的位置不仅影响峰温，而且也影响峰的形状和大小。热电偶的类型和尺寸影响热量从热电偶中散出，因此改变峰面积。

③ 升温速率　提高升温速率将使 DTA 曲线的峰值增高，峰面积也有一定程度提高。提高升温速率将降低相邻反应的分辨率，例如：在慢速升温时，有明显分开的几个阶段，而快速升温时便合并为一个阶段。快速升温可能导致气体反应产物来不及逸出，改变了炉内气体的组成，因而也影响反应速率。

④ 炉内气体　试验中如果反应产物使试样周围的气体状态（组成、分压）发生变化，则会影响 DTA 曲线的形状。

⑤ 试样　试样的热物性，如热导率、比热容、密度等影响传热，因而影响峰面积。试样质量一般在几毫克至几百毫克，增加试样质量，峰面积增加不大。减少试样质量对峰的分离是有利的，还可允许适当提高升温速率。

⑥ 参比物　参比物的热物性影响 DTA 曲线。当参比物的热物性与试样十分相近时，DTA 曲线的基线偏离很小；两者相差较大时，基线偏离较大。

⑦ 试样预处理　试样预处理理对热分析曲线可能产生明显影响，例如：某高聚物第一次升温测得的 DTA 曲线上玻璃化转变温度 T_g 很不明显，但升温超过 T_g 后缓冷；第二次升温便出现明显的玻璃化转变温度。

(5) 差热分析应用

① 确定晶形转变　图 5-4 为 NH_4NO_3 的 DTA 曲线，存在五个吸热峰，前三个对应于 NH_4NO_3 的三种晶态的转变。首先 NH_4NO_3 在室温下为斜方晶，随着温度升高转变为双锥晶，在 52.4℃时又转变为斜方晶。当温度升高至 84.2℃，又由斜方晶转变为四角形晶。125.2℃时的吸热峰由四角形晶转变为等轴晶。第四个吸热峰是 NH_4NO_3 熔化，熔化后吸热并逐渐分解，直至爆燃放热。

② 固相反应的研究　一切固相反应都常伴随着大量的热效应产生，而且都在确定的温度下发生。固体硝酸银和氯化钾混合物发生复分解反应时生成氯化银和硝酸钾，大

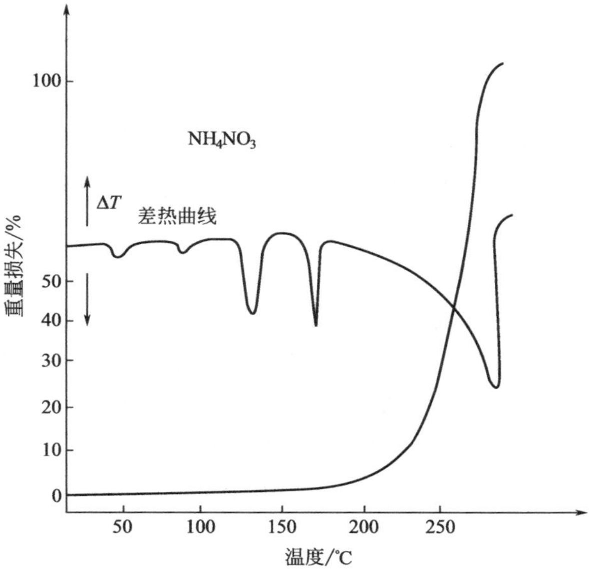

图 5-4 NH_4NO_3 的 DTA-TG 曲线

量热效应是在 100℃（发生复分解反应时的温度）左右开始，在 300℃和 445℃附近的热效应分别相当于纯 KNO_3 和 AgCl 的熔化过程。

③ 确定化合物的结构　确定化合物的结构必须借助多种方法配合才能得到可靠的结论，差热分析就是其中的重要方法之一。例如对 $Na_6Th(CO_3)_5 \cdot 20H_{20}$ 或 $Na_6Th(CO_3)_5 \cdot 12H_{20}$ 和一系列五碳酸钍钠的衍生物进行差热分析，发现加热到 70℃时，这些化合物总是失去 19 个或 11 个结晶水，而最后一个结晶水只有加热到 100℃时才失去。说明在五碳酸钍钠水合晶体中，最后一个水分子和其余水分子不同，它和中心原子钍直接结晶处于络合物的中心。

5.1.2 差示扫描量热法

差示扫描量热法（differential scanning calorimetry，DSC）指在程序控温下，保持试样和参比物的温度差为零，测量单位时间内输入到试样和参比物之间的功率差（如以热的形式）随温度变化的一种技术。记录到的曲线称为差示扫描量热（DSC）曲线，纵坐标为试样吸热或放热的速率，横坐标为时间或温度。DSC 可以测定多种热力学和动力学参数，如比热容、相图、转变热、反应热、反应速率等。该方法应用温度范围较广（−175～725℃）、分辨率较高、试样用量少，因此可以广泛应用于无机、有机材料分析中。

（1）差示扫描量热法原理

差示扫描量热法按测量方式的不同分为功率补偿型差示扫描量热法和热流型差示扫描量热法两种。

① 功率补偿型差示扫描量热法　功率补偿型 DSC 工作原理建立在“零位平衡”原

理上，即把 DSC 热系统分为两个控制环路。如图 5-5 所示，其中一个环路作为平均温度控制，以保证按预定的速率升高试样和参比物的温度，以便把此温度记录下来。另一个环路的作用是当试样和参比物之间出现温度差时，能够通过调节功率输入的方式来消除这种温度差。当试样吸热时，补偿系统流入试样侧加热丝的电流增大；当试样放热时，补偿系统流入参比物侧加热丝的电流增大，直至试样和参比物两者热量平衡，温差消失。这样通过连续不断地自动调节加热器的功率，总是可以使试样托架的温度与参比物托架的温度保持相同。

这时，与输入到试样的热流和输入到参比物材料的热流之间的差值成正比的信号 dH/dt 被馈送到记录仪中，同时记录仪记录试样和参比物的平均温度，将信号 dH/dt 对时间或平均温度作图，就得到了功率补偿型 DSC 的温谱图。

对于功率补偿型 DSC 技术要求试样和参比物的温差 OT，无论试样吸热或放热都要处于动态零位平衡状态，使 OT 等于 0，这是 DSC 和 DTA 技术最本质的区别。

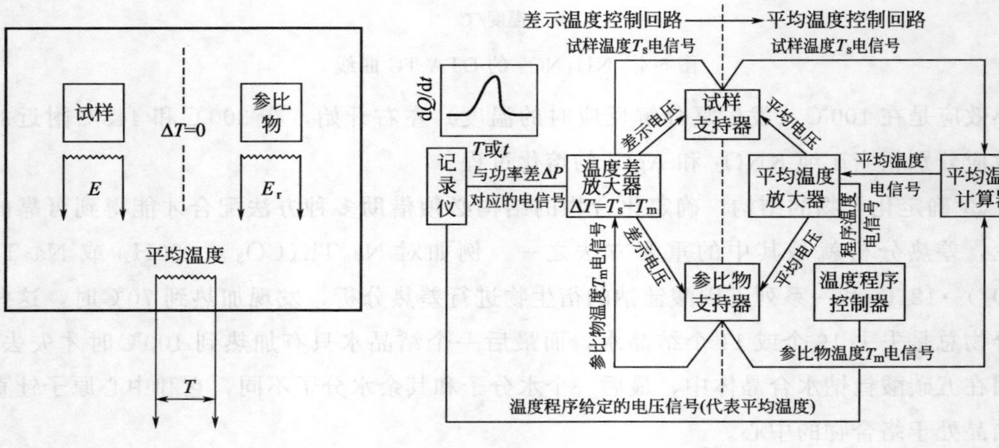

图 5-5　功率补偿型差示扫描量热仪原理和构造

② 热流型差示扫描量热法　热流型 DSC 的热分析系统与功率补偿型 DSC 的差别较大，包括热流式和热通量式。本节主要介绍热流式，它主要通过测量加热过程中试样吸收或放出的热流量来进行 DSC 分析。

热流式差示扫描量热仪的构造与差热分析仪相近，如图 5-6 所示。它利用康铜盘把热量传输到试样和参比物，并且康铜盘还作为测量温度的热电偶结点的一部分，传输到试样和参比物的热流差通过试样和参比物平台下的镍铬板与康铜盘的结点所构成的热电偶进行监控，试样温度由镍铬板下方的热电偶进行直接监控。当加热器在程序控制单元下加热时，试样和参比物在加热块的作用下均匀升温。由于在高温时试样和周围环境的温差较大，热量的损失较大。因此在等速升温的同时，仪器自动改变差示放大器的放大系数，温度升高时，放大系数增大，以补偿因温度变化对试样热效应测量的影响。该法的特点是试样与参比物之间仍存在温差，但要求试样和参比物温差 OT 与试样和参比物间热流量差成正比例关系，这样，在给予试样和参比物相同功率的情况下，测定试样和参比物两端的温差 OT，然后根据热流方程，将 OT 换算成 OQ（热量差）作为信号的输出。

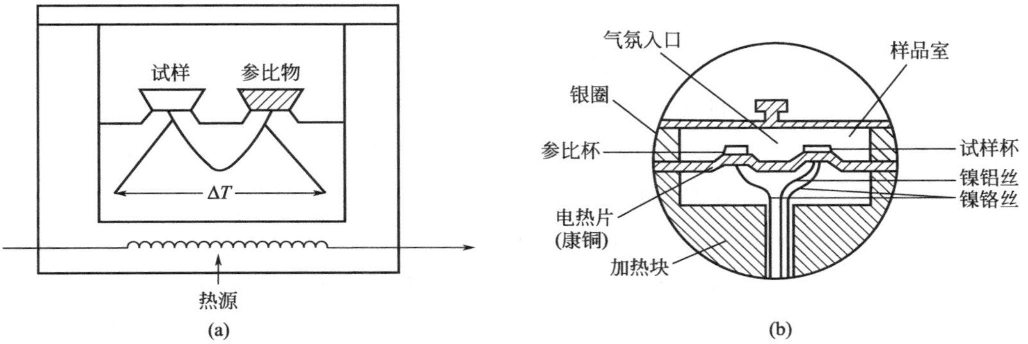

图 5-6 热流式差示扫描量热仪原理和构造

(2) 差示扫描量热法的影响因素

① 升温速率 升温速率主要影响 DSC 曲线的峰温和峰形，一般升温速率越大，峰温越高，峰形越大并越尖锐。在实际情况中，升温速率的影响是很复杂的，对温度的影响在很大程度上与试样的种类和转变的类型密切相关。

② 气氛 实验时，一般对所通气体的氧化还原性和惰性比较重视，但往往会忽略对 DSC 峰温和热焓值的影响。实际上，气氛的影响是比较大的，如表 5-2 所示，在不同气氛下所测试化合物的峰温存在微量差别。

表 5-2 气氛对峰温的影响

化合物	静态空气/℃	动态空气/℃	O_2/℃	N_2/℃	He/℃	真空/℃
己二酸	150.96	151.02	150.82	151.10	149.26	151.90
萘唑啉硝酸盐	168.48	168.40	168.13	184.84	167.22	169.30
硝酸钾	130.85	130.73	130.90	130.89	129.00	131.56
二水合柠檬酸	159.34	159.42	159.26	159.38	157.41	160.04

③ 试样的质量 试样的用量不宜过多，过多的试样会使试样内部传热慢、温度梯度大，导致峰形扩大、分辨力下降。例如，试样铟的实际 ΔH_f 为 28.6J/mol。虽然转变能量随质量变化而变化，但在所有情况下，真正的转变能量是可以精确获得的。试样的质量对 DSC 的影响见表 5-3。

表 5-3 试样的质量对 DSC 的影响

铟的质量/mg	ΔH_f/(J/mol)
1.36	29.50±00.096
5.34	28.45±0.088
11.70	28.42±0.042
18.46	28.29±0.075

④ 试样的粒度 试样的粒度对 DSC 曲线影响比较复杂，通常大颗粒热阻较大，从而使试样的熔融温度和熔融热焓偏低。但是当结晶的试样研磨成细颗粒时，往往由于晶

体结构的歪曲和结晶度的下降，也会导致相类似的结果。由于粉末颗粒间的静电引力使粉状形成聚集体，也会引起熔融热焓变大。

(3) 测试过程

DSC 是一种动态量热技术，在程序控制的温度下，测量样品的热流率随温度变化的函数关系。因此，DSC 的测试过程是首先进行仪器校正，包括能量校正和温度校正。其次，进行样品的制备，DSC 可以对固体和液体样品进行分析。固体样品可以做成粉末、薄膜、晶体或粒状。样品的形状对定性分析的结果具有一定的影响，因此为了得到较为尖锐的峰形和较好的分辨率，样品与样品盘的接触面积要尽可能大。当然，如果可以在样品盘底部覆盖一层较薄的细粉是最好的。固体样品可以用刮刀切割取样，必要时可以用盖压紧密封。调节仪器参数，DSC 和其他热分析一样，扫描速率对其灵敏度和分辨率都有较大的影响，调节出合适的扫描速率。DSC 样品支架周围需用气体净化，净化气体的流速不能太大，一般为 20mL/min，保证样品支架与参比物支架尽量相同。样品放置好之后，即可进行加热，并用计算机进行绘图。

(4) 差示扫描量热法的应用

差示扫描量热法与差热分析的应用功能有许多相同之处，但由于 DSC 克服了 DTA 以 OT 间接表示物质热效应的缺陷，具有分辨率高、灵敏度高等优点，适合于研究伴随焓变或比热容变化的现象。因而可以定量测定多种热力学和动力学参数，且可进行晶体微细结构分析等工作，因此 DSC 已成为材料研究十分有效的方法之一。

① 比热容的测定　当一个样品温度线性升高时，进入样品的热流速率正比于瞬时的比热值。把这个热流速率看作是温度的函数。并在相同条件下和标准物质相比，便可得到比热容 c_p 随温度变化的函数关系。差示扫描量热法是直接测量比热容的新方法。在差示扫描量热法中，样品材料承受线性程序控温，热流速率进入样品而连续测量。这个热流速率正比于样品的瞬时比热容，具体关系如下：

$$\frac{\mathrm{d}H}{\mathrm{d}t}=mc_{\mathrm{p}}\frac{\mathrm{d}T}{\mathrm{d}t} \tag{5-1}$$

式中，$\mathrm{d}H/\mathrm{d}t$ 为热流率，J/s 或 W；m 为样品的质量，g；c_{p} 为比热容，J/(g·℃)；$\mathrm{d}T/\mathrm{d}t$ 为程序升温速率，℃/s。

图 5-7 为煤的比热容测试曲线，采用蓝宝石作为参比物。为了计算比热容，升温速率必须已知，必须校正纵坐标。根据公式（5-1）可得：

$$\Phi=mc\frac{\mathrm{d}T}{\mathrm{d}t} \tag{5-2}$$

$$\Phi'=m'c'\frac{\mathrm{d}T}{\mathrm{d}t} \tag{5-3}$$

式中，Φ、Φ' 分别为某一温度下，实验样品和标准样品与空白的热流差：m 与 m' 分别为实验样品和标准样品的质量；c、c' 分别为实验样品与标准样品的比热容。将公式（5-2）除以公式（5-3）可得：

$$\frac{c}{c'}=\frac{m'\Phi}{m\Phi'} \tag{5-4}$$

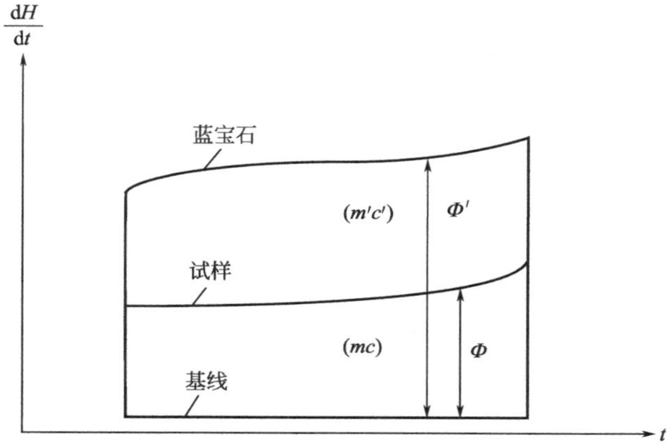

图 5-7 试样与标准物质的 dH/dt 曲线图

已知标准样品蓝宝石的比热容，实验样品与标准样品的热流差和质量，即可求得实验样品的比热容。

表 5-4 为不同加热速率对煤比热容的影响。从表中的数据可以看出，加热速率对热分析方法的影响较大。加热速率越大，所产生的热滞后现象越严重，导致测量结果产生误差。表 5-4 是在 20mL/min 高纯氮气内，分别以 5℃/min、10℃/min、20℃/min、40℃/min 的加热速率从室温加热至 1200℃左右时测定的 20mg 煤的比热容。

表 5-4 不同加热速率对煤比热容的影响

温度/℃	c/[J/(g·K)]			
	5℃/min	10℃/min	20℃/min	40℃/min
57	1.1370	0.8833	0.8551	0.8361
87	1.0904	0.9354	0.9005	0.8899
187	1.4523	1.0559	0.9977	1.0049
287	1.7693	1.1351	1.0724	1.0760
387	2.1617	1.1934	1.1510	1.1627
487	2.7213	1.3056	1.2396	1.2444
587	3.1945	1.4192	1.3813	1.3885
687	3.5382	1.4943	1.4513	1.4631
787	3.5695	1.5498	1.5126	1.5127
887	3.7671	1.6105	1.5651	1.5562
977	4.1649	1.6657	1.5753	1.6058
1077	4.4541	1.7359	1.6291	1.6597
1177	4.8793	1.8072	1.6796	1.7098

② 熔点的测定　熔点即固相到液相的转变温度。ICTA 规定外推起始温度为熔点。外推起始温度的定义为：峰前沿最大斜率处的切线与前沿基线延长线的交点处温度，如图 5-8 中的点 T_P。

③ 玻璃化转变温度 T_g 的测定　高聚物的玻璃化转变温度 T_g，是一个非常重要的物性数据，高聚物在玻璃化转变时由于热容的改变导致 DTA 或 DSC 曲线的基线平移，会在曲线上出现一个台阶。玻璃态是高聚物高弹态的转变，是链段运动的松弛现象（链

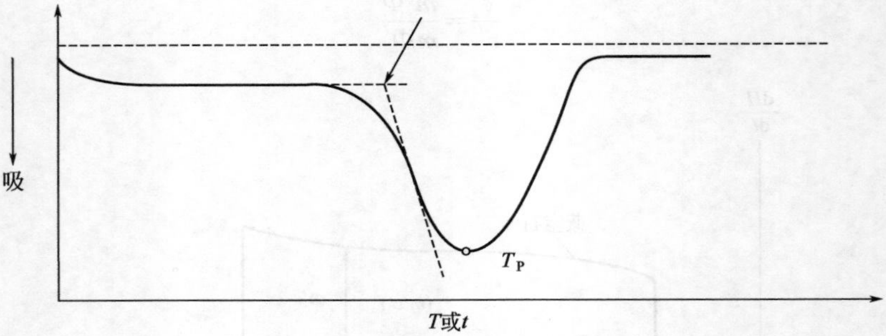

图 5-8　DSC 曲线上熔点特征

段运动“冻结”→“解冻”）。玻璃化转变发生在一个温度范围内，在玻璃化转变区，高聚物的一切性质都发生急剧变化，如比热容、热膨胀系数、黏度、折光率、自由体积和弹性模量等。根据 ICTA 的规定，以转折线的延线与基线延线的交点 B 作为 T_g 点。图 5-9 又以基本开始转折处 A 和转折回复到基线处 C 为转变区。有时在高聚物玻璃化转变的热谱图上会出现类似一级转变的小峰，常称为反常比热峰［图 5-9（b）］，这时 C 点定在反常比热峰的峰顶上。

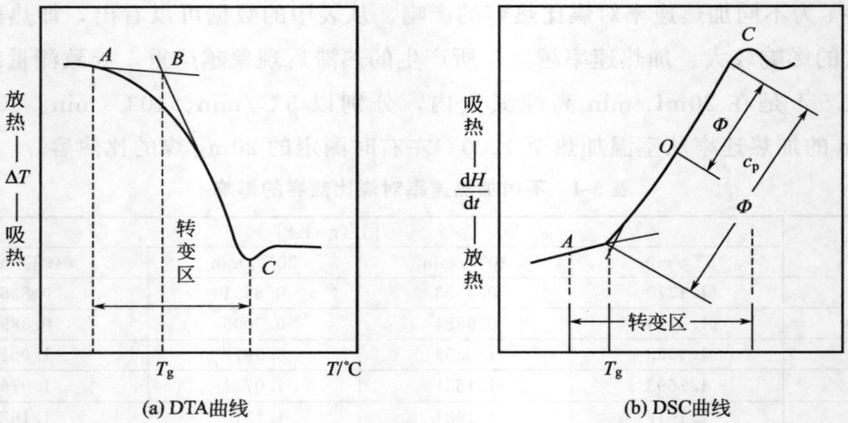

图 5-9　用 DTA 曲线和 DSC 曲线测定 T_g 值

5.1.3　热重分析

热重分析法（thermogravimetric analysis，TGA）是指在程序控制温度和一定气氛条件下测量物质的质量与温度关系的一种热分析方法。其特点是定量性强，能准确地测量物质的质量变化和变化的速率。热重分析仪主要由天平、炉子、程序控温系统和记录系统等几个部分组成。最常用的测量原理有两种，即变位法和零位法。热重分析法广泛应用于生物材料、高分子材料、无机矿物材料等领域中。

(1) 热重分析的原理

许多物质在加热或冷却过程中除了产生热效应外，往往还伴有质量的变化。质量变化的大小及变化时的温度与物质的化学组成和结构密切相关，因此利用试样在加热或冷却过程中质量变化的特点，可以区别和鉴定不同的物质。热重分析法是研究化学反应动力学的重要手段之一，具有试样用量少、测试速度快并能在所测温度范围内研究物质发生热效应的全过程等优点。

热重分析通常有静法和动法两种。静法是把试样在各给定的温度下加热至恒重，然后按质量变化对温度作图。其优点是精度较高，能记录微小的失重变化；缺点是操作复杂、时间较长。动法是在加热过程中连续升温和称重，按质量变化对温度作图。其优点是能自动记录，可与差热分析法紧密配合，有利于对比分析；缺点是对微小的质量变化灵敏度较低。

热重分析仪可以分为热天平式和弹簧秤式两种。图 5-10 是热天平的结构示意图。热天平不同于一般天平，它能自动、连续地进行动态测量与记录，并能在称量过程中按一定的温控程序改变试样温度，以及调控样品四周的气氛。

热天平的工作原理如下：在加热过程中如果试样无质量变化，热天平将保持初始的平衡状态；一旦样品中有质量变化时，天平就失去平衡，并立即由传感器检测并输出天平失衡信号。这一信号经侧重系统放大后，用以自动改变平衡复位器中的线圈电流，使天平又回到初始时的平衡状态，即天平恢复到零位。平衡复位器中的电流与样品质量的变化成正比，因此，记录电流的变化就能得到试样质量在加热过程中连续变化的信息，而试样温度或炉膛温度由热电偶测定并记录。这样就可得到试样质量随温度（或时间）变化的关系曲线即热重曲线。热天平中装有阻尼器，其作用是加速天平趋向稳定。天平摆动时，就有阻尼信号产生，经放大器放大后再反馈到阻尼器中，促使天平快速停止摆动。

弹簧秤式的原理是胡克定律，即弹簧在弹性限度内其应力与应变成线性关系。一般的弹簧材料因其弹性模量随温度变化，容易产生误差，所以采用随温度变化小的石英玻璃或退火的钨丝制作弹簧。弹簧秤法是利用弹簧的伸长与质量成比例的关系，所以可利用测高仪读数或者用差动变压器将弹簧的伸长量转换成电信号进行自动记录。

(2) 热重曲线

由热重法测得的记录为在温度程序控制下物质质量与温度关系的曲线，即热重曲线（TG 曲线）。如图 5-11 所示，TG 曲线横轴表示温度或时间，从左到右表示增加，温度单位使用摄氏度（℃）或热力学温度（K），在动力学分析中采用热力学温度（K）或其倒数（K^{-1}）。纵轴为质量，从上向下表示减少，可以余重（实际称重/mg 或剩余百分数/%）或剩余份数 C（从 t→0）表示。DTG 曲线可以每分钟或每摄氏度产生的变化表示，如 mg/min，mg/℃或%/min，%/℃等。

对热重曲线进行一次微分就能得到微商热重曲线，纵坐标为 dW/dr，横坐标为温度或时间。它反映试样质量的变化率与温度 T 或时间 t 的关系，即失重速率，记录为微商热重曲线（DTG 曲线）。DTG 曲线是一个峰形曲线。

(3) 热重分析法测试过程

在热重分析测试前，需用砝码校正记录仪与试样质量变化的比例关系。一般仪器出

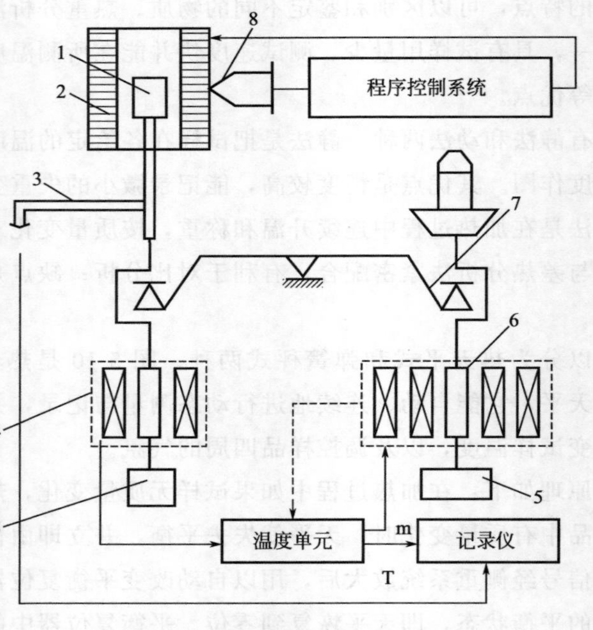

图 5-10 热天平的结构示意图

1—试样支持器；2—炉子；3—测温热电偶；4—传感器；5—平衡锤；6—阻尼及天平复位器；7—天平；8—阻尼信号

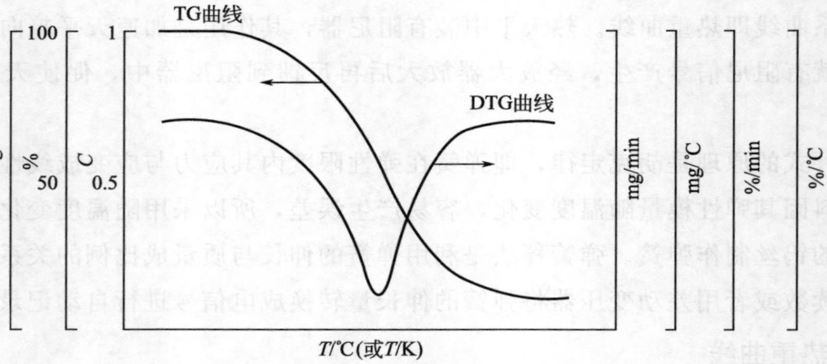

图 5-11 TG 和 DTG 曲线

厂时均已校正，必要时也需要重新校正。然后进行试样的预处理、称量及装填，试样需先磨细，过 100～300 目筛（粒径 48～150μm）及干燥。精确测量试样的重量，称量后的试样装入坩埚中，接着选择升温速率，选择升温速率需以保持基线平稳为准则。此外，保证试样在某温度下的质量变化应在仪器灵敏度范围内，以得到质量变化明显的热重曲线。调节完毕之后，即可启动电源开关，按照给定的升温速率升温，然后选定合适的走纸速度，开动记录仪开关。最终，实验完毕后，先关记录仪开关，再切断电源。

（4）影响热重分析的因素

① 热重分析数据受仪器结构、实验条件和试样本身的影响

a. 浮力的影响。试样周围的气体随温度升高而膨胀，密度减小，因而引起浮力减小。300℃时的浮力约为室温时的 1/2，而 900℃时为室温时的 1/4 左右。可见，在

试样质量没有变化的情况下，由于升温，似乎试样质量在增加，这种现象称为表观增重。

b. 坩埚几何特性的影响。坩埚的形状、尺寸和材质影响试验结果，应尽量使试样在浅坩埚中摊成均匀的薄层，以利于热扩散。除非为了防止试样飞溅，一般不采用加盖封闭坩埚，因为这样会造成反应系统中气流状态和气体组成的改变。

c. 挥发物冷凝的影响。试样受热分解或升华，逸出的挥发物往往在热重分析仪的低温区冷凝，这不仅污染仪器，而且使实验结果产生严重偏差。

d. 温度测量上的误差。在分析中，热电偶不与试样直接接触，而置于试样坩埚的凹穴中，因此会因为温度滞后而产生误差。

② 实验条件

a. 升温速率。升温速率对热重法的影响比较大，升温速率越大，所产生的热滞后现象越严重，往往导致热重曲线上的起始温度和终止温度偏高。一般来说，在热重法中，采用高的升温速率对热重曲线的测定不利，但是如果试样少还是可以采用较高的升温速率。

b. 气体的影响。不同气体对 TG 曲线有明显影响。

c. 试样质量与粒度的影响。在热重法中，试样用量应在热重分析仪灵敏度范围内尽可能小，试样用量大会影响分析结果。为了提高检测的灵敏度应采用少量试样，以得到较好的检测结果。粒度也影响 TG 曲线，粒度越细反应面积越大，反应起始和结束的温度降低。

(5) 热重分析法的应用

热重法在无机材料领域有着很广泛的应用。它可以用于研究含水矿物的结构及热反应过程。测定强磁性物质的居里点温度，测定计算热分解反应的反应级数和活化能等。在测定玻璃、陶瓷和水泥材料的研究方面也有着较好的应用价值。

① 材料热稳定性的评定　热重法可以评价聚烯烃类、聚卤代烯类、含氧类聚合物、芳杂环类聚合物（单体、多聚体和聚合物）、弹性体高分子材料的热稳定性。高温下聚合物内部可能发生各种反应，如开始分解时可能是侧链的分解，而主链无变化，达到一定的温度时，主链可能断裂，引起材料性能的急剧变化。有的材料一步完全降解，而有些材料可能在很高的温度下仍有残留物。

如图 5-12 所示，在同一台热天平上，以同样的条件进行热重分析，比较五种聚合物的热稳定性。可见，每种聚合物在特定温度区域有不同的 TG 曲线，这为进一步研究反应机制提供了有启发性的资料。由图中 TG 曲线的信息，可知这五种聚合物的相对热稳定性顺序是 PVC＜ PMMA＜ HPPE＜PTFE＜PI。

② 材料种类的鉴别　利用材料的特征热谱图可以对材料的种类进行鉴别。一般材料的 TG 谱图可从有关手册或文献中查到。如果是热稳定性差异非常明显的材料同系物，通过 TG 谱图则很容易区别。

图 5-13 是聚苯乙烯（PS）、聚 α-甲基苯乙烯（P-αMS）、苯乙烯和甲基苯乙烯无规

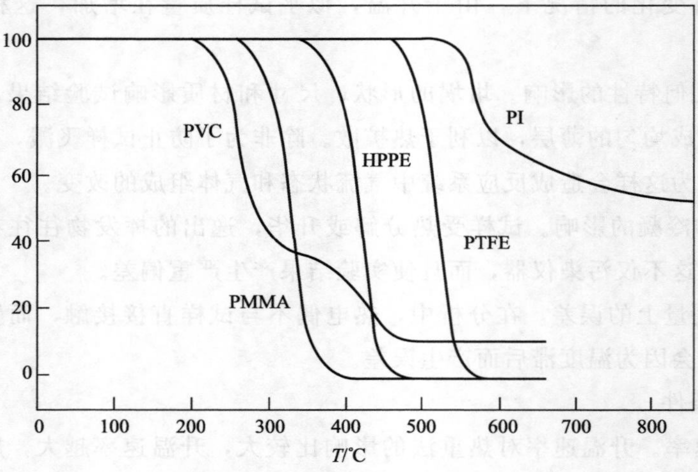

图 5-12　五种聚合物的 TG 曲线

共聚物（S-αMS 无规）以及其嵌段共聚物（S-αMS 嵌段）四种试样的 TG 曲线。由此可见，PS 和 P-αMS 热失重差别明显，无规共聚物介于两者之间，嵌段共聚物则由于形成聚苯乙烯和聚甲基苯乙烯各自的段区而出现明显两个阶段的失重曲线。

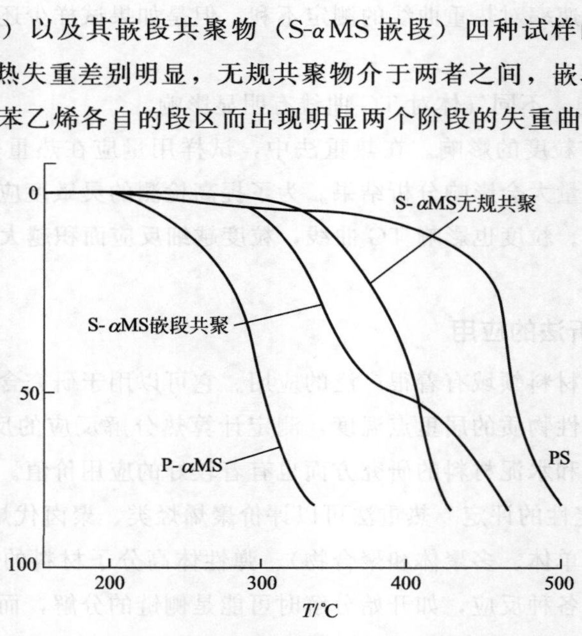

图 5-13　用 TG 法鉴别同系材料和共聚物

5.2　X 射线检测

5.2.1　X 射线的物理学基础

1895 年德国物理学家伦琴（W. C. Röntgen）在研究真空管放电时发现了一种肉眼看不见的射线。它不仅穿透力极强，还能使铂氰化钡等物质发出荧光、照相底片感光、气体电离等，由于当时对其本质尚未了解，故命名为 X 射线，他因此而获得了 1901 年度诺贝尔物理学奖。由于 X 射线的发现，相继产生了 X 射线透射学、X 射线衍射学、X

射线光谱学 3 个学科，本节主要讨论 X 射线衍射学。

（1）X 射线的本质

1895 年伦琴研究阴极射线管时发现的这种有穿透力的肉眼看不见的射线，被称为 X 射线（伦琴射线）。

X 射线的基本特征：a. 穿透力强，可用于医疗；b. 能使底片感光；c. 能使荧光物质发光；d. 能使气体电离；e. 对生物细胞有杀伤作用，可以应用于癌症治疗。

1912 年劳埃（M. Von Laue）以晶体为光栅，发现了晶体的 X 射线衍射现象，确定了 X 射线的电磁波属性和晶体结构的周期性。

1912 年 W. H. Bragg 与 M. L. Bragg 发现 X 射线衍射现象。

X 射线波长约为 0.01～10nm。物质结构中，原子和分子的距离正好落在 X 射线的波长范围内，所以物质（特别是晶体）对 X 射线的散射和衍射能够传递极为丰富的微观结构信息。

经研究 X 射线和无线电波、可见光一样都是电磁波，只不过波长很短。它与其他电磁波一样，X 射线具有波粒二象性，也就是说它既有波动的属性，同时又具有粒子的属性，即：

a. X 射线之间相互作用——表现出波动性（干涉）。

b. 与电子、原子的相互作用——表现出粒子的特性（光子）。

这种光量子的能量 e、动量 p、波长 λ 遵循爱因斯坦公式：

$$\varepsilon = h = \frac{hc}{\lambda} \tag{5-5}$$

$$p = \frac{h}{\lambda} \tag{5-6}$$

式中　h——普朗克常数，等于 6.625×10^{-34} J·s；

c——X 射线的速度，等于 2998×10^{8} m/s。

X 射线的波长较可见光短得多，所以能量和动量很大，具有很强的穿透能力。

（2）X 射线的产生

获得 X 射线的方法是多种多样的，如同步辐射等，但大多数射线源都是由 X 射线发生器产生的，最简单的 X 射线发生器是 X 射线管，X 射线管是 X 射线仪的核心，是直接发射 X 射线的装置。X 射线的产生装置如图 5-14 所示。该装置主要由阴极、阳极、真空室、窗口和电源等组成。阴极（又称灯丝）是电子的发射源，由钨丝制成，给它通以一定的电流加热到白热，便能放射出热辐射电子。阳极又称靶材，是使电子突然减速和发射 X 射线的地方，一般由纯金属（Cu、Co、Mo 等）制成，阳极必须要有良好的循环水冷却，以防靶融化；真空室的真空度高达 10^{-3} Pa，其目的是保证阴阳极不受污染；窗口是 X 射线从阳极靶材射出的地方，通常有两个或四个呈对称分布，窗口材料一般为铍金属，目的是对 X 射线的吸收尽可能少。电源可使阴阳极间产生强电场，促使阴极发射电子。当两极电压高达数万伏时，电子从阴极发射，射向阳极靶材，电子的运动受阻，与靶材作用后，电子的动能大部分转化为热能散发，仅有1%左右的动能转化为X射线能，产生的X射线通过铍窗口射出。

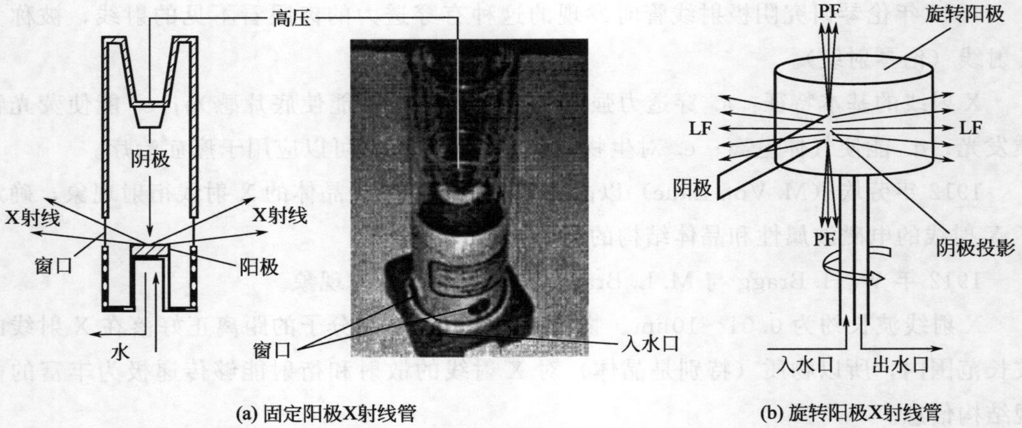

图 5-14　X射线产生装置

(3) X射线谱

X射线谱是指X射线的强度与波长的关系曲线。所谓X射线的强度是指单位时间内通过单位面积的X光子的能量总和，它不仅与单个X光子的能量有关，还与光子的数量有关。由X射线管发射出来的X射线可以分为两种类型。一种是连续波长的X射线构成连续X射线谱。另一种是在连续谱的基础上叠加若干条具有一定波长的谱线，构成标识（特征）X射线谱，这些射线与靶材有特定的联系。

① X射线连续谱　当任何高速运动的带电粒子受阻而减速时，都会产生电磁辐射，这种辐射称之为韧致辐射。由于电子与阳极磁的无规律性，因此其X射线的波长是连续分布的。

图 5-15为不同阳极X射线管的X射线谱。可以看出，曲线是连续变化的，故称这种X射线谱为多色X射线、连续X射线或白色X射线。在各种管压下的连续谱都存在一个最短的波长 λ_0，称为短波限。极限情况下，根据能量守恒原则，电子将其在电场中加速得到的全部动能全部转化成一个光子，则该光子能量最大，而波长最短，该波长即为 λ_0。

连续谱的产生机理：一个电子在管压 U 的作用下撞向靶材，其能量为 eU，每碰撞一次产生一次辐射，即产生一个能量为 $h\nu$ 的光子。若电子与靶材仅碰撞一次就耗完其能量，则该辐射产生的光子获得了最高能量 eU，即

$$h\nu_{\max}=eU=h\frac{c}{\lambda_0} \tag{5-7}$$

则

$$\lambda_0=\frac{hc}{eU} \tag{5-8}$$

此时，X光子的能量最高，波长最短，故称为波长限；代入常数 h、c、e 后，波长限 $\lambda_0=1240\text{nm}$。

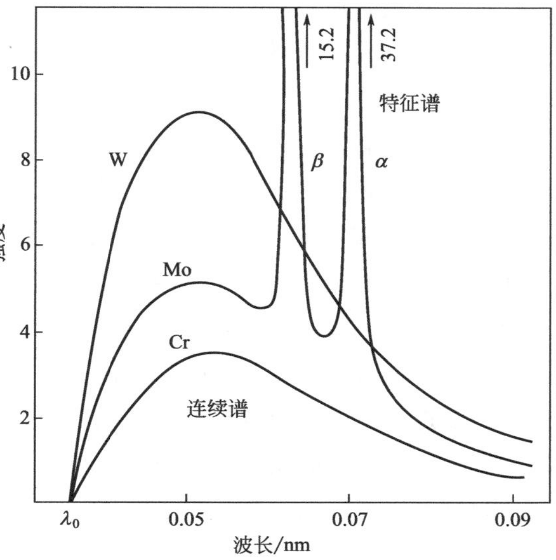

图 5-15　X 射线谱图

当电子与靶材发生多次碰撞才耗完其能量，则发生多次辐射，产生多个光子，每个光子的能量均小于 eU，波长均大于波长限 λ_0。由于电子与靶材的多次碰撞和电子数目大，从而产生各种不同能量的 X 射线，这就构成了连续 X 射线谱。

连续谱的共同特征是各有一个波长限（最小波长）λ_0，强度有一最大值，其对应的波长为 λ_m，谱线向波长增加方向连续伸展。连续谱的形态受管流 i、管压 U、阳极靶材的原子序数 Z 的影响，如图 5-16 所示，其变化规律如下：

a. 当 i、Z 均为常数时，U 增加，连续谱线整体左上移，见图 5-16（a），表明 U 增加时，各波长下的 X 射线强度均增加，波长限 λ 减小，强度的最高值所对应的波长 λ 也随之减小。这是由于管压增加，电子束中单个电子的能量增加所致。

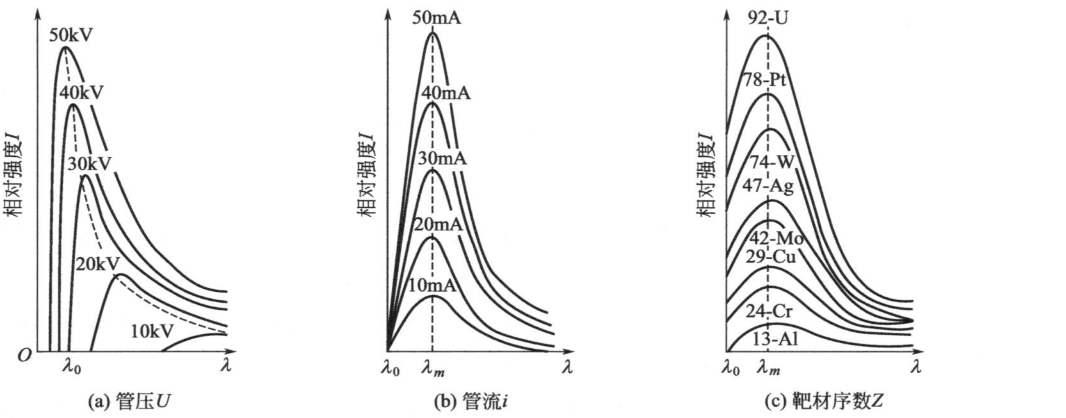

图 5-16　管压、管流和靶材序数对连续谱的影响

b. 当管压 U 为常数时，提高管流 i，连续谱线整体上移，见图 5-16（b），表明管流 i 增加时，各波长下的 X 射线的强度一致提高，但 λ_0、λ_m 保持不变。这是由于管压

未变，故单个电子的能量也为常数，所以由式（5-8）可知波长限不变；但由于管流增加，电子束的电子密度增加，故激发产生的 X 光子数增加，表现为强度提高，连续谱线上移。

c. 当管压 U 和管流 i 不变时，阳极靶材的原子序数 Z 越高，谱线也整体上移，见图 5-16（c），表明原子序数 Z 增加，各波长下的 X 射线强度增加，但 λ、λ_m 保持不变。虽然管压和管流未变，即电子束的单个电子能量和电子密度未变，但由于原子序数增加，其核外电子壳层增加，这样被电子激发产生 X 射线的概率增加，导致产生 X 光子的数量增加，因而表现为连续谱线的整体上移。

② X 射线特征谱　在图 5-15 中的 Mo 阳极连续 X 射线谱上，当撞击阳极的高能电子能量大于某个临界值时，在连续谱的某个波长处出现强度峰，峰窄而尖锐，改变管电流、管电压，这些谱线只改变强度而峰的位置所对应的波长不变、即波长只与靶的原子序数有关，与电压无关。因这种强度峰的波长反映了物质的原子序数特征，所以叫特征 X 射线，由特征 X 射线构成的 X 射线谱叫特征 X 射线谱。

特征峰产生的机理：特征峰的产生与阳极靶材的原子结构有关。依据原子结构壳层理论可知，原子核外的电子按一定的规律分布在量子化的壳层上，每层上的电子数和能量均是固定的。原子的壳层有数层，由里到外依次用 K、L、M、N 等表示，相应的主量子数用 n 表示（$n=1$，2，3，4，…）。每个壳层最多容纳 $2n^2$ 个电子，其中处于 K 层中的电子能量最低，L 层次之，能量依次递增，构成一系列能级。

通常情况下，电子总是首先占满能量最低的壳层，如 K、L 层等。在具有足够高能量的高速电子撞击阳极靶时，会将阳极靶物质中原子 K 层电子撞出，在 K 层中形成空位，原子系统能量升高，使体系处于不稳定的激发态，按能量最低原理，L、M、N、…层中的电子会跃迁到 K 层的空位，为保持体系能量的平衡，在跃迁的同时，这些电子会将多余的能量以 X 光量子的形式释放。

对于从 L、M、N、…壳层中的电子跃入 K 壳层空位时所释放的 X 射线，分别称之为 K_α、K_β、K_γ、…谱线，共同构成 K 标识 X 射线。类似 K 壳层电子被激发，L 壳层、M 壳层、…电子被激发时，也会产生 L 系、M 系、…标识 X 射线，而 K 系、L 系、M 系、…标识 X 射线共同构成了原子的特征 X 射线。

(4) X 射线与物质的相互作用

X 射线与物质的相互作用是复杂的物理过程，将产生透射、散射、吸收和放热等一系列效应，见图 5-17。这些效应也是 X 射线应用的物理基础，下面分别讨论。

① X 射线的散射　X 射线与物质作用后一部分将被散射，根据散射前后的能量变化与否，可将散射分为相干散射和非相干散射。

a. 相干散射。X 射线是一种电磁波，作用物质后，物质原子中受核束缚较紧的电子在入射 X 射线的电场作用下，将产生受迫振动，振动频率与入射 X 射线相同，因此振动的电子将向四周辐射出与入射 X 射线波长相同的散射电磁波，即散射 X 射线。由于散射波与入射波的波长相同，位相差恒定，故在相同方向上各散射波可能符合相干条

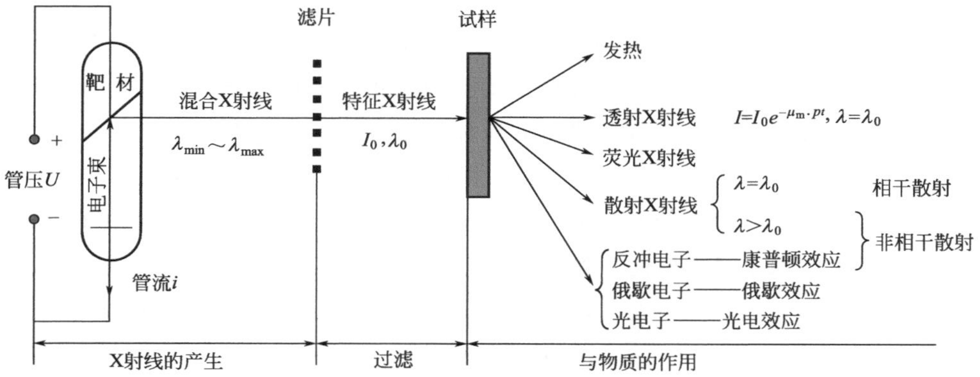

图 5-17 X 射线的产生、过滤及其与物质的相互作用

件，发生干涉，故称相干散射。相干散射是 X 射线衍射学的基础。

b. 非相干散射。图 5-18 为非相干散射的说明示意图。X 射线与物质原子中受核束缚较小的电子或自由电子作用后，部分能量转变为电子的动能，使之成为反冲电子，X 射线偏离原来方向，能量降低，波长增加，其增量由以下公式表示：

$$\Delta\lambda=\lambda'-\lambda_0=0.00243(1-\cos 2\theta) \tag{5-9}$$

式中，λ_0、λ'分别为 X 射线散射前后的波长；2θ 为散射角，即入射线与散射线之间的夹角。

由此可见，波长增量取决于散射角，由于散射波的位相与入射波的位相不存在固定关系，这种散射是不相干的，故称非相干散射。非相干散射现象是由康普顿（A. H. Compton）发现的，故称为康普顿效应，康普顿因此获得了 1927 年度诺贝尔物理学奖。我国物理学家吴有训在康普顿效应的实验技术和理论分析等方面，也做了卓有成效的工作，因此非相干散射又称康普顿-吴有训散射。

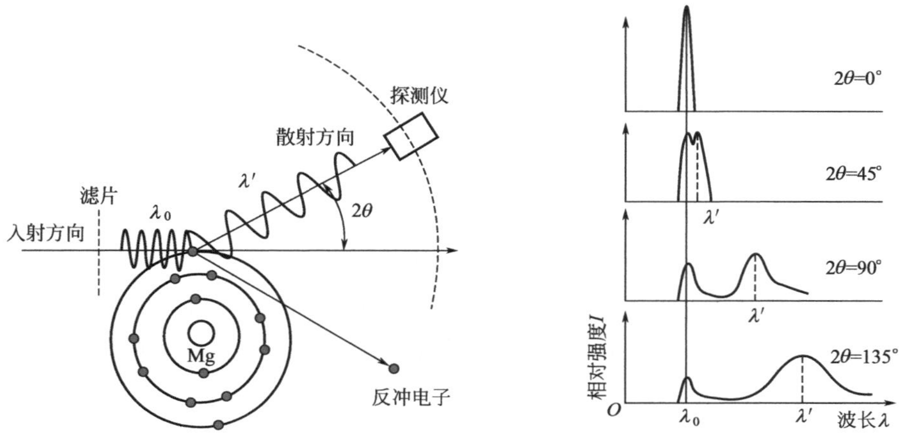

图 5-18 康普顿-吴有训效应示意图

非相干散射是不可避免的，它在晶体中不能产生衍射，但会在衍射图像中形成连续背底，其强度随增加而增强，这不利于衍射分析。

② X 射线的吸收　物质对 X 射线的吸收指的是 X 射线能量在通过物质时转变为其他形式的能量，如图 5-19 所示。对 X 射线而言，即发生了能量损耗。有时把 X 射线的这种能量损耗称为真吸收。物质对 X 射线的真吸收主要是由原子内部的电子跃迁而引起的。在这个过程中发生 X 射线的光电效应和俄歇效应，使 X 射线的部分能量转变成为光电子、荧光 X 射线及俄歇电子的能量，因此 X 射线的强度被衰减。

a. 光电效应。当一个具有足够能量的光子从原子内部击出一个 K 层电子时，同样会发生像电子激发原子时类似的辐射过程，即产生标识 X 射线。这种以光子激发原子所发生的激发和辐射过程称为光电效应，被击出的电子称为光电子，所辐射出的次级标识 X 射线称为荧光 X 射线（或称二次标识 X 射线）。

光子→击出某层电子→光电效应

b. 俄歇效应。如果原子在入射的 X 射线光子的作用下失掉一个 K 层电子，它就处于 K 激发态，其能量为 E_K。当一个 L 层电子填充这个空位后，K 电离就变成 L 电离，能量由 E_K 变为 E_L。这时会有数值等于（E_X-E_L）的能量释放出来。能量释放可以采取两种方式，一种是产生 K 系荧光辐射（上面已讲过）；另一种是这个能量（E_X-E_L）还能继续产生二次电离使另一个核外电子脱离原子变为二次电子，如 $E_X-E>E_L$，它就可能使 L、M、N 等层的电子逸出，产生相应的电子空位。使 L 层电子逸出的能量略大于 E，因为这时不但要产生 L 层电子空位还要有逸出功，这种二次电子称为 K_L 电子，它的能量有固定值，近似地等于“E_K-E_L”这种具有特征能量的电子就是俄歇电子。

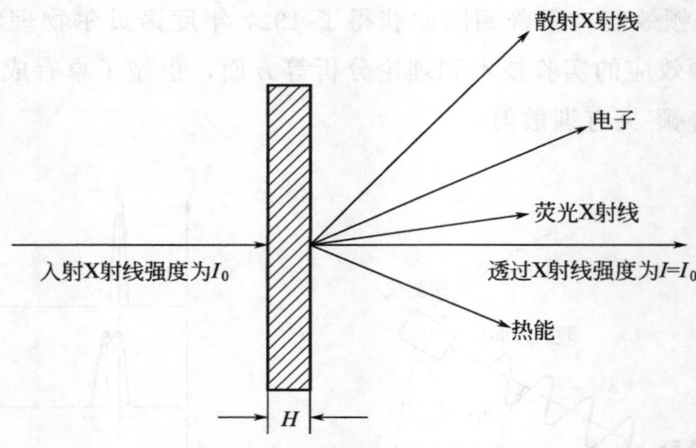

图 5-19　X 射线经过物质的吸收

俄歇效应、光电效应所消耗的那部分 X 射线的能量，称之为真吸收。真吸收既有利又有弊，它可以用来分析成分，同时利用材料的吸收特点将射线单色化，如做荧光分析、AES、滤片。

5.2.2　晶体对 X 射线的衍射

X 射线照射到晶体上发生散射，其中衍射现象是 X 射线被晶体散射的一种特殊表现。晶体的基本特征是其微观结构（原子、分子或离子的排列）具有周期性，当 X 射线被散射时，散射波中与入射波波长相同的相干散射波会互相干涉，在一些特定的方向上互相加强，产生衍射线。晶体可能产生衍射的方向取决于晶体微观结构的类型（晶胞类型）及其基本尺寸（晶面间距，晶胞参数等）；而衍射强度取决于晶体中各组成原子的元素种类及其分布排列的坐标。晶体衍射方法是目前研究晶体结构最有力的方法。

联系 X 射线衍射方向与晶体结构之间关系的方程有两个：劳埃（Laue）方程和布拉格（Bragg）方程。前者基于直线点阵，后者基于平面点阵，这两个方程实际上是等效的。

① 劳埃（Laue）方程　首先考虑一行周期为 α_0 的原子列对入射 X 射线的衍射。如图 5-20 所示（忽略原子的大小），当入射角为 α_0 时，在 α_h 角处观测散射线的叠加强度。相距为 α_0 的两个原子散射的 X 射线光程差为 α_0（$\cos\alpha_H-\cos\alpha_0$），当光程差为零或等于波长的整数倍时，散射波的波峰和波谷分别互相叠加而使强度达到极大值。光程差为零时，干涉最强，此时入射角 α_0 等于出射角，衍射称为零级衍射。

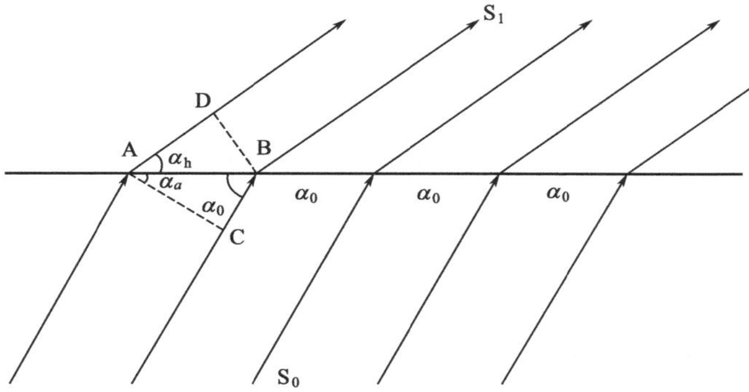

图 5-20　一行原子列对 X 射线的衍射

晶体结构是一种三维的周期结构，设有三行不共面的原子列，其周期大小分别为 a_0、b_0、c_0，入射 X 射线同它们的交角分别为 α_0、β_0、γ_0，当衍射角分别为 α_h、β_k、γ_l 时，则必定满足下列的条件：

$$\begin{cases}\alpha_0(\cos\alpha_h-\cos\alpha_0)=h\lambda \\ b_0(\cos\beta_k-\cos\beta_0)=k\lambda \\ c_0(\cos\gamma_l-\cos\alpha\gamma_0)=l\lambda\end{cases} \tag{5-10}$$

式中，h、k、l 为整数（可为零和正或负的数），称为衍射指标；λ 为入射线的波长。式（5-10）是晶体产生 X 射线衍射的条件，称为劳埃方程。衍射指标 h、k、l 的整数性决定了晶体衍射方向的分立性，每一套衍射指标规定了一个衍射方向。

② 布拉格（Bragg）方程　晶体的空间点阵可划分为一族平行且等间距的平面点阵，或者称为晶面。同一晶体不同指标的晶面在空间的取向不同，晶面间距 $d_{(hkl)}$ 也不同。设有一组晶面，间距为 $d_{(hkl)}$，一束平行 X 射线射到该晶面族上，入射角为 θ。对于每一个晶面散射波的最大干涉强度的条件应该是：入射角和散射角的大小相等，且入射线、散射线和平面法线三者在同一平面内（类似镜面对可见光的反射条件），如图

5-21 (a) 所示，因为在此条件下光程都是一样的，图中入射线在 P，Q，R 处的相位相同，而散射线在 P′、Q′、R′处仍是同相，这是产生衍射的必要条件。

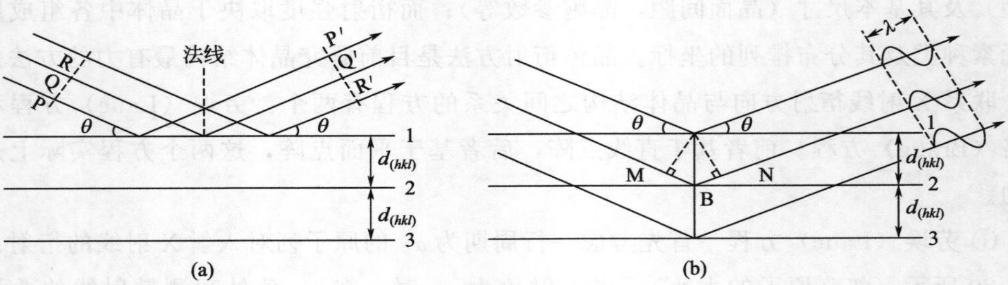

图 5-21　布拉格方程的推引

现在考虑相邻晶面产生衍射的条件。如图 5-21 (b) 所示的晶面 1，2，3，…，间距为 $d_{(hkl)}$，相邻两个晶面上的入射线和散射线的光程差为：MB+BN，而 MB+BN=$d_{(hkl)}\sin\theta_n$，即光程差为 $2d_{(hkl)}\sin\theta_n$。当光程差为波长 λ 的整数倍时，相干散射波就能互相加强从而产生衍射。由此得晶面族产生衍射的条件为：

$$2d_{(hkl)}\sin\theta_n=n\lambda \tag{5-11}$$

式中，n 为 1，2，3 等整数，n 为相应某一 n 值的衍射角，n 为衍射级数。

式 (5-11) 称为布拉格方程，是晶体学中最基本的方程之一。

根据布拉格方程，可以把晶体对 X 射线的衍射看作“反射”，并借用普通光学中“反射”这个术语，因为晶面产生衍射时，入射线、衍射线和晶面法线的关系符合镜面对可见光的反射定律。但是，这种反射并不是任意入射角都能产生的，只有符合布拉格方程的条件才能发生，故又常称为选择反射。据此，每当观测到一束衍射线，就能立即想象出产生这个衍射的晶面族的取向，并且由衍射角 θ_n 便可依据布拉格方程计算出这组平行晶面的间距（当实验波长也是已知时）。

由布拉格方程可以知道如果要进行晶体衍射实验，其必要条件是：所用 X 射线的波长 $\lambda<2d$。但是 λ 不能太小，否则衍射角也会很小，衍射线将集中在出射光路附近的很小的角度范围内，观测就无法进行。晶面间距一般在 1nm 以内，此外考虑到在空气中波长大于 0.2nm 的 X 射线衰减很严重，所以在晶体衍射工作中常用的 X 射线波长范围是 0.05～0.2nm。对于一组晶面 (hkl)，它可能产生的衍射数目 n 取决于晶面间距 d，因为必须满足 $n\lambda<2d$。如果把第 n 级衍射视为和晶面族 (hkl) 平行但间距为 d/n 的晶面的第一级衍射（依照晶面指数的定义，这些假想晶面的指数为 nh，nk，nl，在 n 个这样的假想晶面中只有一个是实际晶体结构的一个点阵平面），于是布拉格方程可以简化表达为：

$$2d_0\sin\theta=\lambda(d_0=d/n) \tag{5-12}$$

因为在一般情况下一个三维晶体对一束平行而单色的入射 X 射线是不会使之发生衍射的，如果要产生衍射，则至少要求有一组晶面的取向恰好能满足布拉格方程，所以对于单晶的衍射实验，一般采用以下两种方法：a. 用一束平行的“白色”X 射线照射一颗静止的单晶，这样对于任何一组晶面总有一个可能的波长能够满足布拉格方程；b. 用一束平行的单色 X 射线照射一颗不断旋转的晶体，在晶体旋转的过程中各个取向的晶面都有机会通过满足布拉格方程的位置，此时晶面与入射 X 射线所成的角度就是衍射角。对于无织构的多晶样品（如微晶的聚晶体），当使用单色的 X 射线作为入射光时，总是能够产生衍射的。因为在样品中，晶粒的取向是随机的，所以任意一种取向的晶面总是有可能在某几颗取向恰当的晶粒中处于能产生衍射的位置，这就是目前大多数多晶衍射实验所采用的方法，称为“角度色散”型方法。对于多晶样品采用“白色”X 射线照射，在固定的角度位置上观测，则只有某些波长的 X 射线能产生衍射极大，依据此时的角度和产生衍射的 X 射线波长就能计算得出相应的晶面间距大小，这就是“能量色散”型的多晶 X 射线衍射方法。

5.2.3 X 射线衍射仪的结构与工作原理

X 射线衍射仪由 X 射线发生器、测角仪辐射探测器、记录单元、控制单元，其中测角仪是仪器的中心部分。典型的固定靶多晶衍射仪见图 5-22。

(1) X 射线测角仪

如图 5-23 所示，在多晶体 X 射线衍射时，试样制成平板试样。X 射线成线光源，发散地照射到平板试样上，可以证明，满足布拉格条件的某一晶面其反射线必定聚焦于某一点，在此点探测衍射线的强度。在常规的 X 射线衍射仪中 X 射线光源是固定的，平板试样的衍射面处于测角仪的中心轴平面上绕中心轴转动，以改变 X 射线与晶面的夹角，让不同的晶面满足布拉格关系产生衍射。

当样品转动时，不同晶面产生的衍射线，其在发散面上形成的聚焦点位置是变化的，且不在同圆周上，这样就给探测带来了一定的难度。

图 5-22 布鲁克 D8 型多晶 X 射线衍射仪

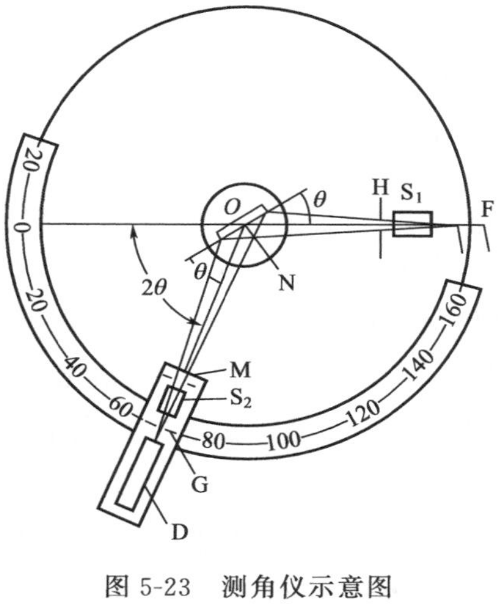

图 5-23 测角仪示意图

在实际的 X 射线衍射测角仪上，探测器是在固定半径的圆周上运动的。可以证明，当试样为平板试样时，当使入射角中心线、试样平面法线、反射线中心线一致时，试样表面与聚焦圆相切。当衍射仪设计使得试样转动与探测转动保持 θ-2θ 关系时，探测器近似满足聚焦条件。

即样品转动 θ 角，探测器须转动 2θ，这种连动关系保证了当以试样平面为镜面时，X 射线相对于平板试样的"入射角"与"反射角"始终相等，等于样品所转动的角度。

衍射仪的特点：

a. 平板试样的衍射面必须严格位于中心轴平面上；

b. 样品台、探测器大圆必须同轴保持两倍转速关系；

c. 转动测角精度必须很高。

（2）光路图

测角仪要求与 X 射线管的线状焦点连接使用线焦点的长边方向与测角仪的中心轴平行。X 射线管的线焦点 F 的尺寸一般为 1.5mm×10mm，采用线焦点可使较多的入射线能照射到试样上。但是，在这种情况下，如果只采用通常的狭缝光阑，便无法控制沿狭缝长边方向的发散度，从而会造成衍射圆环宽度的不均匀性。为排除这种现象，在测角仪中采用由狭缝光阑与梭拉光阑组成的联合光阑系统，如图 5-24 所示，在线焦点 F 与试样 C 之间采用由一个梭拉光阑 S 和一个狭缝光阑 H 组成的入射光阑系统。在试样与计数器之间采用由一个梭拉光阑 S_2、两个狭缝光阑 M、G 组成的接收光阑系统。光路中心线所决定的平面称为测角仪平面，它与测角仪中心轴垂直。

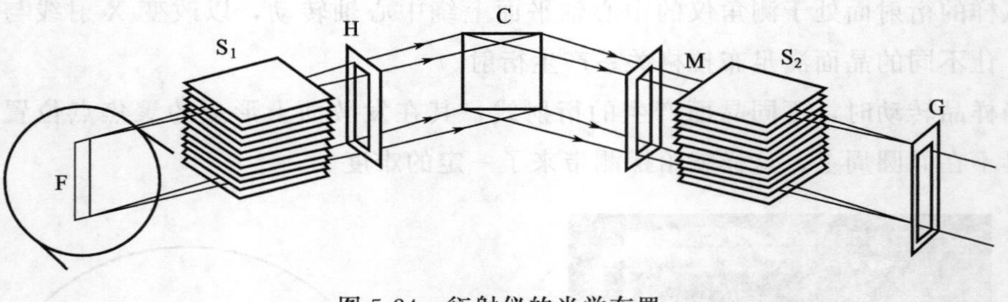

图 5-24　衍射仪的光学布置

（3）探测器

① 闪烁计数器　这种类型计数器是利用 X 射线激发某种物质产生可见的荧光，这种可见荧光的多少与 X 射线强度成正比。由于所产生的可见荧光量很小，因此必须利用光电倍增管才能获得一个可测的输出电信号。闪烁计数器中用来探测 X 射线的物质一般是用少量（约 0.5%）铊活化的碘化钠（NaI）单晶体。这种晶体经 X 射线照射后能发射可见的蓝光，如图 5-25 所示。

② 锂漂移硅检测器　锂漂移硅检测器是一种固体探测器，通常表示为 Si（Li）检测器。它也和气体计数器一样，借助于电离效应来检测 X 射线，但这种电离效应不是发生在气体介质而是发生在固体介质之中。

硅半导体的能带结构由完全被电子填充的价带和部分被电子填充的导带组成，两者

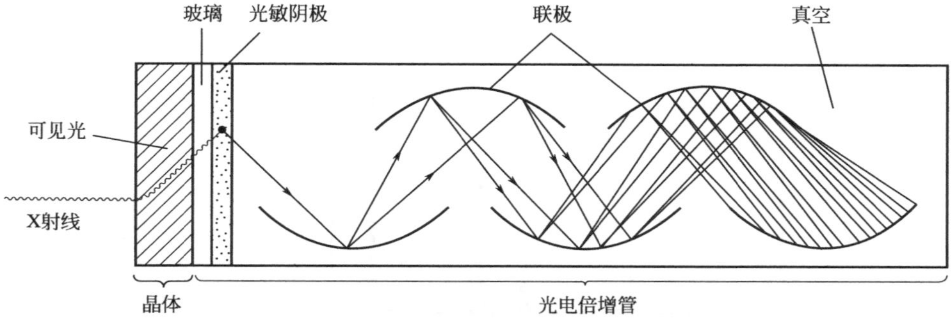

图 5-25　闪烁计数器示意图

之间被禁带分开。当一个外来的 X 射线光子进入之后，它把价带中的部分电子激发到导带，于是在价带中产生一些空穴，在电场的作用下这些电子和空穴都可以形成电流，故把它们称为载流子。在温度和电压一定时，载流子的数目和入射的 X 射线光子能量成比例。在半导体中产生一个电子-空穴对所需要的能量等于禁带的宽度，对硅而言，其值为 1.14eV。但是在激发的过程中还要有部分能量消耗于晶格振动，因此，在硅中激发一个电子空穴对实测的平均能量为 3.8eV。一般的 X 射线光子能量为数千 eV，因此，一个 X 射线光子可激发大量的电子-空穴对，这个过程只要几分之一微秒即可完成。所以，当一个 X 射线光子进入检测路时，就产生一个电脉冲，我们可以通过这些电脉冲来检测 X 射线的能量和强度。

(4) 衍射图

当样品探测器进行 θ-2θ 联动时，探测器记录下 X 射线，并将 X 射线的强弱转变成电信号，记录下每一点的平均强度，这样，衍射仪就能自动记录下来绘成衍射强度随角变化的情况，即 I-20 曲线，如图 5-26 所示。

(5) 衍射仪工作方式

① 连续扫描　探测器以一定的速度在选定的角度内进行连续扫描，探测器以测量的平均强度，绘出谱线，特点是快，缺点是不准确。一般工作时，作为参考，以确定衍射仪工作的角度。

② 步进扫描　探测器以一定的角度间隔逐步移动，强度为积分强度，峰位较准确。

5.2.4　实验方法及样品制备

准备衍射仪用的样品试片一般包括两个步骤：首先，需把样品研磨成适合衍射实验用的粉末；然后，把样品粉末制成有一个十分平整平面的试片。整个过程以及之后安装试片、记录衍射谱图的整个过程都不允许样品的组成及其物理化学性质有所变化。确保采样的代表性和样品成分的可靠性，衍射数据才有意义。

(1) 对样品粉末粒度的要求

任何一种粉末衍射技术都要求样品是十分细小的粉末颗粒，使试样在受光照的体积

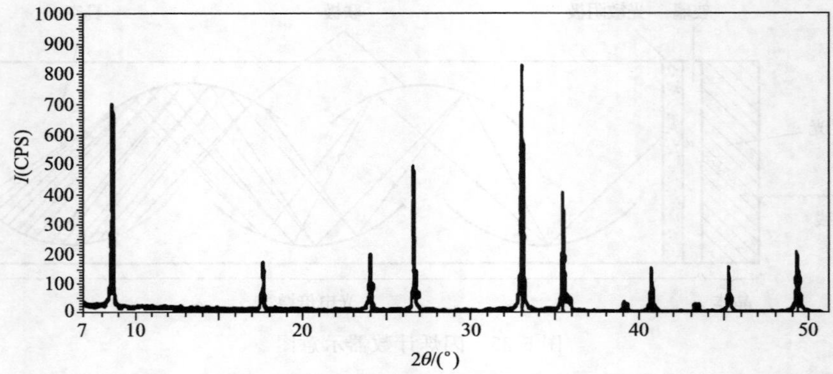

图 5-26　衍射图（I-20 曲线）

中有足够多数目的晶粒。因为只有这样，才能满足获得正确的粉末衍射图谱数据的条件：即试样受光照体积中晶粒的取向是完全随机的。这样才能保证用照相法获得相片上的衍射环是连续的线条；或者，才能保证用衍射仪法获得的衍射强度值有很好的重现性。此外，将样品制成很细的粉末颗粒，还有利于抑制由于晶癖带来的择优取向。而且在定量解析多相样品的衍射强度时，可以忽略消光和微吸收效应对衍射强度的影响。所以在精确测定衍射强度的工作中（例如相定量测定）十分强调样品的颗粒度问题。

对于衍射仪（以及聚焦照相法），实验时试样实际上是不动的。即使使用样品旋转器，由于只能使样品在自身的平面内旋转，并不能很有效地增加样品中晶粒取向的随机性，因此衍射仪对样品粉末颗粒尺寸的要求比粉末照相法的要求高得多，有时甚至那些可以通过 360 目（$38\mu m$）的粉末颗粒都不能符合要求。对于高吸收的或者颗粒基本是个单晶体颗粒的样品，其颗粒大小要求更为严格。例如，石英粉末的颗粒大小至少小于 $5\mu m$，同一样品不同样片强度测量的平均偏差才能达到 1%，颗粒大小若在 $10\mu m$ 以内，则误差为 2%～3%。但是若样品本身已处于微晶状态，则为了能制得平滑粉末样面，样品粉末能通过 300 目（$48\mu m$）便足够了。

对于不同吸收性质的粉末，可以认为“足够细”的颗粒度其实际尺寸是各不相同的，因为样品受到 X 射线照射的有效体积和可以忽视样品中微吸收效应的颗粒上限都取决于样品的吸收性质。Brindley 对此做过详细的分析，在衍射分析中对粉末的颗粒度按 μD 值进行分级（μ 为物质的线吸收系数，D 为晶体的平均直径）：

a. 颗粒：$\mu D<0.01$；

b. 中等颗粒：$0.01<\mu D<0.1$；

c. 粗颗粒：$0.1<\mu D<1$；

d. 十分粗颗粒：$\mu D>1$。

表 5-5 列出了不同 μ 值的物质粉末颗粒分级。在 Brindley 的分级中，“细”表示大多数颗粒周围的吸收性质是均匀的，其差异可以忽略（微吸收效应可以忽略）；对中等以上的颗粒，则需要考虑微吸收效应；而“十分粗”的样品，衍射实际上只局限在表面一层的晶粒，此时，粉末照片开始出现不连续的点状线，粉末吸收效应等概念失去

意义。

当晶粒尺寸小于 100nm 时，衍射仪就可察觉衍射线的宽化（对于粉末照相法，需晶粒小于 20～30nm 才能观察到宽化）。所以要测量到良好的衍射线，晶粒亦不宜过细，对于粉末衍射仪，适宜的晶粒大小应在 0.1～10μm 的数量级范围内。

表 5-5　粉末颗粒度的分级与其线吸收系数 μ 和晶粒尺寸 D 的关系（据 Brindley）

晶粒尺寸 D/μm	线吸收系数 μ/cm^{-1} 1　　10　　100　　1000　　10000
10	←细→|←中→|←粗→|←十分粗→
1	←细→|←中→|←粗→
0.1	←细→|←中→
0.01	←细→

（2）制样技巧

对于制样来说没有通用的一种方法，通常需依据实际情况有针对性地进行选择。然而无论用何种方法，都需要满足一个前提条件：在制成样品试片直至衍射实验结束的整个过程中必须保证试片上样品的组成及其物理化学性质和原样品相同，确保样品的可靠性。

① 粉末样品的制备　虽然很多固体样品本身已处于微晶状态，但通常却是较粗糙的粉末颗粒或是较大的集结块，更多数的固体样品则是具有或大或小晶粒的结晶织构或者是可以辨认出外形的粗晶粒，因此实验时一般需要先加工合成用的细粉末。因为大多数固体颗粒是易碎的，所以最常用的方法是研磨和过筛，只有当样品是十分细的粉末，手摸无颗粒感，才可以认为晶粒粒径已符合要求。持续地在研钵或在球磨中研磨至低于 360 目的粉末，可以有效地得到足够细的颗粒。

制备粉末需根据不同的具体情况采用不同的方法。对于一些很软不便研磨的物质，可以用干冰或液态空气冷却至低温，使之变脆，然后进行研磨。若样品是一些具有不同硬度和晶癖的物质的混合物，研磨时较软或易于解理的部分容易被粉化而包裹较硬部分的颗粒，因此需要不断过筛分出已粉化的部分，最后把全部粉末充分混合后再制作实验用的试样。样品中不同组分在各粒度级分中可能有不同的含量，因此对多相样品不能只筛取最细的部分来制样。如果样品是块状而且是由高度无序取向的微晶颗粒组成的话，例如某些岩石、金属以及蜡和皂类样品，在粉末照相法中可以直接使用，在衍射仪中也可以直接使用，不过需加工出一个平面。金属和合金样品常可碾压成平板使用，但是在这种冷加工过程中常会引起择优取向，需要考虑适当的退火处理。退火的时间和温度以仅发生复原过程为原则，过高的退火温度有可能导致重结晶过程的发生，某些挥发性组分的损失以及其他物理化学的变化。岩石以及金属或合金块内常常可能存在织构，为了结果的可靠，还是应该磨成粉末或锉成细屑。锉制金属细屑可以用细的整形锉刀，锉刀要清洁，锉时锉程要小，力量要轻，避免样品发热，制得的锉屑还应考虑退火处理以消除锉削过程中冷加工带来的点阵应力。

样品粉末的制备方法还可以根据样品的物理化学性质来设计，例如 NaCl 粉末可以利用乙醇使 NaCl 从它的饱和溶液中析出的办法制得，由此得到的样品衍射分析效果极佳。

一些样品本身的性质会影响衍射的图谱，工作时亦应予以注意。例如，有些软的晶态物质经长时间研磨后会造成点阵的某些破坏，导致衍射峰的宽化，此时可采用退火处理；有的样品在空气中不稳定，易发生物理化学变化（易潮解、风化、氧化、挥发等），则需有专门的制样器具和必要的保护、预防措施；对于一些各向异性的晶粒，采用混入各向同性物质的方法，同时还可进行内标。

② 制作粉末衍射仪试片的技巧　粉末衍射仪要求样品试片具有一个十分平整的平面，而且对平面中的晶粒的取向常常要求是完全无序的，不存在择优取向（在黏土分析中有时又要求制作定向的试片）。

制作合乎要求的衍射仪试片常用的方法：

通常很细的样品粉末（手摸无颗粒感），如无显著的各向异性且在空气中又稳定，则可以用压片法来制作试片。先把衍射仪所附的制样框用胶纸固定在平滑的玻璃片上（如玻璃、显微镜载玻片等），然后把样品粉末尽可能均匀地洒入（最好是用细筛子 360 目筛入）制样框的窗口中，再用小抹刀的刀口轻轻剁紧，使粉末在窗孔内摊匀堆好，然后用小抹刀把粉末轻轻压紧，最后用保险刀片（或载玻片的断口）把多余凸出的粉末削去，然后小心地把制样框从玻璃平面上拿起，便能得到一个很平的样品粉末的平面。此法所需样品粉末量较多，约需 0.4cm^3。

涂片法所需的样品量最少。把粉末撒在一片约 25mm×35mm×1mm 的显微镜载片上（撒粉的位置要相当于制样框窗孔位置），然后加上足够量的丙酮或乙醇（假如样品在其中不溶解），使粉末成为薄层浆液状，均匀地涂布开来；粉末的量只需能够形成一个单颗粒层的厚度就可以，待丙酮蒸发后，粉末黏附在玻璃片上，可供衍射仪使用。若样品试片需要永久保存，可滴上一滴稀的胶黏剂。

上述两种方法很简便且最常用，但仍很难避免在样品平面中晶粒会有某种程度的择优取向。

制备几乎无择优取向样品试片的专门方法有：

a. 雾法。把粉末筛到一只玻璃烧杯里，待杯底盖满一薄层粉末后把塑料胶喷成雾珠落在粉末上，这样塑料雾珠便会把粉末颗粒敛集成微细的团粒，待干燥后，把这些细团粒自烧杯扫出，分离出细于 115 目（125μm）的团粒用于制作试片，试片的制作类似上述的涂片法，把制得的细团粒撒在一张涂有胶黏剂的载片上，待胶干后倾去多余的颗粒。用喷雾法制得的粉末细团粒也可以用常规的压片法制成试片。或者直接把样品粉末喷落在倾斜放置的涂了胶黏剂的载片上，得到的试片也能大大克服择优取向，粉末取向的无序度要比常规的涂片法好得多。

b. 塑合法。把样品粉末和可溶性硬塑料混合，用适当的溶剂溶解后使其干固，然后再磨碎成粉。所得粉末可按常规的压片法或涂片法制成试片。

5.2.5 X射线衍射技术的应用

(1) X射线粉末衍射物相定性分析

定性相分析的目的是判定物质中的物相组成，也即确定物质中所包含的结晶物质以何种结晶状态存在。

X射线衍射线的位置取决于晶胞形状、大小，也取决于各晶面间距，而衍射线的相对强度则取决于晶胞内原子的种类、数目及排列方式。每种晶体物质都有其特有的结构，因而它们也就具有各自特有的衍射花样。当物质中包含有两种或两种以上的晶体物质时，它们衍射花样也不会互相干涉。根据这些表征各自晶体的衍射花样，我们就能来确定物质中的晶体。

进行物相定性分析时，一般采用粉末照相法或粉末衍射仪测定所含晶体的衍射角，根据布拉格方程，进而获得晶面间距 d，再估计出各衍射线的相对强度，最后与标准衍射花样进行比较鉴别。

(2) X射线物相定量分析

X射线物相定性分析是用于确定物质中有哪些物相，而对于某物相在物质中的含量则必须应用X射线物相定量分析技术来解决。

对于一般的X射线物相定量分析工作，可以通过以下几个过程进行：

① 物相鉴定　对样品进行待测物相的相鉴定，过程即为通常的X射线物相定性分析。

② 选择标样物相　无论是内标法还是外标法，通常应选择标准物相。而对标准物相的要求必须理性性能稳定；与待测物相衍射线无干扰；在混合及制样时，不易引起晶体的择优取向。

③ 进行定标曲线的测定或 K_{jS} 测定　选择的标准物相与纯的待测物相按要求制成混合试样，选定标准物相及待测物相的衍射线，分别测定其强度 I_S 和 I_j，用 I_j/I_S 和纯相配比 X_{jS} 获取定标曲线或 K_{jS}。

④ 测定试样中标准物相S的强度或测定按要求制备试样中的待测物相 j 及标样 S 物相制定衍射线强度。

⑤ 用所测定的数据，按各自的方法计算出待测物相的质量分数 X_j。

(3) 晶体结构分析

晶体结构决定了该晶体的衍射花样，因此我们可以由晶体的衍射花样，采用尝试法来推断晶体的结构。从目前X射线衍射实验手段来看，测定晶体结构可采用多晶法和单晶法两种。多晶法样品制备、衍射实验和数据处理简单，但只能测定简单或复杂结构的部分内容；单晶法样品制备、衍射实验设备和数据处理复杂，但可测定复杂结构。

所谓X射线衍射晶体结构测定，首先就是要通过X射线衍射实验数据，根据衍射线的位置（角），对每一次衍射线或衍射花样进行指标化，以确定晶体所属晶系，推算出单位晶胞的形状和大小；其次，根据晶胞的形状和大小、晶体材料的化学成分和体积密度，计算每个单位晶胞的原子数；最后，根据衍射线或衍射花样的强度，推断出各原子在单位晶胞中的位置。

5.3 SEM（扫描电子显微镜）

扫描电子显微镜（scanning electron microscope，SEM），简称扫描电镜，是以电子束作为照明源，把聚焦得很细的电子束以光栅状扫描方式照射到样品表面，产生各种与样品表面状态相关的电子信号，然后加以收集和处理，从而获得样品表面微观形貌的放大图像。经过几十年的发展，特别是随着电子工业和计算机技术的不断革新，扫描电镜也得到了迅速发展。不仅仪器结构不断改进，分析精度不断提高，应用功能不断扩大，而且综合了电子探针等多种测试技术，已发展成为现代分析型扫描电镜，并广泛应用于冶金矿产、生物医学、材料科学、物理和化学等领域。

扫描电镜因具有以下典型特点，越来越成为新材料、新工艺等众多研究领域中不可缺少的分析测试技术：

a. 样品制备简单，能直接观察并分析样品的表面结构特征。

b. 可自由平移和旋转样品，可对样品进行多角度观察。

c. 扫描电镜景深大，所抓拍图像的立体感强。

d. 图像的放大倍数连续可调，基本包括了放大镜、光学显微镜到透射电镜的范围。

e. 观察样品表面形貌的同时可作微区成分分析。

5.3.1 扫描电镜的工作原理

(1) 电子与物质的相互作用

当一束聚焦电子束沿一定方向入射到样品时，由于受到固体样品物质中晶格位场和原子库仑场的作用，其入射方向会发生改变，这种现象称为散射。如果散射过程中入射电子只改变方向，其总动能基本上无变化，则这种散射称为弹性散射；如果在散射过程中入射电子的方向和动能都发生改变，则这种散射称为非弹性散射。非弹性散射过程是一种随机过程，每次散射后都改变其前进方向，损失一部分能量，并激发出反映样品表面形貌、结构和组成的各种信息，如二次电子、背散射电子、特征X射线、俄歇电子、吸收电子、阴极发光、透射电子等，如图5-27所示电子束与固体样品作用所产生的各种信息。

① 背散射电子　背散射电子是被固体样品中的原子核反弹回来的一部分入射电子，也称为一次电子，包括弹性背散射电子和非弹性背散射电子。弹性背散射电子是指散射角大于90°，被样品中原子核反弹回来的那些入射电子，其能量没有损失（或基本上没有损失）。由于入射电子的能量很高，所以弹性背散射电子的能量能达到数千到数万电

子伏特。非弹性背散射电子是入射电子和样品核外电子撞击后产生的非弹性散射，不仅方向改变，能量也有不同程度的损失。其中有些电子经多次散射后仍能反弹出样品的表面，就形成了非弹性背散射电子。非弹性背散射电子的能量的分布范围较宽，从几十到数千电子伏特。背散射电子来自样品表层几百纳米深度范围，其产额随样品的原子序数增大而增加，且弹性背散射电子所占的份额远多于非弹性背散射电子，所以背散射电子信号的强度与样品的化学组成有关，即与组成样品的各元素平均原子序数有关。因此背散射电子不仅可用作形貌分析，而且可以用来显示原子序数衬度，用作成分的定性分析。

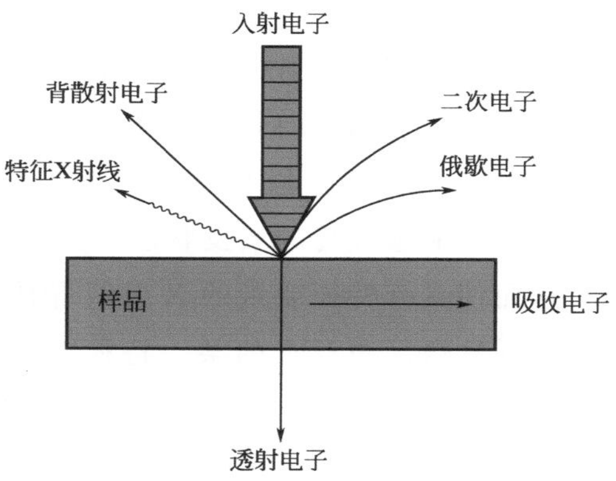

图 5-27　电子束与固体样品作用所产生的信息

② 二次电子　二次电子（secondary electron）是指被高能入射电子轰击出来的核外电子。由于原子核和外层价电子间的结合能很小，因此外层的电子比较容易和原子脱离。当原子的核外电子从入射电子获得了大于相应结合能的能量后，可离开原子而变成自由电子。如果这种散射过程发生在比较接近样品的表面处，那些能量大于材料逸出功的自由电子可以从样品表面逸出，变成真空中的自由电子，即二次电子。一个能量很高的入射电子束射入样品时，可以产生大量自由电子，而在样品表面上方检测到的二次电子大部分来自价电子。

二次电子来自表面 5～50nm 的区域，能量约为 0～50eV，它对样品表面状态非常敏感，能有效地显示样品表面的微观形貌。由于二次电子来自样品表面层，入射电子还没有发生较多次散射，因此产生二次电子的面积与入射电子的入射面积相近，所以二次电子的分辨率较高，一般达到 5～10nm。扫描电镜的分辨率通常就是二次电子分辨率。

③ 吸收电子　入射电子进入样品后，经多次非弹性散射后能量损失殆尽（假定样品有足够的厚度没有透射电子产生），不再产生其他效应，而被样品吸收，这部分电子称为吸收电子。由于吸收电子是经多次非弹性散射后能量损失殆尽的电子，其信号强度反比于背散射电子或二次电子信号强度，即当入射电子束与样品作用时，若逸出样品表面的背散射电子或二次电子数量越多，吸收电子信号强度则越小，反之则越大。因此，利用吸收电子信号调制成图像时，其衬度恰好和背散射电子或二次电子信号调制的图像衬度相反。

当入射电子束射入一个多元素样品表面时，由于不同原子序数部位的二次电子产额基本相同，则产生背散射电子较多的部位（原子序数较大）其吸收电子的数量就较少，反之亦然。利用吸收电子产生的原子序数衬度，即可用来进行定性的微区成分分析。可见，吸收电子信号既可调制成像，又可获得不同元素的定性分布情况，已被广泛用于扫描电镜和电子探针中。

④ 特征 X 射线　入射电子束与样品作用后，若在原子核附近区域则受到核库仑场的作用而改变运动方向，同时产生连续 X 射线，即软 X 射线。若入射电子打到核外电子上，将产生芯电子激发，把原子的内层电子（如 K 层）打到原子之外，原子就会处于能量较高的激发状态，此时外层电子将向内层跃迁以填补内层电子的空缺，从而使具有特征能量的 X 射线释放出来。根据莫塞莱定律，利用 X 射线探测器检测样品微区中存在的某一特种 X 射线波长或能量，就可以分析样品的组成元素和成分。

⑤ 俄歇电子　如果原子内层电子能级跃迁过程中释放出来的能量不以 X 射线的形式释放，而是用该能量将核外另一电子打出，脱离原子变成二次电子，则这种二次电子叫俄歇电子（Auger electron）。因每一种原子都有自己特定的壳层能量，所以它们的俄歇电子能量也各有特征值，一般在 50～1500eV。俄歇电子是由样品表面极有限的几个原子层中发生的，这说明俄歇电子信号适用于表面化学成分分析。显然，一个原子中至少有 3 个以上的电子才能产生俄歇效应，因此铍是产生俄歇电子的最轻元素。

⑥ 透射电子　如分析样品很薄，就会有部分电子穿过薄样品成为透射电子，这里所指的透射电子是采用扫描透射方式对薄样品成像和微区成分分析时形成的透射电子。这种透射电子是由直径很小（<10nm）的高能电子束照射薄样品产生，电子信号由微区厚度、成分和晶体结构所决定。透射电子包含了弹性散射电子和非弹性散射电子，其中有些遭受特征能量损失的非弹性散射电子（即特征能量损失电子）和分析区的成分有关，因此，可以利用特征能量损失电子配合电子能量分析器进行微区成分分析。

⑦ 阴极发光　有些固体物质受到电子束照射后，价电子被激发到高能级或能带中，被激发的材料同时产生了弛豫发光。这种光成为阴极发光，其波长可能是可见光红外或紫外光，可以用来作为调制信号。如半导体和一些氧化物、矿物等，在电子束照射下均能发出不同颜色的光，用电子探针的同轴光学显微镜可以直接进行可见光观察，还可以用分光光度计进行分光和检测其强度来进行元素成分分析，因此，利用阴极发光可以研究矿物中的发光微粒、发光半导体材料中的晶格缺陷和荧光物质的均匀性等。阴极发光效应对样品中少量元素分布非常敏感，可以作为电子探针微区分析的一个补充。例如耐火材料中的氧化铝通常为粉红色，ZrO_2 为蓝色。锗酸铋（BGO）晶体中的氧化铝为蓝色，BGO 晶体也为蓝色。钨（W）中掺入少量小颗粒氧化钍时，用电子探针检测不出钍的特征 X 射线，但利用电子探针的同轴光学显微镜观察发出的蓝荧光，可以确定氧化钍的存在。

综上所述，利用不同探测器检测出不同的信号电子，可以反映样品的不同特性，一般扫描电镜主要是利用二次电子或背散射电子成像，研究样品的表面形貌特征。其他的电子信号信息可用于分析元素成分、结晶、化学态和电磁性质等，电子束与固体样品作用时产生的各种信号特征及应用见表 5-6。

表 5-6　电子束与固体样品作用时产生的各种信号特征及应用

信号电子		分辨率/nm	能量范围/eV	来源	成分分析	应用
背散射电子	弹性	50～200	数千至数万	表层几百纳米	是	形貌观察、成分分析结晶分析、电磁性质
	非弹性		数十至数千	表层<10nm		
二次电子		5～10	<50		否	形貌观察、结晶分析、电磁性质
吸收电子		100～1000	—	—	是	形貌观察、成分分析
透射电子		—	—	—	是	形貌观察、成分分析
特征 X 射线		100～1000	—	—	是	成分分析、化学态
俄歇电子		5～10	50～1500	表层 1nm	是	表面层成分分析、化学态

(2)扫描电镜结构

图 5-28 为扫描电镜组成结构图，由电子枪发射的能量为 5～35keV 的电子，以其交叉斑作为电子源，经两级聚光镜及物镜的聚焦形成一定能量、一定束流强度和束斑直径的微细电子束，在扫描线圈驱动下，于样品表面按一定时间、空间顺序作栅网式扫描。聚焦电子束与样品相互作用，产生二次电子发射（以及其他物理信号），二次电子发射量随样品表面形貌而变化。二次电子信号被探测器收集转换成电信号，经视频放大后输

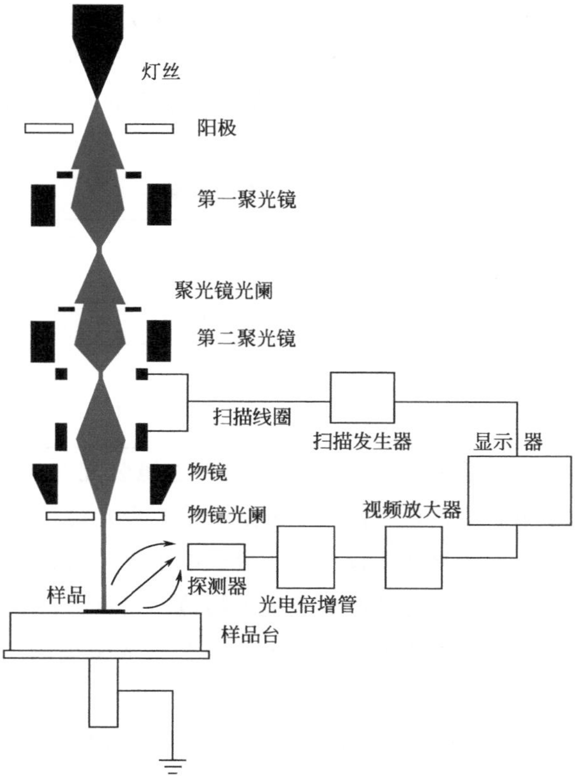

图 5-28　扫描电镜组成结构图

入显像管，调制与入射电子束同步扫描显像管亮度，得到放映样品表面形貌的二次电子像。扫描电镜主要有真空系统、电子光学系统和成像系统三大部分组成。

① 真空系统　真空系统首先可以防止电子束系统中的灯丝因氧化而失效，除了在使用扫描电镜时需要用真空以外，平时还需要以纯氮气或惰性气体充满整个真空柱。其次，真空系统增大电子的平均自由程，从而使得用于成像的电子更多。

真空系统主要包括真空柱和真空泵两部分。真空柱是一个密封的柱形容器。真空泵用来在真空柱内产生真空，有机械泵、油扩散泵以及涡轮分子泵三大类，机械泵与油扩散泵的组合可以满足配置钨灯丝的扫描电镜的真空要求，但是对于装置场发射电子枪或六硼化镧枪的扫描电镜，则需要机械泵与涡轮分子泵的组合。成像系统和电子光学系统均内置于真空柱中。真空柱底端的密封室，用于放置样品即样品室。

② 电子光学系统　扫描电镜的电子光学系统由电子枪、电磁透镜等部件组成。电子光学系统主要产生一束能量分布极窄的、电子能量确定的电子束用于扫描成像。

电子枪用于产生电子，与透射电镜电子枪相似，只是加速电压稍低。目前扫描电子显微镜所采用的电子枪主要有两大类，共三种。第一类是利用场发射效应产生电子，称为场发射电子枪。此类电子枪较昂贵，需要小于 10^{-10} mmHg 的极高真空，但其寿命在 1000h 以上，且不需要电磁透镜系统。另一类则是利用热发射效应产生电子，有钨枪和六硼化镧枪两种。钨枪寿命在 30～100h，虽然价格便宜，但成像不如其他的两种明亮，常作为廉价或标准扫描电镜配置。六硼化镧枪的寿命介于场发射电子枪与钨枪之间，为 200～1000h，价格适中，图像比钨枪明亮 5～10 倍，需要略高于钨枪的真空，一般需要 10^{-7} mmHg 以上，但比钨枪容易产生过度饱和和热激发问题。各种电子枪的性能比较如表 5-7 所示。

表 5-7　电子枪性能比较

名称	亮度/[A/(sr. cm^2)]	电子源头直径/pm	寿命/h	能量分散/eV	真空要求/mmHg
钨丝电子枪	10^4～10^6	20～50	约 50	1.0	10^{-4}
六硼化镧电子枪	10^5～10^7	1～10	约 1000	1.0	10^{-6}
场发射电子枪	10^8～10^9	<0.01	>1000	0.2	10^{-6}

电磁透镜由会聚透镜和物镜两部分组成，会聚透镜装配在真空柱中，位于电子枪下，主要用于会聚电子束。通常设有两组，分别为第一聚光镜和第二聚光镜，并分别有一组会聚光圈与之相配。但会聚透镜仅仅用于会聚电子束，与成像聚焦无关。

位于真空柱最下方即样品上方的电磁透镜为物镜，它负责将电子束的焦点会聚到样品表面。电磁透镜的作用是将电子枪产生的电子束会聚成微细的电子束（探针）。当电子枪交叉斑（电子源）的直径为 20～50μm，亮度为 10^4～10^5 A/（sr·cm^2）时，电子束流为 1～10μA。调节透镜的总缩小倍数即可得到不同直径的电子束斑。随着束斑直径的减小，电子束流将减小。

③ 成像系统　电子经过一系列电磁透镜会聚成电子束后，轰击到样品上，与样品

相互作用，会产生二次电子、背散射电子以及X射线等信号。需要不同的探测器，如二次电子探测器、背散射电子探测器、X射线能谱仪等来区分这些信号以获得所需要的信息。通常成像系统由扫描系统、信号探测放大系统和图像显示记录系统等几部分组成。

扫描系统由扫描信号发生器、扫描放大控制器、扫描偏转线圈等组成。扫描系统的作用是提供入射电子束在样品表面以及显像管电子束在荧光屏上同步扫描的信号，通过改变入射电子束在样品表面扫描的幅度，可以获得所需放大倍数的扫描像。

信号探测放大系统的作用是探测样品在入射电子束作用下产生的物理信号，然后经信号放大，作为显像系统的调制信号。不同的物理信号，要用不同类型的探测系统，其中最主要的是电子探测器和X射线探测器。

图像显示和记录系统包括显像管、照相机等，其作用是把信号探测系统输出的调制信号转换为在荧光屏上显示的、放映样品表面某种特征的扫描图像，以供观察、照相和记录。

(3) 工作原理

扫描电子显微镜的工作原理可以根据图5-28加以说明。由最上边电子枪发射出来的电子束，经栅极聚焦后，在加速电压作用下，经过2～3个电磁透镜所组成的电子光学系统，电子束会聚成一个细的电子束聚焦在样品表面。在末级透镜上边装有扫描线圈，在它的作用下使电子束在样品表面扫描。由于高能电子束与样品物质的交互作用，结果产生了各种信息：二次电子、背散射电子、吸收电子、X射线、俄歇电子、阴极发光电子和透射电子等。这些信号被相应的接收器接收，经放大后送到显像管的栅极上，调制显像管的亮度。由于经过扫描线圈上的电流是与显像管相应的亮度一一对应，也就是说，电子束打到样品上一点时，在显像管荧光屏上就出现一个亮点。扫描电镜就是这样采用逐点成像的方法，把样品表面不同的特征，按顺序、成比例地转换为视频信号，完成一帧图像，从而使我们在荧光屏上观察到样品表面的各种特征图像。

5.3.2 扫描电子显微镜的主要性能

(1) 放大倍率

扫描电镜是通过控制扫描区域的大小来控制放大率的。如果需要更高的放大倍率，只需要扫描更小的一块面积。放大率由屏幕（照片）面积除以扫描面积得到。对高分辨率显像管，其最小光点尺寸为0.1mm。当显像管荧光屏尺寸为100mm×100mm时，一幅图像约由1000条扫描线构成。

如果入射电子束在样品上扫描幅度为I，显像管电子束在荧光屏上扫描幅度为L。则扫描电镜放大倍率（M）为

$$M=L/I \tag{5-13}$$

由于显像管荧光屏尺寸是固定的，因此只要通过改变入射电子束在样品表面扫描幅

度，即可改变扫描电镜放大倍率，目前高性能扫描电镜放大倍率可以从 20 倍连续调节到 800000 倍。

(2)分辨率

分辨率是扫描电镜的主要性能指标之一，对于微区成分分析而言，它是指分析的最小区域；而对于扫描电镜图像而言，其分辨率指能分开两点之间的最小距离。

扫描电镜图像的分辨率取决于以下因素：

① 入射电子束束斑的大小　扫描电镜是通过电子束在样品上逐点扫描成像的，因此任何小于电子束斑的样品细节都不能在荧光屏图像上得到显示，也就是说扫描电镜图像的分辨率不可能小于电子束斑直径。

② 成像信号　扫描电镜用不同信号成像时分辨率是不同的，二次电子像的分辨率最高，X 射线像的分辨率最低。由此可以看出，不同成像信号具有不同的分辨率。表 5-8 列举了不同信号的成像分辨率。

表 5-8　成像信号与分辨率对应表

信号	二次电子	背散射电子	吸收电子	特征 X 曲线	俄歇电子
分辨率/nm	5～10	50～200	100～1000	100～1000	5～10

③ 场深与工作距离　在扫描电镜中，位于焦平面上下的一小层区域内的样品都可以得到良好的聚焦而成像。这一小层的厚度成为场深，通常为几纳米厚。工作距离指从物镜到样品最高点的垂直距离。如果增加工作距离，可以在其他条件不变的情况下获得更大的场深；如果减少工作距离，则可以在其他条件不变的情况下获得更高的分辨率。通常使用的工作距离在 5～10mm。扫描电子显微镜的场深如表 5-9 所示。

表 5-9　扫描电子显微镜的场深（工作距离 10mm）

放大倍数/倍	光阑孔径/μm		
	100($\beta=53\times10^{-3}$ rad)	200($\beta=10^{-2}$ rad)	600($\beta=3\times10^{-2}$ rad)
10	4000	2000	670
100	400	200	67
1000	40	20	6.7
10000	4	2	0.67
100000	0.4	0.2	0.067

5.3.3　样品制备

扫描电子显微镜的最大优点之一是样品制备方法简单，对金属和陶瓷等块状样品，只需将它们切割成大小合适的尺寸，用导电胶将其粘贴在电镜的样品座上即可直接进行观察。为防止假象的存在，在放试样前应先将试样用丙酮或乙醇等进行清洗，必要时用超声波振荡器振荡，或进行表面抛光。对颗粒及细丝状样品，应先在一干净的金屑片上涂抹导电涂料，然后把粉末样品贴在上面，或将粉末样品混入包埋树脂等材料中，然后使其硬化而将样品固定。若样品导电性差，还应加覆导电层。对于非导电性样品，如塑料、矿物质等，在电子束作用下会产生电荷堆积，影响入射电子束斑形状和样品发射的二次电子运动轨迹，使图像质量下降。因此，这类样品在观察前，要进行喷镀导电层处理，通常采用二次电子发射系数较高的金、银或碳膜作导电层，膜厚控制在 20nm 左右。在实际工作中经常遇到观察分析断口样品，一般用于检测材料各项机械性能的试样相对较小，其断口也较难清洁，因此这类样品可直接放入扫描电镜样品室中进行观察分析。实际构件的断口会受构件所处的工作环境所影响，有的断口表面存在油污和锈斑，还有的断口因构件在高温或腐蚀性介质中工作而在断口表面形成腐蚀产物。因此，对这类断口试样首先要进行宏观分析，并用乙酸纤维薄膜或胶带纸干剥几次，或用丙酮、乙醇等有机剂清洗去除断口表面的油污及附着物。对于太大的断口样品，要通过宏观分析确认能够反映断口特征的部位，用线切割等方法取下后放入扫描电子显微镜样品室中进行观察分析。

样品制备技术在电子显微术中占有重要的地位，它直接影响显微图像的观察和对图像的正确解释，可以说样品的正确制备直接决定了观察效果。扫描电镜制样技术是以透射电镜、光学显微镜及电子探针 X 射线显微分析制样技术为基础发展起来的，但是因为扫描电镜本身的特点和观察条件，使得扫描电镜样品制备相对简单，扫描电镜样品制备的基本流程如图 5-29 所示。

扫描电镜样品可以是块状、薄膜或粉末颗粒，由于是在真空中直接观察，扫描电镜对各类样品均有一定要求。首先要求样品保持其结构和形貌的稳定性，不因取样而改变。其次要求表面导电，如果表面不导电或导电性不好，将在样品表面产生电荷的积累和放电，造成入射电子束偏离正常路径，使得图像不清晰以致无法观察和抓拍图片。

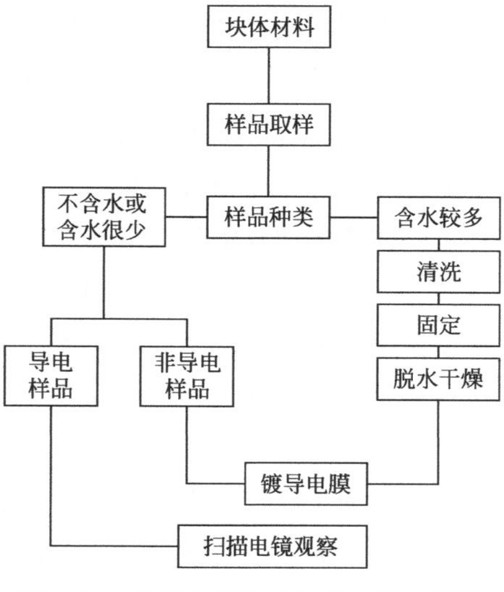

图 5-29　扫描电镜样品制备的基本流程

如果样品含水分，应烘干除去水分。由于烘干会改变组织，并造成收缩变形的样品，如生物样品，可使用临界点干燥设备进行干燥处理。当样品表面受到污染时，可适当清洗并烘干，但要保证样品表面的组织结构不被破坏。对于新鲜断口或断面样品，一般不需处理，以免破坏断口或表面的结构状态。对于需要进行适当腐蚀才能暴露某些结构细节的表面或断口样品，可按照金相样品的要求制备，但腐蚀后应将表面或断口清洗干净并烘干。磁性样品要去磁化处理，以避免磁场对电子束的影响。

① 块状导电样品　扫描电镜的块状导电样品制备比较简便，只要把制备好的样品用双面导电胶带黏结在样品座上，即可放入扫描电镜进行观察。但在制备样品时，需注意以下几点：

a. 为减轻仪器污染和保持良好的真空，样品尺寸应尽可能小。

b. 从棒体材料等切取观察样品时，应避免受热引起的塑性变形或观察面发生氧化，同时尽量减小样品的机械损伤或水、油污及尘埃等的污染。

c. 如果样品表面存在难以去除的氧化层，一般可通过化学方法或阴极电解方法使样品表面基本恢复原始状态。

d. 观察断口样品时应特别注意，当各种断口间隙处存在污染物时，要用无水乙醇、丙酮或超声波清洗法清理干净。这些污染物是掩盖图像细节、引起样品图像质量变坏的原因。对于故障构件断口处存在的油污、氧化层或腐蚀产物，不要轻易清除。因为这些物质往往有利于分析故障产生的原因。如果确认这些异物是故障后引入的杂质，一般可用塑料胶带或乙酸纤维素薄膜粘贴几次，再用有机溶剂冲洗即可除去。

② 块状非导电样品　对于块状的非导电或导电性较差的材料，基本按照导电性块状样品的制备方法进行。观察前需要进行表面镀膜处理，然后才能上电镜观察。镀膜的目的是在样品表面形成一层导电膜，可避免电荷积累，影响图像质量，并防止样品的热损伤。注意在镀膜时一定要保证导电膜从样品座到块状样品表面的连续性，因为电子束是直接照射在样品上表面的。

③ 粉末样品　首先将双面导电胶带黏结在样品座上，再均匀地把粉末样品撒在胶带上面，用洗耳球吹去黏结不牢的粉末，再镀上一层导电膜。对于不易分散的粉末，可采用超声波分散的方法制样。先取少量待分析的粉末样品，放入盛有一定量易挥发溶剂的烧杯中，如乙醇、丙酮等。然后将烧杯置于超声波中超声分散一段时间，具体视样品的情况而定。取一干净吸管，吸取一定量的超声分散溶液，小心滴到薄铜或铝片制作的载体片上，注意薄铜或铝片应清洗干净并干燥。待挥发性溶剂挥发完毕，将载有粉末样品的载体片黏结于样品座上，即可进行表面镀膜处理。无论是导电还是非导电粉末样品，都必须进行镀膜处理，即使粉末样品导电，粉末颗粒间紧密接触的概率是很小的，难以保证样品的导电性。

④ 涂层样品　对于涂层样品在分析端面涂层结构及结合情况时，其制备方法类似于块状样品。为了能较为准确地测定涂层厚度等参数，应注意切割、砂磨样品时保证上下面的平行。有时在进行微观形貌观察时需要腐蚀端面，腐蚀方法同金相样品的腐蚀方法。测定时一般需要选取多个视场进行观察并抓图，最后取测量结果的平均值。

⑤ 断口样品　断口样品最为重要的是保持断口样品的干净。所取分析样品一般应放入干燥皿中保存，如是长期保存，可在断口表面涂一层乙酸纤维素，观察时把样品放于丙酮溶液中，使之溶解后再进行观察。对于低温冲击断口，为防止断口上凝结水珠而生锈，冲断后应立即放入无水乙醇中，浸泡一段时间再取出保存。

当断口表面有污物、生锈及腐蚀产物时，通常用尼龙胶纸或复型方法将表面污物清除，也可以用超声波机械振动清洗。如果上述方法不能清洁断口表面的锈蚀，可用化学清洗或电解法清除。通常采用的化学药品有 H_3PO_4、Na_2CO_3、Na_2SiO_3、Na_3PO_4、

NaOH、H_2SO_4 等。

5.3.4 扫描电子显微镜应用

(1) 表面形貌分析

表面形貌分析是指用以对表面的特性和表面现象进行分析、测量的方法和技术，是扫描电镜最基本、最普遍的用途，通常用二次电子形貌来观察样品表面的微观结构特征。图 5-30 给出了钴基高温合金腐蚀后的扫描电镜图片，图 5-30（a）为低倍晶粒大小图片，放大倍数 5000 倍，可以根据标尺测量出晶粒尺寸的大小。如果需要精确测量，可借助相关图像处理软件。图 5-30（b）为晶界的放大扫描电镜图片，放大倍数 5000 倍可以观察到不连续分布的颗粒状第二相颗粒。如要确定该物相的成分，可对第二相颗粒进行电子探针能谱分析。图 5-31 给出的是石墨的扫描电镜图片，石墨可历程典型片状结构，图中的球形小颗粒，为夹杂物。图 5-32 给出了超高分子量聚乙烯粉体的形貌特征，此图为分频操作获得的扫描电镜图片，现在许多新型扫描电镜都配备此功能，中间分频线左面为低倍颗粒形貌，右面为白色方框内颗粒的放大图片，单个超高分子量聚乙烯颗粒的表面形貌特征一目了然。分频操作的最大特点是可以任意选取左面视场中的区域进行放大操作，以获得感兴趣区域的细观结构特征。

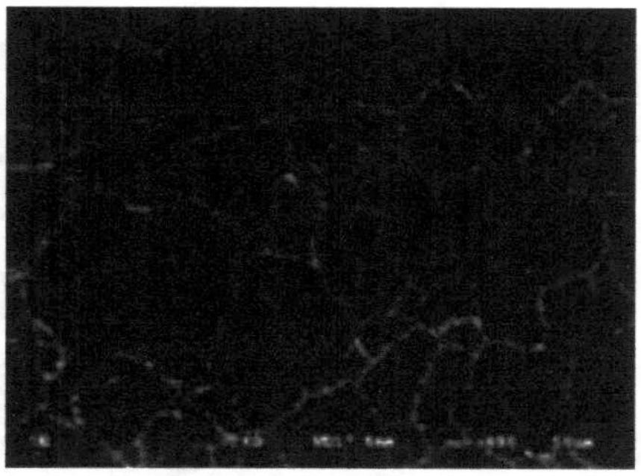

(a) 低倍晶粒大小图片

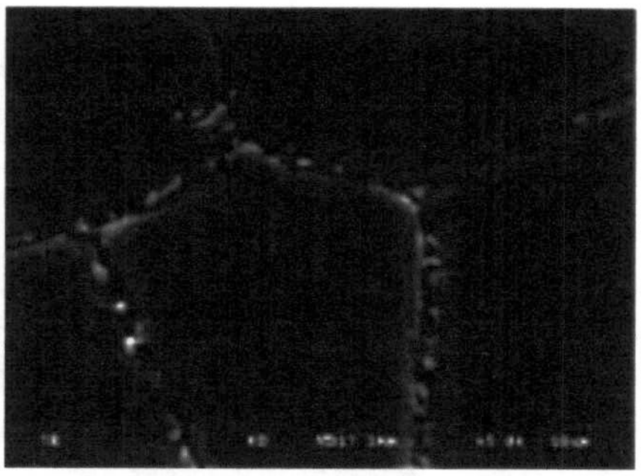

(b) 晶界的放大扫描电镜图片

图 5-30　钴基高温合金腐蚀后的表面形貌

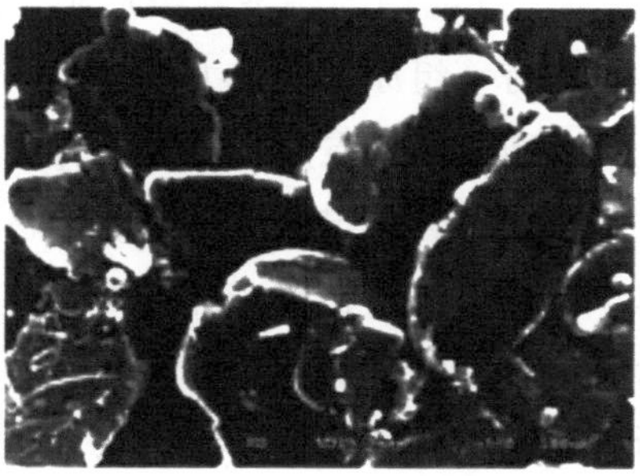

图 5-31　石墨颗粒的形貌

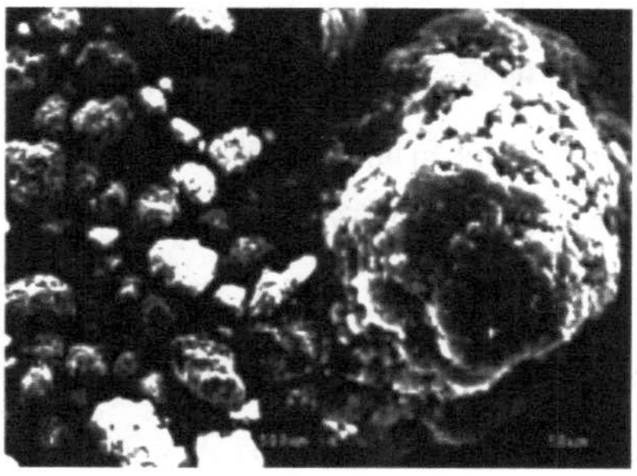

图 5-32　超高分子量聚乙烯粉体的形貌

(2)断口分析

材料断裂面分析是断裂学科的组成部分，材料的断裂往往发生在其组织最薄弱的区域，材料断裂后所形成的一对相互匹配的断裂表面，记录着有关断裂全过程的许多重要信息。因此，对材料断口的观察和分析一直受到重视。通过对断口的形态分析，有助于研究判断断裂的基本问题，包括断裂起因、断裂性质、断裂方式、断裂机制、断裂韧性、断裂过程的应力状态以及裂纹的扩展等。如果结合断口表面的微区成分、结晶学和应力应变分析等，可进一步研究材料的冶金因素和环境因素对断裂过程的影响规律。目前，利用扫描电镜最深大、图像立体感强且具有三维形态的特点，可深层次、景最深地呈现材料的断口特征，已在分析材料断裂原因、事故成因以及工艺合理性的判定等方面获得广泛的应用。

图 5-33 为陶瓷断口的沿晶断裂扫描电镜图片，断口呈棱角明显的冰糖块状结构，晶粒突出，棱边亮而裂缝处暗。图 5-34 为金属断口的韧窝状形貌，韧窝的边缘类似尖棱，亮度较大，韧窝底部较平坦或存在孔洞，图像亮度较低。有些韧窝的中心部位有第二相小顾粒，能激发出较多的二次电子，所以这种颗粒较亮。韧窝的尺寸和深度同材料的延性有关，而韧窝的形状同破坏时的应力状态有关。由于应力状态不同，相应地在相互匹配的断口偶合面上，其韧窝形状和相互匹配关系是不同的。

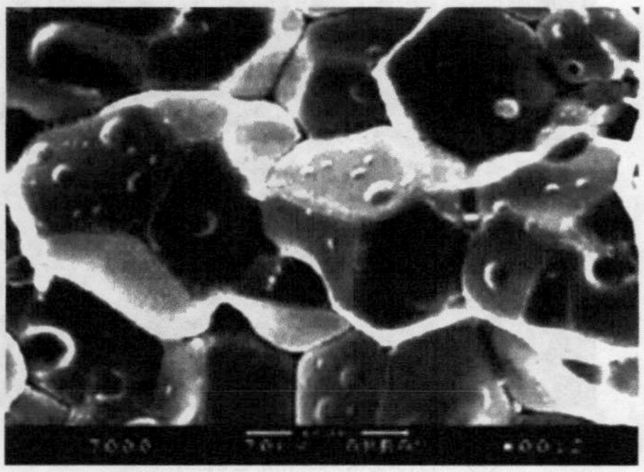

图 5-33　陶瓷断口的沿晶断裂

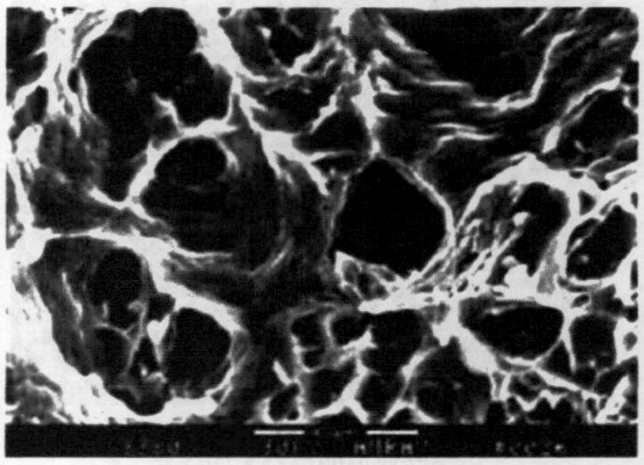

图 5-34　金属材料的韧窝状断口

图 5-35 为金属材料的解理断口，图 5-36 为大理岩样品中的解理断裂形貌。解理断裂属于一种穿晶脆性断裂，对于一定晶系的金属，均有一组原子键合力最弱、在正应力下容易开裂的晶面，这种晶面通常称为解理面。解理断裂的特点是：断裂具有明显的结晶学性质，即断裂面是结晶学的解理面，裂纹扩展方向沿着一定的结晶方向。解理断口的特征是宏观断口十分平坦，微观形貌由一系列小裂面构成。在每个解理面上可以看到一些十分接近于裂纹扩展方向的阶梯，通常称为解理阶。解理阶的形态多样，与材料的组织和应力状态的变化有关。河流花样是解理断口的基本微观特征，其特点是支流解理阶的汇合方向代表断裂的扩展方向，汇合角的大小同材料的塑性有关，而解理阶的分布面积和解理阶的高度同材料中位错密度和位错组态有关。通过对河流花样解理阶进行分

析，可以寻找主断裂源的位置。

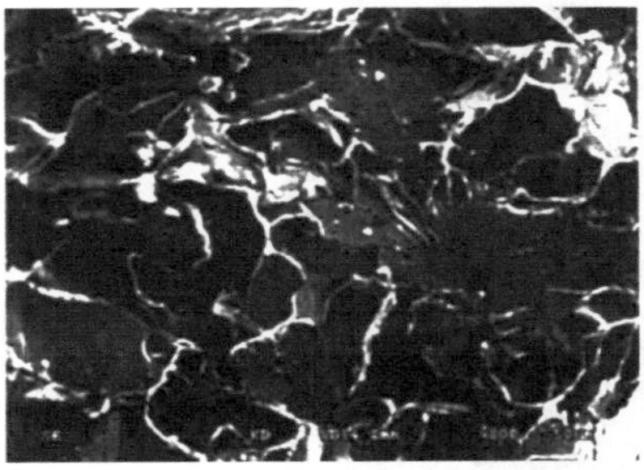

图 5-35　金属材料的解理断口

图 5-36　大理岩的解理断口

(3)涂层分析

材料的表面改性一般是采用化学或物理方法，改变材料或工件表面的化学组分或组织结构以提高其使用性能。通过表面改性，可有效改善材料或构件的耐高温、防腐蚀、耐磨损、抗疲劳、防辐射、生物相容性等性能，提高其使用可靠性，并延长使用寿命，目前已广泛用于各类材料及构件的设计。扫描电镜作为主要的表面涂层分析方法，已广泛应用于材料的表面改性层组织成分、形态结构及涂层厚度等的分析工作。

等离子喷涂作为热喷涂的一个重要分支，具有火焰流温度高，能熔化几乎所有材料，因而喷涂用材广泛的特点。由于制备涂层的孔隙率及结合强度均优于常规的火焰喷涂，对制备高熔点的金属涂层及陶瓷涂层有更大的优越性。图 5-37 给出了人工关节的

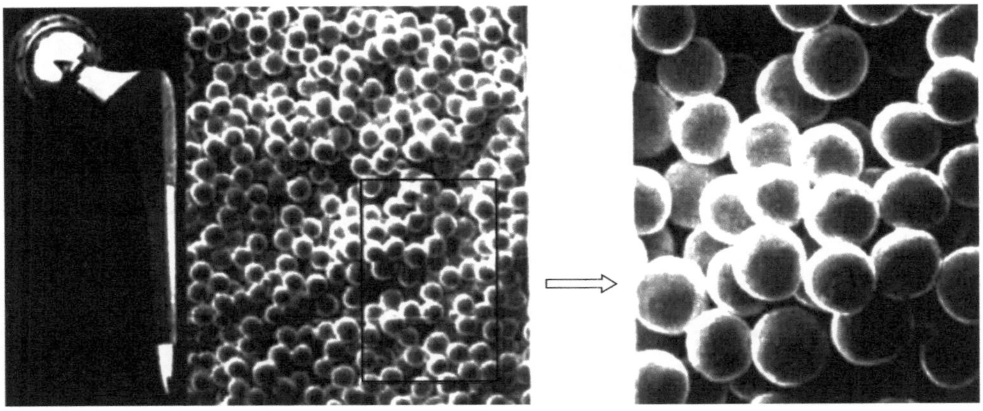

图 5-37　生物学固定型关节柄钛颗粒涂层

关节柄表面多孔钛层的扫描电镜图片，是采用等离子喷涂技术，将钛微球粉喷涂在关节柄的部分表面，使其表面具有多孔结构特征。这种多孔结构具有的骨传导性能，可借助骨组织长入孔原内部形成与假体周围骨组织的牢固结合，实现生物学固定目的。图 5-38 为 CoCrMo 合金表面离子氮化层厚度的观察结果，可以看出，离子氮化层分两层，内层厚度约为 3μm，外层厚度约为 7μm，总厚度约为 10μm。

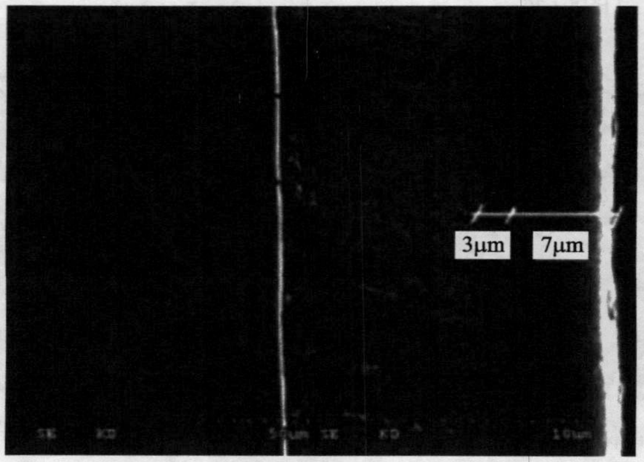

图 5-38　CoCrMo 合金表面离子氮化层厚度